Die Verbrennungskraftmaschine

Herausgegeben von

Prof. Dr. **Hans List** VDI

Graz

Heft 7

Gemischbildung und Verbrennung im Dieselmotor

Wien

Verlag von Julius Springer

1939

Gemischbildung und Verbrennung im Dieselmotor

Von

Dr.-Ing. Anton Pischinger VDI

Köln-Deutz

unter Mitarbeit von

Dr.-Ing. Otto Cordier VDI

Köln-Deutz

Mit **174** Abbildungen im Text

Wien

Verlag von Julius Springer

1939

ISBN 978-3-7091-9724-0   ISBN 978-3-7091-9971-8 (eBook)
DOI 10.1007/978-3-7091-9971-8

Vorwort.

Die vorliegende Schrift gibt einen Überblick über jene Fragen des Diesel-Motorenbaues, die sich auf die Gemischbildung und Verbrennung beziehen und bei der Verwirklichung des Arbeitsprozesses eine entscheidende Rolle spielen.

Sie beschäftigen unmittelbar den Versuchsingenieur, dessen Aufgabe es ist, das Arbeitsverfahren jeweils möglichst wirtschaftlich zu gestalten, sowohl hinsichtlich der Arbeitsausbeute als auch des Baustoffaufwandes und -verschleißes.

Der Ablauf des Diesel-Prozesses ist in seinen Einzelheiten zum Teil noch völlig ungeklärt, so daß es nicht möglich ist und damit auch nicht Aufgabe eines Fachbuches sein kann, die Zusammenhänge vollständig darzustellen, um damit im voraus die Bauelemente eines Diesel-Motors in ihrer Gesamtheit festlegen zu können. Zweck jedes Diskutierens darüber bleibt es, jenes technische Verständnis und Gefühl zu erweitern, welches es immer mehr ermöglichen soll, bei der Entwicklungsarbeit am Motor Zusammenhänge richtig zu erkennen, um daraus weitere Folgerungen ziehen zu können.

In den vorliegenden Ausführungen sind sowohl Ergebnisse theoretischer Untersuchungen als auch Versuchsergebnisse verwendet, die beide allein in vielen Fällen kein klares Bild über das Geschehen geben, zusammen sich aber darin ergänzen.

Die Mitarbeit Dr. CORDIERS an der Bearbeitung des Stoffes erstreckte sich auf die Abschnitte A und B. Sie bestand vorwiegend in der Durchführung der rechnerischen Untersuchungen, die weit über den Rahmen des Gebrachten hinausgingen und die Ausarbeitung zum Teil völlig neuer Rechenverfahren erforderlich machten.

Köln-Deutz 1938.   A. Pischinger.

Inhaltsverzeichnis.

Seite

Einleitung 1

A. Zündung und Verbrennung 2

   I. Der Zündverzug 2

      1. Allgemeines 2

      2. Physikalische und chemische Vorbereitung des Kraftstoffes während des Zündverzuges   3

      3. Die Cetenzahl als Maß für die Zündwilligkeit eines Kraftstoffes 4

      4. Der Zündverzug in der Bombe und im Motor 6

   II. Verbrennung 10

      1. Allgemeines 10

      2. Zeitlicher Verlauf der Wärmeentwicklung 10

      3. Das ideale Einspritzgesetz 15

B. Innere Steuerung der Gemischbildung 18

   I. Strahlaufbereitung 19

      1. Zerstäubung 19

      2. Strahlform 21

   II. Gemischbildungsverfahren 25

      1. Allgemeines 25

      2. Die Luftbewegung während der Verdichtung und der Arbeitsaufwand hierzu 26

          a) Maschine mit unmittelbarer Strahleinspritzung 26

          b) Unterteilter Brennraum (Vorkammer-, Wirbelkammer- und Luftspeicherverfahren)   29

      3. Die Wirtschaftlichkeit der Gemischbildungsverfahren 33

      4. Ausgeführte Brennräume 36

          a) Verdichtungsverhältnis 36

          b) Einspritzdruck 36

          c) Einspritzdauer 37

          d) Einspritzbeginn 37

          e) Unterteilungsverhältnis des Brennraumes 37

          f) Ausführungsbeispiele 37

C. Äußere Steuerung der Gemischbildung 44

   I. Allgemeiner Überblick 44

   II. Bewegungsgleichungen für die veränderliche Strömung in der Einspritzleitung und deren Lösung 46

   III. Vorgänge an der Einspritzpumpe 48

      1. Ansatz der Gleichungen für das Fördergesetz der Pumpe 48

      2. Theoretischer Sonderfall: Pumpe ohne Raum V_3 49

      3. Allgemeiner Fall. Pumpe mit endlichem Pumpenraum 49

          a) Abschätzung seines Einflusses auf das Fördergesetz der Pumpe 49

          b) Der Einfluß der rücklaufenden Welle auf die Förderwelle (vorlaufende Welle) 52

          c) Graphisches Lösungsschema der Gleichung (30) 53

   IV. Die Vorgänge an der Einspritzdüse 56

      1. Die offene Düse 56

      2. Die geschlossene Düse 58

          a) Allgemeines über die Bewegung der Düsennadel 59

          b) Graphische Näherungslösung der allgemeinen Bewegungsgleichungen (48 bis 51)... 65

Inhaltsverzeichnis.

          Seite

V. Vorgang bei der Untersuchung von Einspritzsystemen 68
  1. Untersuchung durch Rechnung 68
    a) Dynamisches Verfahren 68
    b) Statisches Verfahren 69
  2. Untersuchung durch Messen 70

VI. Richtlinien zur Bemessung des Einspritzsystems 71
  1. Einspritzsystem mit geschlossener Düse 71
    a) Einspritzverzögerung 73
    b) Steuerung der zuerst in den Brennraum gelangenden Menge................ 78
    c) Dauer und Abschluß der Einspritzung 87
    d) Die Fördermenge... 93
  2. Einspritzsystem mit offener Düse.. 99

VII. Überblick über die Konstruktion der Pumpen und Düsen 102
  1. Vorausbestimmung der Abmessungen 102
  2. Allgemeine Baugrundsätze 105
  3. Ausgeführte Pumpen und Einspritzventile 106
    a) Pumpen 106
    b) Einspritzventile 119
    c) Anlage von Pumpe und Düse, Zubehörteile (Überblick) 124
    d) Anhang: Pumpe und Regler 126

Einleitung.

Das ältere und in den ersten Jahren des Diesel-Motorenbaues ausschließlich verwendete Lufteinblaseverfahren — auf welches im folgenden nicht mehr eingegangen wird — ist heute durch das wirtschaftlichere und einfachere Druckeinspritzverfahren verdrängt. Der Kraftstoff zerstäubt dabei ohne Zuhilfenahme von Einblaseluft von selbst der hohen Geschwindigkeit zufolge, mit der er in den Brennraum gelangt.

Die Wirtschaftlichkeit des Diesel-Prozesses, die durch ihn ausgelösten Laufgeräusche und die Triebswerksbeanspruchung sind maßgebend bestimmt durch die Geschwindigkeit, mit der die Umsetzung der chemischen Energie des Kraftstoffes in Wärmeenergie erfolgt. Für diese Geschwindigkeit und ihren zeitlichen Verlauf ist neben der natürlichen Neigung des Kraftstoffes zur chemischen Reaktion von größter Bedeutung der zeitliche Verlauf der Gemischbildung von Kraftstoff und Luft, wie er durch den zeitlichen Verlauf der Kraftstoffzufuhr und durch jene Maßnahmen bestimmt wird, welche Luft und Kraftstoff zur geeigneten Zeit und an richtiger Stelle im Brennraum zusammenführen.

Wenn für einen gegebenen Kraftstoff ein Verbrennungssystem zu entwickeln ist, wie dies in dem Aufgabenbereich des Motorenbaues liegt, so ist zunächst die dem Kraftstoff eigene Neigung zur Verbrennung vorgegeben. Aus ihr folgt die Notwendigkeit einer bestimmten Steuerung der Gemischbildung, worüber im ersten Abschnitt A — *Zündung und Verbrennung* — berichtet ist. Es sollte sich dabei weniger um die Darlegung der Vorgänge in chemischer Hinsicht handeln als um die Beschreibung der physikalischen Begleiterscheinungen, wie sie durch Messen und Rechnen festgestellt werden können.

Die Steuerung der Gemischbildung geschieht einerseits im Brennraum selbst, wozu die Aufteilung des Kraftstoffes in kleine Tröpfchen (Strahlaufbereitung) sowie die Luftbewegung (Gemischbildungsverfahren) zu beherrschen sind, anderseits außerhalb des Brennraumes durch das Einspritzsystem, welches den zeitlichen Verlauf der Kraftstoffzufuhr steuert.

Erstere Fragen sind im Abschnitt B — *Innere Steuerung der Gemischbildung* — behandelt. Näher eingegangen ist dabei nur auf die allen Gemischbildungsverfahren gemeinsamen Fragen, während über die wichtigsten Verbrennungssysteme selbst nur ein Überblick gegeben ist.

Die Arbeitsweise des Einspritzsystems läßt sich nach dem heutigen Stand schon weitgehend theoretisch untersuchen. Aus diesen Untersuchungen in Verbindung mit Messungen werden die Richtlinien verständlich, nach denen das Einspritzsystem bemessen wird. Darüber ist neben einem Überblick über die Konstruktion der Einspritzpumpen und -Düsen im letzten Abschnitt C — *Äußere Steuerung der Gemischbildung* — berichtet.

A. Zündung und Verbrennung.

Nach RICARDO [1][1] läuft die Veränderung, welche der Brennstoff nach seinem Eintritt in den Zylinder durchmacht, in vier aufeinanderfolgenden Zeitabschnitten ab. Der erste Abschnitt — als *Zündverzug* bezeichnet — verstreicht vom Einspritzbeginn bis zur ersten im Indikatordiagramm merkbaren, über die Verdichtungslinie ansteigenden Druckerhöhung. Der zweite Abschnitt ist durch einen sehr steilen Druckanstieg gekennzeichnet, der sich in der folgenden dritten Phase noch sanft fortsetzt, bis im letzten Abschnitt des Expandierens und Nachbrennens der Druckabfall einsetzt.

Das Ende des Zündverzuges läßt sich aus guten Indikatordiagrammen im allgemeinen recht genau ablesen und damit der Zündverzug selbst festlegen. Die übrigen Phasen gehen jedoch ineinander über und lassen sich demnach in ihrer Größe höchstens abschätzen.

I. Der Zündverzug.

1. Allgemeines.

Bevor der in die heiße Verdichtungsluft eingebrachte Brennstoff entflammt, ist er physikalischen und chemischen Veränderungen unterworfen, welche durch die von der Luft auf den kälteren Brennstoff übergehende Wärme ausgelöst werden. Sie sind demnach im allgemeinen — wenn nicht schon vor der Einspritzung im Brennstoff genügend Wärme aufgespeichert ist — stets mit einem Wärmeentzug der Luft verbunden, der sich im Indikatordiagramm besonders bei längeren Zündverzügen schon in einem merklichen Absinken des Druckes unter die ungestörte Verdichtungslinie bemerkbar macht. Wenn der Kraftstoff an einer oder mehreren Stellen zu entflammen beginnt, ist damit noch nicht gleichzeitig ein merkbares Ansteigen des Druckes verbunden. Es wird vielmehr auch noch die erste frei werdende Wärme durch weiteres Aufbereiten des übrigen Brennstoffes gebunden, und erst wenn die Verbrennungswärme zu überwiegen beginnt, wird der Prozeß exotherm. Obige Definition des *Zünd*verzuges, die aus älterer Zeit stammt, ist somit nach heutigen Anschauungen nicht mehr exakt, sofern sich diese auf die *Zündung* bezieht. Sie wird jedoch bewußt beibehalten, weil die so festgelegte Zeitstrecke auch mit einfachen Mitteln genau zu messen ist.

Über die Vorgänge während des Zündverzuges waren die Ansichten der Fachleute lange Zeit geteilt. Erst in den letzten Jahren scheint Klarheit wenigstens in das Wesentliche am Ablauf des Prozesses gekommen zu sein, wozu insbesondere die hervorragenden Arbeiten von BOERLAGE und BROEZE [2] und des leider zu früh verstorbenen W. WENTZEL [3] beigetragen haben.

---

[1] Die Ziffern in eckiger Klammer weisen auf das am Schlusse der Abhandlung angeführte Schrifttum hin.

2. Physikalische und chemische Vorbereitung des Kraftstoffes während des Zündverzuges.

Die *physikalische* Vorbereitung besteht in einer Verdampfung des Kraftstoffes in der heißen Luft. In der ersten Zeit des Diesel-Motorenbaues vertrat man mit RUDOLF DIESEL die Ansicht, daß sich die Flamme in dem bereits verdampften Kraftstoff verbreite. Dagegen spielt nach O. ALT [4] die Verdampfung keine wichtige Rolle für die Verbrennung. K. NEUMANN [5] hat als erster eingehende Untersuchungen über den Verdampfungsvorgang angestellt und unter Benutzung eigener Versuche über den Wärmeübergang die Verdampfungsgeschwindigkeit durch Rechnung ermittelt. Nach seinen Ergebnissen sind bis zur Entflammung eines Kraftstofftröpfchens höchstens 5% seines Gewichtes verdampft, was zu den älteren Anschauungen im Widerspruch steht.

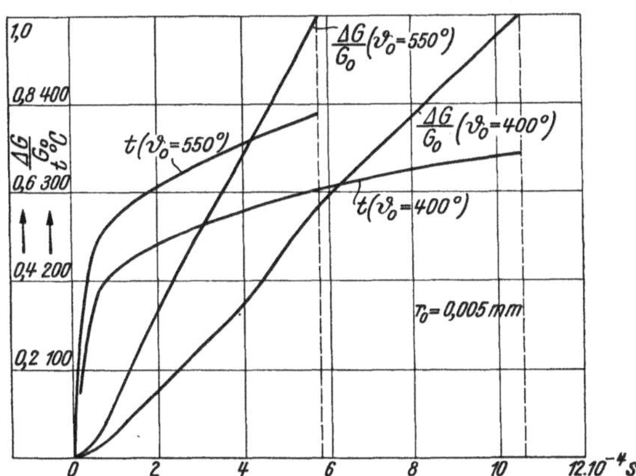

Abb. 1. Tropfentemperatur t und Gewichtsabnahme $\Delta G/G_0$ in Abhängigkeit von der Zeit für $\vartheta_0 = 550°$, $p_0 = 34$ at abs. und $\vartheta_0 = 400°$, $p_0 = 27{,}8$ at abs. (nach WENTZEL).

Die rechnerischen Untersuchungen wurden von W. WENTZEL [3] neuerdings aufgegriffen und dabei ebenfalls die Gewichtsabnahme eines Kraftstofftropfens bei unendlich großem Luftüberschuß ermittelt, eine Annahme, die für die Strahlränder, an denen — wie später noch genauer erörtert wird — auch die erste Verbrennung eintritt, ohne wesentlichen Fehler gelten kann. In Ermangelung der Kenntnis der Wärmeübergangszahl auf kleine Kügelchen wurde die auf dünnen Draht verwendet, welche sicher niedriger als erstere ist und eher zu kleine Verdampfungsgeschwindigkeiten ergibt. Ein Ergebnis WENTZELs zeigt Abb. 1. Es ist hierin der zeitliche Verlauf der Tropfentemperatur t und der relativen Gewichtsabnahme $\Delta G/G_0$, worin ΔG die absolute Gewichtsabnahme

und G_0 das ursprüngliche Gewicht des Tropfens bedeuten, für Lufttemperaturen $\vartheta_0 = 400$ und $550°$ C und einen ursprünglichen Tropfenradius $r_0 = 0{,}005$ mm dargestellt. Die Tropfentemperatur steigt erst rasch, später jedoch langsamer. Die relative Gewichtsabnahme nimmt mit der Zeit ungefähr linear zu. Die Verdampfungszeit des Tropfens beträgt bei 400° C Lufttemperatur $1{,}06 \cdot 10^{-3} s$, bei 550° C nur $0{,}58 \cdot 10^{-3} s$.

Nach Versuchen von SASS [6] u. a. schwankt für normale Verhältnisse

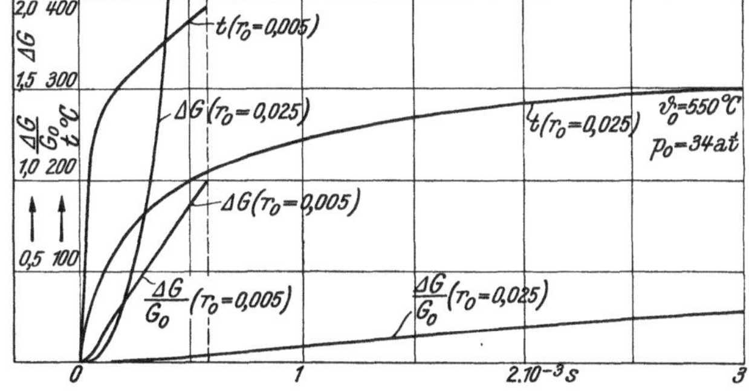

Abb. 2. Tropfentemperatur t, Gewichtsabnahme $\Delta G/G_0$ und ΔG in Abhängigkeit von der Zeit für die Tropfenhalbmesser $r_0 = 0{,}005$ mm und $r_0 = 0{,}025$ mm. $\vartheta_0 = 550°$, $p_0 = 34$ at abs. (nach WENTZEL).

der Tropfenradius zwischen 0,002 und 0,025 mm. Abb. 2 zeigt in Gegenüberstellung die Verdampfungsgeschwindigkeit für einen großen Tropfen ($r_0 = 0{,}025$) und einen mittleren ($r_0 = 0{,}005$) bei 550° Lufttemperatur. Die Aufheizung des größeren Tropfens erfolgt langsamer, und die relative Gewichtsabnahme ist demnach geringer als bei kleinen Tropfen. Die absolute Dampfmenge ist jedoch größer.

Ein Vergleich der Verdampfungszeiten nach WENTZEL mit den im Motor festgestellten Zündverzugszeiten, die in der Größenordnung von einem Tausendstel einer Sekunde liegen (kürzeste Werte), besagt, *daß schon bei Lufttemperaturen von 400° C während des Zündverzuges die Tropfen mit einem anfänglichen Radius von 0,005 mm und darunter vollständig verdampfen* und die nicht so häufig aufscheinenden größeren Tropfen zum Teil in Dampfform übergegangen sind. Dafür sprechen auch praktische Beobachtungen der Amerikaner ROTHROCK und WALDRON [7], die durch Photographieren des Brennstoffstrahles im Motor bei Aussetzen der Zündung ein kurzzeitiges Verschwinden des Strahles (durch Verdampfen) und späteres Wiederaufscheinen bei Expansion (Kondensieren) feststellten.

Auch über das Wesen der *chemischen* Aufbereitung des Kraftstoffes machten die Anschauungen im Laufe der Zeit mehrmals Wandlungen durch:

Die Ansicht, daß der Brennstoff direkt mit Sauerstoff auch bei den hohen Temperaturen im Motor reagiert und somit die Affinität zum Sauerstoff auch ein Maß für die Zündwilligkeit sei, läßt sich nach dem Verhalten verschieden affiner Brennstoffe im Dieselmotor nicht mehr aufrechterhalten. Das unmittelbar zur Bindung mit Sauerstoff weniger neigende Benzin zum Beispiel gibt im Diesel-Motor wesentlich geringere Zündverzüge als Benzol, welches mehr zum Sauerstoff neigt.

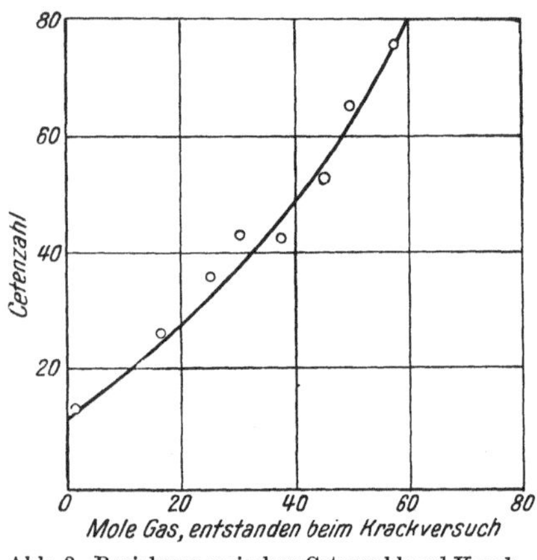

Abb. 3. Beziehung zwischen Cetenzahl und Krackziffer (nach BOERLAGE und BROEZE).

Auch die indirekte Reaktion mit Sauerstoff über die Bildung unstabiler Peroxyde dürfte nicht die Verbrennung einleiten. Wenngleich geringe Peroxydmengen die Zündwilligkeit erhöhen, so zeigen doch Peroxydbildner gegenteilige Wirkung [2].

Nach den neuesten Ansichten, die insbesondere auf den Arbeiten von BOERLAGE und BROEZE [2] fußen, scheinen sich die bereits von RIEPPEL [8] im Jahre 1908 auf Grund von Versuchen gewonnenen Erkenntnisse, wonach nicht der Brennstoff selbst, sondern erst dessen Zerfallsprodukte mit Sauerstoff reagieren, zu bestätigen. Die Ansichten von O. ALT [4] sowie von WOLLERS und EHMKE [9], welche dem entgegenstehen und wonach die Zerfallsprodukte höheren Zündverzug haben als der Brennstoff selbst, wurden von SCHÄFER [10] widerlegt. Dieser fand für die Krackprodukte in statu nascendii dieselben Zündpunkte wie für den Brennstoff selbst.

Nach der Thermostabilitätstheorie von BOERLAGE und BROEZE ist die *Neigung* zum Zerfall ein Maß für die Zündwilligkeit des Brennstoffes. Die Theorie wird u. a. durch den Krackversuch nach Abb. 3 erhärtet. Es wurden verschiedene Produkte in heißem Stickstoff einer Verkrackung unterzogen und die dabei entstehende Anzahl der Gasmole (Krackziffer) mit den Zündwerten (Cetenzahl) des ursprünglichen Ausgangsstoffes im Motor verglichen. Mit steigender Krackziffer nimmt die Zündwilligkeit eindeutig zu.

Kennzeichnend für die Zerfallsneigung ist der Molekülbau. Einfache Kettenbindungen trennen ihren Zusammenhang leichter als Ringbindungen oder noch festere Verbände.

Ähnlich wie auf die Verdampfung wirkt auch auf den Krackvorgang eine Temperaturerhöhung beschleunigend. Die Einleitung der Verbrennung wird überdies gefördert, wenn durch Erhöhen der Luftdichte und der Relativgeschwindigkeit zwischen Luft und Vergasungsprodukten die Häufigkeit des Zusammentreffens beider erhöht wird.

3. Die Cetenzahl als Maß für die Zündwilligkeit eines Kraftstoffes.

BOERLAGE und BROEZE schlugen in Anlehnung an die Bestimmung der Klopffestigkeit von Benzinen für die Zündwilligkeit eine Eichskala vor, die aus zwei chemisch reinen Stoffen besteht, deren Zündwilligkeit möglichst weit auseinanderliegt [2]. Als dazu geeignet erwiesen sich Ceten ($C_{16}H_{32}$) und Mesythylen (C_9H_{12}) oder Alpha-Methylnaphthalin, wobei erste Verbindung gute und die beiden letzten schlechte Zündeigenschaften haben.

Die Cetenzahl eines Brennstoffes gibt jenen Gewichtsanteil von Ceten in einer Mischung mit Alpha-Methylnaphthalin an, bei welchem die Zündwilligkeit des Gemisches gleich der des Brennstoffes ist. Für die Prüfung von Brennstoffen, deren Zündwilligkeit höher als Ceten liegt, verwendet man vielfach statt Ceten das noch zündwilligere Cetan. Man spricht dann von der Cetanzahl.

Für Brennstoffmischungen fanden BOERLAGE und BROEZE einen bemerkenswerten linearen Zusammenhang zwischen Cetenzahl und Mischungsverhältnis, der sich durch Interpolieren zwischen den Cetenzahlen der Grundstoffe ergibt (Abb. 4).

Die Bestimmung der Cetenzahl erfolgt in fremdangetriebenen Prüfmotoren. Es ist dabei möglich, während des Betriebes eine die Zündung wesentlich beeinflussende Größe zu verändern (z. B. beim C. F. R.-Motor das Verdichtungsverhältnis, beim HWA-Prüfmotor den Ansaugedruck), während durch geeignete Einrichtungen alle übrigen Größen von Einfluß gleichgehalten werden. Der Motor ist geeicht,

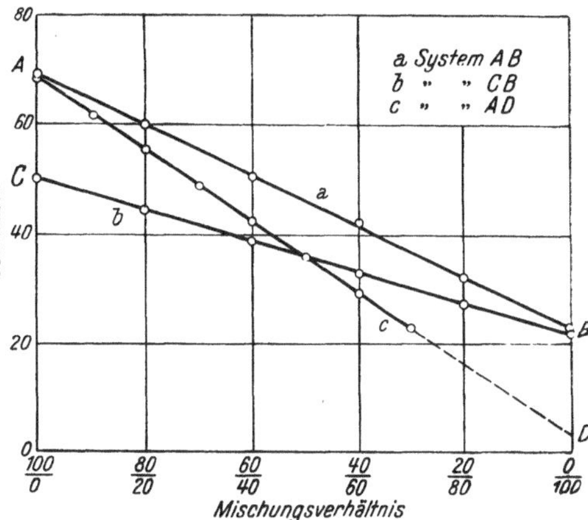

Abb. 4. Beziehung zwischen Cetenzahl und Mischungsverhältnis in Gewichtsteilen für drei Brennstoffmischungen (nach BOERLAGE und BROEZE).

und zwar ist jedem Verdichtungsverhältnis bzw. Druck im Ansaugrohr usw. der Cetenwert zugeordnet, bei dem gerade noch eine Zündung mit Sicherheit eintritt.

Die Cetenzahl ist eine Brennstoffkonstante, die in erster Linie den Brennstoffchemiker interessiert. Dem Motorenbauer bedeutet sie eine *Vergleichszahl* und nicht etwa ein *absolutes* Maß für die Zündwilligkeit im Motor; denn diese ist auch durch die Brennraum-

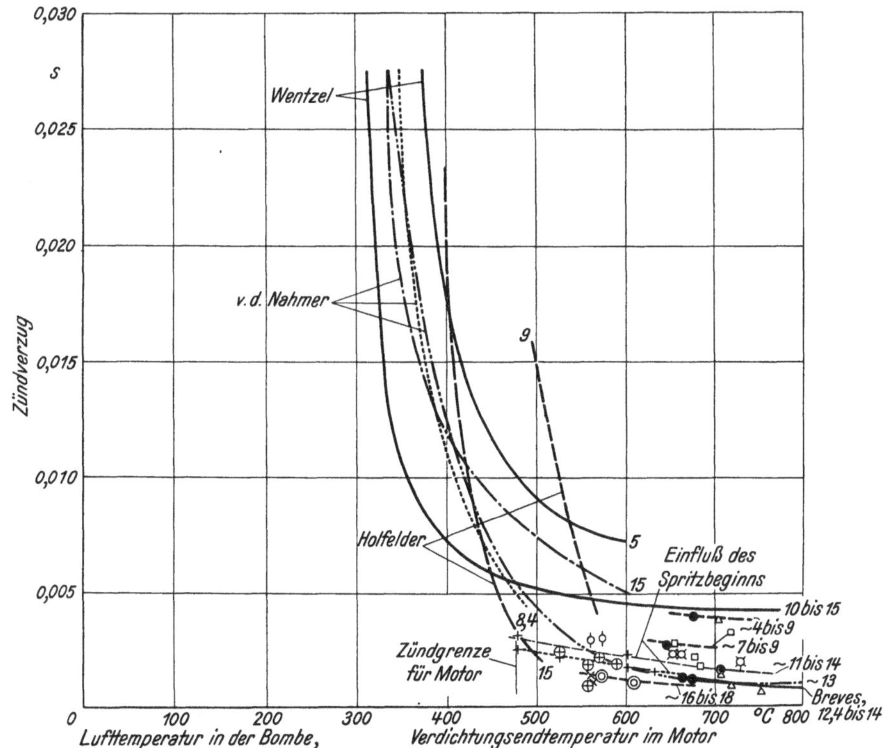

Abb. 5. Zündverzug für Gasöl in Abhängigkeit von der Lufttemperatur und von der Luftdichte auf Grund von Bomben- und Motorversuchen (nach F. A. F. SCHMIDT).

gestaltung mitbestimmt. Um auch darüber einen Überblick zu bekommen, müßten die Prüfverfahren auch auf die Motoren selbst erweitert und etwa zur Ermittlung eines Zusammenhanges zwischen Cetenzahl und Zündverzug ein bestimmter Betriebszustand

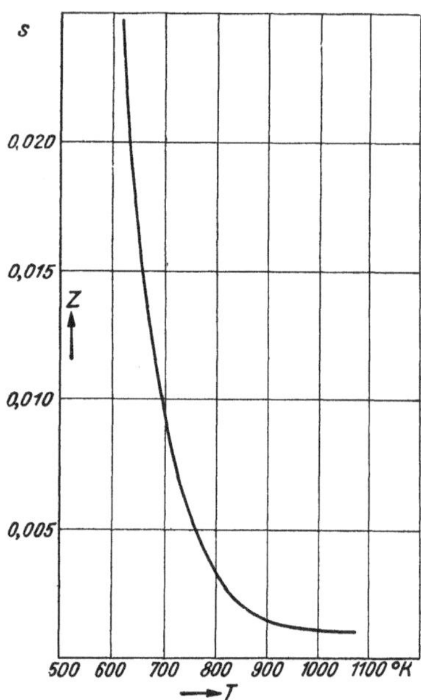

Abb. 6. Zündverzug in der Bombe für Gasöl in Abhängigkeit von der Temperatur (mittlerer Wert).

genormt werden. Daß ein derartiger Zusammenhang besteht, haben BOERLAGE und BROEZE durch Versuch festgestellt. Er wird selbstverständlich für die einzelnen Motorbauarten verschieden sein. Wenn ihm jedesmal auch die gewonnenen Beobachtungen über die Laufruhe des Motors, Verbrauch und dergleichen beigeordnet werden, so läßt sich damit aus der Cetenzahl auf das Verhalten des Brennstoffes im Motor vorausschließen.

Auf die Cetenzahlen der Brennstoffe wird näher in Heft I eingegangen.

4. Der Zündverzug in der Bombe und im Motor.

Einen Überblick über eine größere Zahl gemessener Zündverzugswerte gibt Abb. 5 nach F. A. F. SCHMIDT [11]. Es sind hierin sowohl Werte aus Bombenversuchen als auch solche, wie sie im Motor gemessen wurden, zusammengestellt. Die Bombenversuche zeigen eine klare Abhängigkeit des Zündverzuges von der Temperatur, der überdies auch im allgemeinen höher liegt als im Motor. Damit erschöpft sich restlos die Gesetzmäßigkeit, die aus der Zusammenstellung derartiger Versuchsergebnisse gewonnen werden kann. Die im Motor gemessenen Zündverzugszeiten schwanken zwischen $^1/_{1000}$ und $^4/_{1000}$ Sekunden, je nach den Bedingungen, wie sie der Kraftstoff im Brennraum vorfindet.

Der wesentliche Unterschied zwischen Bomben- und Motorversuch an sich ist in dreierlei Umständen zu suchen: Einmal sind im Motor gegensätzlich zur Bombe während

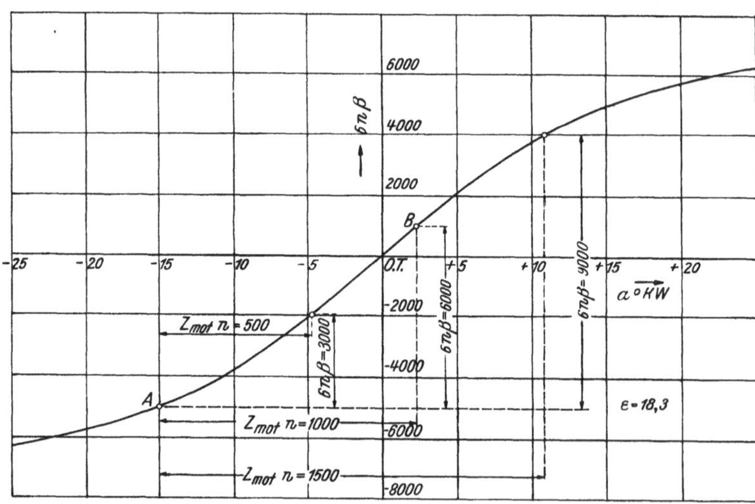

Abb. 7. Aufbereitungslinie für ein Verdichtungsverhältnis 1 : 18,3 und $m = 1,3$ nach der Zündverzugskurve Abb. 6.

des Zündverzuges die Temperaturen der Kolbenbewegung zufolge veränderlich. Weiterhin bedingt die Kolbenbewegung eine Luftströmung, welche die Aufbereitung des Brennstoffes beschleunigt. Mit der Luftbewegung Hand in Hand geht schließlich auch ein erhöhter Wärmeübergang an die Zylinderwand.

Der Einfluß des veränderlichen Temperaturfeldes allein läßt sich durch Rechnung abschätzen, wobei etwa wie folgt vorzugehen ist:

Jedes eingebrachte Brennstoffteilchen erfährt eine Vorbereitung, die mit Beendigung des Zündverzuges als abgeschlossen gelten kann. Wir definieren den Grad der Vorbereitung durch eine Zeitfunktion β, welche im Augenblick des Einspritzens den Wert 0 und nach Beendigung des Zündverzuges den Wert 1 hat. Der Verlauf der Funktion β zwischen diesen Werten sei mangels anderer Anhaltspunkte als linear mit der Zeit angenommen. Bei einer bestimmten festgehaltenen Temperatur ist somit

$$\beta = \frac{1}{z}\,t$$

und bei veränderlicher Temperatur nach Differenzieren und Fortlassung eines vernachlässigbar kleinen quadratischen Gliedes

$$d\beta = \frac{1}{z}\,dt,$$

worin t die Zeit und z den mit der Temperatur veränderlichen Zündverzug bedeuten. Für den Zündbeginn im Motor gilt die Bedingung $\beta = 1$, oder

$$\int_{t_0}^{t_0 + z_{\mathrm{mot}}} \frac{dt}{z} = 1,$$

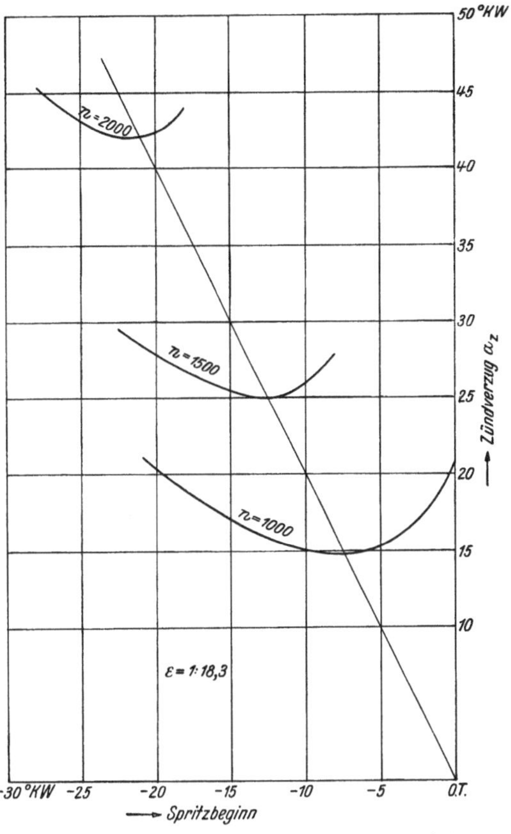

Abb. 8. Motorischer Zündverzug in Kurbelgraden bei verschiedenem Einspritzbeginn und für verschiedene Drehzahlen $\varepsilon = 1:18{,}3$.

worin z_{mot} den gesuchten motorischen Zündverzug bedeutet. Für die Funktion z ist in Abb. 6 eine mittlere Kurve aus Bombenversuchen gegeben. Die Temperatur im Brennraum ist von der Kurbelstellung abhängig, so daß damit auch ein Zusammenhang zwischen z und der Kurbelstellung, bzw. der Zeit t gegeben ist. Bildet man damit das Integral $\beta = \int \dfrac{dt}{z\,(t)} + C$ (am besten graphisch), so erhält man über dem Kurbelwinkel aufgetragen eine Kurve, die man als Aufbereitungslinie bezeichnen kann.

Bei einem gegebenen Einspritzpunkt ergibt sich damit der motorische Zündverzug in einfacher Weise durch eine Zeitstrecke, nach der vom Einspritzzeitpunkt an gerechnet die Aufbereitungslinie um den Betrag 1 angestiegen ist. Trägt man entsprechend der Gleichung $d\alpha = 6\,n\,dt$ statt β den Wert $6\,n\,\beta$ als Ordinate über dem Kurbel

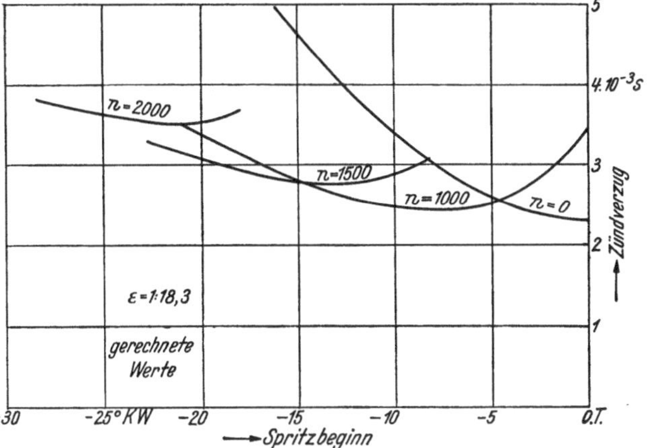

Abb. 9. Motorischer Zündverzug nach Abb. 8 in Sekunden ausgedrückt.

winkel auf, so kann diese Aufbereitungslinie zur Bestimmung des motorischen Zündverzuges bei allen Drehzahlen sowie bei verschiedenem Einspritzbeginn herangezogen werden.

Als Beispiel hierfür gibt Abb. 7 die Aufbereitungslinie für ein Verdichtungsverhältnis von $1:18{,}3$ und einem Polytropen-Exponenten $m = 1{,}3$, wobei die Zündverzugskurve nach Abb. 6 zugrunde gelegt ist. Die Konstante C im unbestimmten Integral für β setzen wir so an, daß im oberen Totpunkt $\beta = 0$ wird. Damit ist die Aufbereitungslinie ursprungssymmetrisch. Bei einem Einspritzpunkt von $-15°$ vor oberem Totpunkt z. B. finden wir den motorischen Zündverzug in einfacher Weise, indem wir von dem Punkte A vertikal nach aufwärts die Strecke $6\,n\,\beta$ (mit $\beta = 1$) auftragen und den Schnitt B mit der Aufbereitungslinie suchen. Es ist dies für die drei Drehzahlen 500, 1000 und 1500 min^{-1} eingetragen. In gleicher Weise ergibt sich zu verschiedenen Drehzahlen und verschiedenen Einspritzzeiten ein Verlauf des motorischen Zündverzuges, wie er in Abb. 8 dargestellt ist. Weil die Aufbereitungslinie ursprungssymmetrisch

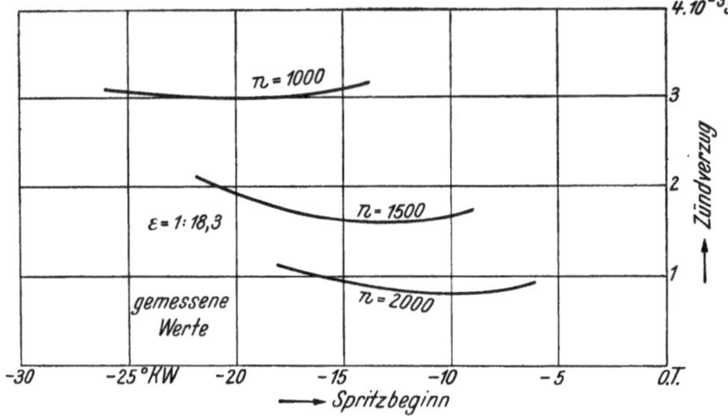

Abb. 10. Gemessener Zündverzug einer Vorkammermaschine. 1 l Hubraum, $\varepsilon = 18,3$.

und ihre Steigung (Aufbereitungsgeschwindigkeit) im oberen Totpunkt am größten ist, ergibt sich ein ausgesprochenes Minimum des Zündverzuges dann, wenn sich die Zündverzugszeit vor und nach dem oberen Totpunkt gleich verteilt, d. h. wenn der Spritzbeginn um den Betrag des halben Zündverzuges vor dem Totpunkt liegt. Die Minima bei den verschiedenen Drehzahlen sind also durch die Gerade mit der Steigung -2 verbunden. In Abb. 9 sind dieselben Funktionen in Sekunden umgerechnet dargestellt. Auch dafür ergibt sich für jede Drehzahl ein Minimum, welches in bemerkenswerter Weise mit abnehmender Drehzahl einerseits nach dem oberen Totpunkt

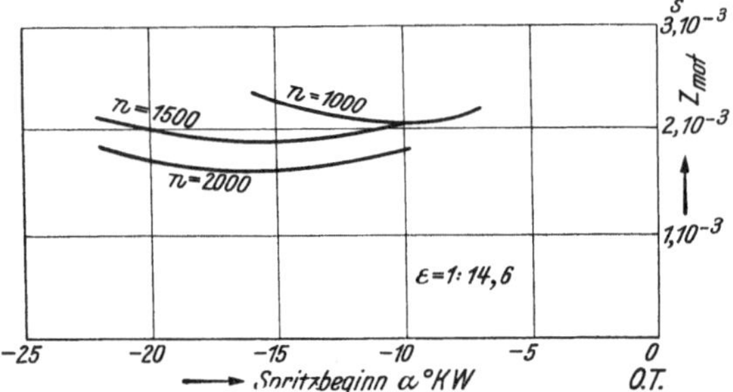

Abb. 11. Gemessener Zündverzug einer schnellaufenden Strahleinspritzmaschine. 1 l Hubraum, $\varepsilon = 14,6$.

zurückt und anderseits in seiner absoluten Größe kleiner wird. Zum Vergleich sind in der Kurve ($n = 0$) jene Zündverzugszeiten eingetragen, wie sie in der Bombe bei dem jeweiligen Luftzustand des Einspritzbeginnes im Motor wären. Der Einfluß des veränderlichen Temperaturfeldes im Motor ist also besonders bei hohen Drehzahlen ganz wesentlich.

Ein Vergleich dieser durch Rechnung aus dem Bombenversuch gewonnenen Ergebnisse mit den praktisch im Motor gemessenen nach Abb. 10 und 11 läßt weiter den Einfluß der Luftbewegung und der Kühlung zusammen abschätzen. Es handelt sich dabei um eine Vorkammermaschine mit 1 l Hubvolumen und demselben Verdichtungsverhältnis wie in Abb. 9 und um eine Strahleinspritzmaschine ohne zusätzliche Verwirbelungsmittel

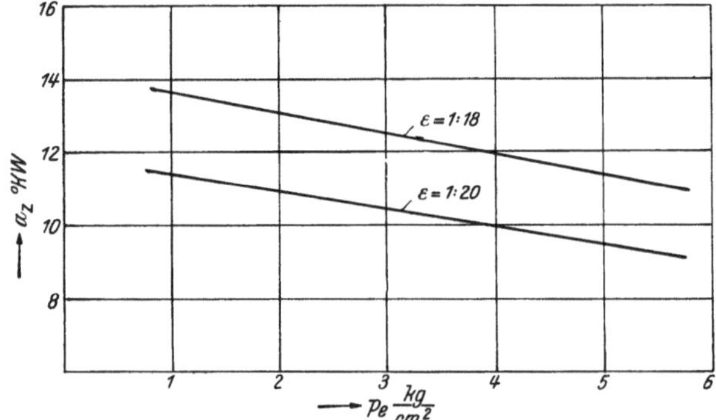

Abb. 12. Zündverzug einer Vorkammermaschine bei zwei verschiedenen Verdichtungsverhältnissen über der Belastung aufgetragen. 1,83 l Hubraum, $n = 1350$ min^{-1} (nach O. TRETTER).

bei kleinerem Verdichtungsverhältnis, aber mit demselben Hubvolumen. Entgegen den Ergebnissen nach Abb. 9 zeigt die Vorkammer eine außerordentlich starke Abminderung des Zündverzuges mit der Drehzahl als Folge der erhöhten Wirbelung. Aber auch die Messung ergibt für jede Drehzahl bei einem bestimmten Einspritzbeginn einen Mindestwert des Zündverzuges. Bei der unmittelbaren Strahleinspritzung sind die Unterschiede des Zündverzuges geringer. Daß er jedoch bei hoher Drehzahl kleiner als bei niedriger ist, zeugt auch hierbei von dem Vorhandensein einer Luftbewegung. Es ist auffallend, daß bei dieser Maschine, obwohl das Verdichtungsverhältnis niedriger ist, der Zündverzug bei kleinen Drehzahlen (1000 min⁻¹) kürzer als bei der Vorkammer-maschine ist. Der Grund hierfür liegt in den Kühlverhältnissen der ungeheizten Vor-kammer. Beim Durchtritt durch die engen Vorkammerbohrungen wird die Luft offenbar so stark gekühlt, daß bei diesen Drehzahlen die Erhöhung des Zündverzuges durch die Luftbewegung noch nicht aufgewogen wird.

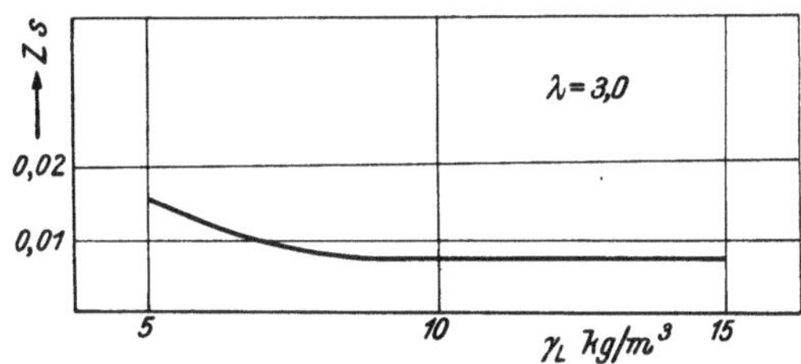

Abb. 13. Abhängigkeit des Zündverzuges von der Luftdichte (nach Wentzel).

Die angeführten drei Beispiele genügen, um zu zeigen, wie sehr der Zündverzug von der Bauart des Motors sowie vom Betriebszustand abhängt und wie wenig es als gerecht-fertigt erscheint, für seine Größe allgemeingültige Zahlen zu nennen. Wenn diese Größe

auch, wie noch weiter unten zu be-schreiben ist, für die Laufgeräusche des Motors von maßgebender Be-deutung ist, so ist für den Motoren-bauer doch die Kenntnis dessen wichtiger, was zu ihrer Verminderung beitragen kann:

Die Erhöhung der Verdichtung setzt den Zündverzug herunter, weil das Temperaturniveau dadurch ge-hoben wird (Abb. 12). Die Erhöhung der spez. Luftgewichte und die damit verbundene Aktivierung der Luft spielt dabei eine geringere Rolle. Nach Abb. 13 ist sie von $\gamma_L = 10\,\text{kg/m}^3$ aufwärts prak-

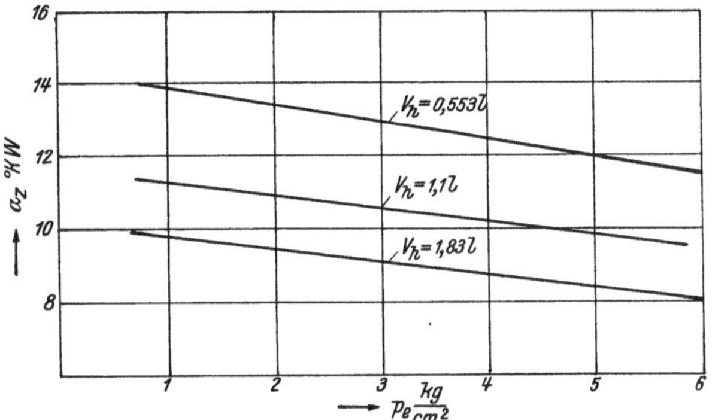

Abb. 14. Abhängigkeit des Zündverzuges von der Belastung bei drei Deutz-Motoren gleicher Bauart und verschiedener Größe (nach O. Tretter).

tisch ohne Einfluß. Der Belastungszustand der Maschine bestimmt ebenfalls den Tempera-turzustand und damit den Zündverzug, wie aus Abb. 12 gleichfalls zu entnehmen ist.

Erfahrungsgemäß ist der Temperaturzustand auch von der Maschinengröße beeinflußt. In Abb. 14 sind die über der Belastung aufgetragenen Zündverzugszeiten drei ver-schieden großer Vorkammermaschinen ge-zeigt. Es handelt sich dabei um liegende Deutz-Motoren vollkommen gleicher Bau-art und gleicher Verdichtung. Bei den Ver-suchen waren Kühlwasser- und Ansauge-temperatur genau gleich gehalten. Die bei der kleineren Maschine im Verhältnis zum Verdichtungsraum größeren Wandungs-flächen haben einen größeren Kühleffekt und erhöhen den Zündverzug.

Außerordentlich wirkungsvoll kann der Zündverzug im Motor durch Beheizen ge-wisser Stellen, die vorzugsweise von der

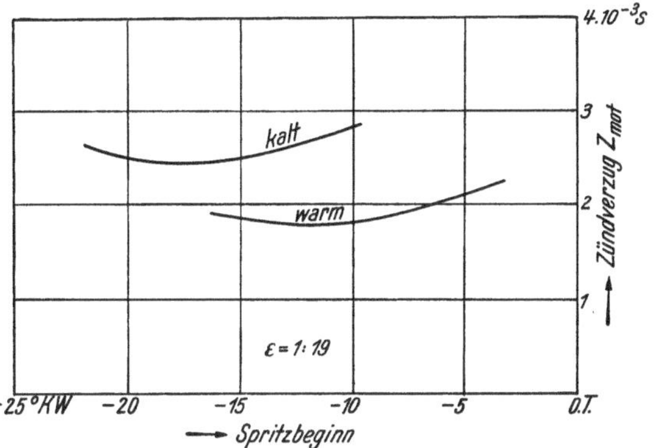

Abb. 15. Zündverzug einer Vorkammermaschine bei heißer und stark gekühlter Vorkammer. Hubraum 1 l. $n = 1000\,\text{min}^{-1}$.

Luft bestrichen werden oder auf die der Brennstoffstrahl auftrifft, heruntergesetzt werden. Ein praktisches Beispiel hierfür ist das Heizen von Vorkammern (Abb. 15). Wie weit die für die Zerstäubung des Brennstoffes maßgebenden Größen, das sind

Einspritzdruck und Düsenbohrung, den Zündverzug beeinflussen, wurde u. a. von
WENTZEL [14] und BREVES [12] untersucht. Der Einspritzdruck ist innerhalb der praktischen Grenzen ohne Einfluß. Offenbar bilden sich bei jedem Druck, wenigstens am
Strahlrand, genügend feine Tröpfchen, die rasch
verdampfen und die Verbrennung einleiten. Eine
Abhängigkeit des Zündverzuges von der Düsenbohrung jedoch wurde bis zu einem Höchstdurch-
messer von etwa 0,3 mm festgestellt (Abb. 16).

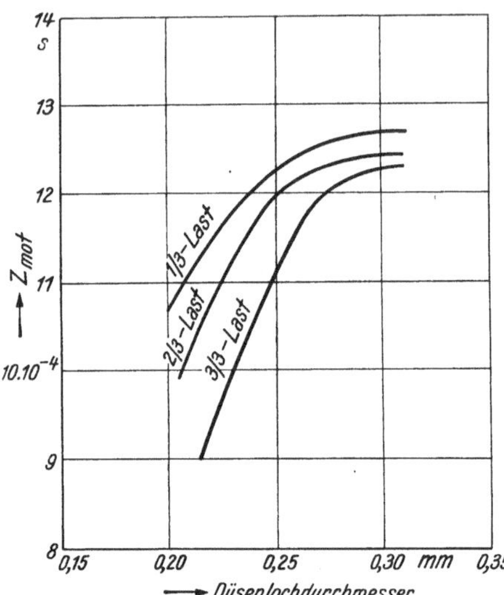

Abb. 16. Zündverzug in Abhängigkeit von der
Düsenbohrung einer Krupp-Modaag-Maschine
(nach BREVES).

II. Verbrennung.

1. Allgemeines.

In der Frage nach dem Entstehungsort der
ersten Flamme sind die Ansichten geteilt. BREVES [12]
stellt durch Ionisationsmessungen das erste Auf-
flammen im Strahlkern fest, während neuere Film-
aufnahmen von Brennräumen eindeutig eine Entflammung am Rande des Strahles erkennen lassen [13].
Tatsächlich wird die Zündung stets dort auftreten,
wo die Voraussetzung dazu am günstigsten, also die
Verdampfung und Verkrackung des Brennstoffes sowie die Mischung mit der Luft am weitesten vor-
geschritten ist. Nachdem dies am Strahlrande in-
folge der geringeren Unterkühlung der Luft durch das Verdampfen einerseits, der
besseren Zerstäubung anderseits zu erwarten ist, kann wohl als Normalbild die
Entflammung in diesen Zonen gelten. Nur dann, wenn durch einen heißen Luftstrahl oder infolge Berührens mit erhitzten Wandungen die Aufbereitung des Brennstoffes an anderer Stelle vorweggenommen wird, werden abweichende Flammbilder
zu erwarten sein. Charakteristisch für die Verbrennung im Dieselmotor im Gegensatz zur Vergasermaschine ist das fast gleichzeitige Entstehen von Verbrennungsherden
an mehreren gleichwertigen Stellen des Strahlmantels, die sich in der weiteren Folge
ausbreiten und schließlich ineinander übergehen. Die Geschwindigkeit, mit der dies
stattfindet, und der zeitliche Verlauf der Wärmeentwicklung bestimmen den Charakter
des Dieselprozesses sowohl in seiner Wirtschaftlichkeit als auch in den durch ihn ausgelösten Laufgeräuschen. Die Aufgabe des Versuchsingenieurs ist es, bei der Entwicklung
eines Verbrennungsverfahrens Mittel und Wege zu finden, diese Geschwindigkeit richtig
zu steuern. Es handelt sich dabei nicht etwa darum, den chemischen Charakter der Verbrennung zu ändern — er ist uns noch viel zu sehr unbekannt, als daß wir ihn beeinflussen
könnten —, sondern lediglich durch physikalische Maßnahmen seine Geschwindigkeit
in geforderten Grenzen zu halten.

2. Zeitlicher Verlauf der Wärmeentwicklung.

Die 2. Phase des Verbrennungsschemas nach RICARDO, der plötzliche ungesteuerte
Druckanstieg, ist die unmittelbare Folgeerscheinung des Zündverzuges. Während seiner
Dauer sammelt sich im Brennraum eine größere Menge Kraftstoffes an, die beim Entflammen schon zum großen Teil aufbereitet ist und nur mehr einer geringen Wärmezufuhr
bis zur vollständigen Verbrennung bedarf, die dann den raschen Druckanstieg und nicht
selten ein damit verbundenes schlagartiges Geräusch mit sich bringt. Später schon in die
Flamme eingespritzter Brennstoff hat praktisch einen Kleinstwert des Zündverzuges, der
sich nach Abb. 6 bei höheren Temperaturen nicht mehr ändert. Die Verbrennung voll-
zieht sich demnach in dieser 3. Phase etwa im Maße der Brennstoffzufuhr, also gesteuert,
vorausgesetzt, daß eine richtige Gemischbildung dies ermöglicht.

Ähnlich wie für die Aufbereitungsgeschwindigkeit besteht also auch für die Verbrennungsgeschwindigkeit ein Einfluß der Temperatur einerseits und der Gemischbildung anderseits, die vorwiegend durch eine kräftige Durchwirbelung ermöglicht wird. Beide sind eng aneinandergekettet und einer exakten Vorausbestimmung nicht zugänglich. Es kann sich demnach in den folgenden Betrachtungen nur darum handeln, einen qualitativen Überblick darüber zu geben, der aber schon genügt, um daraus ein Verständnis praktischer Grundsätze des Motorenbaues abzuleiten.

Ein Einblick in die Temperaturabhängigkeit des Wärmeentwicklungsgesetzes ist zu gewinnen, wenn wir zunächst für jedes Brennstoffteilchen die Zeit zwischen Brennbeginn und der vollzogenen Umsetzung der chemischen Energie in Wärme als unendlich klein annehmen und das früher für die Aufbereitung des 1. Brennstofftröpfchens gegebene Rechenverfahren auch für die nachfolgend eingespritzten anwenden, wobei nicht nur die Verdichtungstemperatur, sondern auch die Erwärmung durch bereits verbrannte Brennstoffteile zu berücksichtigen ist. Man bezeichnet als Einspritzgesetz die Abhängigkeit der je Kurbelgrad eingespritzten Kraftstoffmenge $\frac{dx}{d\alpha}$ vom Kurbelwinkel. Das

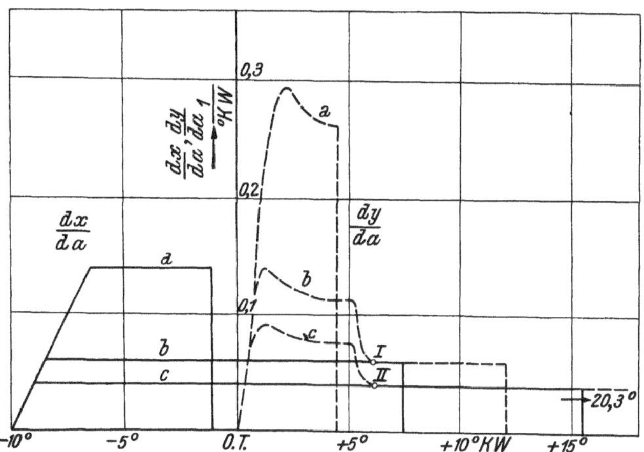

Abb. 17. Verzerrung der Wärmeentwicklung $\frac{dy}{d\alpha}$ gegenüber dem Einspritzgesetz $\frac{dx}{d\alpha}$, hervorgerufen durch den mit der Temperatur veränderlichen Zündverzug, bei drei schematischen Einspritzgesetzen.

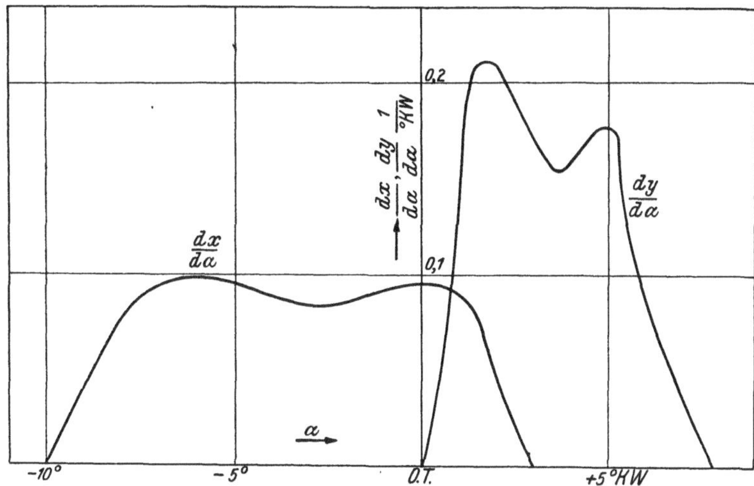

Abb. 18. Verzerrung des Wärmeentwicklungsgesetzes $\frac{dy}{d\alpha}$ gegenüber dem Einspritzgesetz $\frac{dx}{d\alpha}$ eines Fahrzeugmotors.

Gesetz der Wärmeentwicklung ist durch die je Kurbelgrad verbrennende Kraftstoffmenge $\frac{dy}{d\alpha}$ bestimmt. In Abb. 17 ist der Zusammenhang zwischen dem Einspritzgesetz und dem Wärmeentwicklungsgesetz für drei idealisierte Einspritzgesetze wiedergegeben. Im ersten Falle a ist die Einspritzdauer kleiner als der Zündverzug. Einspritzung und Verbrennung greifen nicht übereinander, d. h. letztere erfolgt völlig ungesteuert (Phase 2 nach dem Verbrennungsschema RICARDOS). In den Fällen b und c dauert die Einspritzung

über den Zündverzug hinaus. Den Wärmeentwicklungsgesetzen gemeinsam ist ein steiler
Anstieg charakteristisch, der sich über den Betrag der sekundlich in Form von Brennstoff zugeführten Wärmemenge bei weitem erhebt und erst nach einer bestimmten
Zeit in den Punkten *I* und *II*, wo der Zündverzug bereits seinen Minimalwert erreicht
hat, dieser gleich wird. Erst von hier an kann von einer gesteuerten Verbrennung gesprochen werden. Die Verzerrung der Wärmeentwicklung zu Beginn der Verbrennung
ist durch die Abnahme des Zündverzuges mit steigender Temperatur bedingt. Sie ist
um so heftiger, je niedriger die Verdichtung ist, weil dabei die Unterschiede der Zündverzüge für die zuerst eingespritzten Kraftstoffteilchen und der darauffolgenden größer
werden. Gleich wie in Abb. 17 zeigt Abb. 18 das durch die Temperatur verzerrte Wärmeentwicklungsgesetz für ein gemessenes Einspritzgesetz eines Fahrzeugmotors. Auch
dabei ist die zeitliche Verkürzung des Verbrennungsablaufes gegenüber der Einspritzdauer, was wieder mit einer erhöhten sekundlichen Wärmeentwicklung verbunden ist,
charakteristisch. Ergebnisse von praktischen Versuchen, die WENTZEL [14] über dieses
Problem anstellte, sind in Abb. 19 wiedergegeben. Die Druckzeitlinien wurden bei
Verbrennung von Gasöl in der Versuchsbombe aufgenommen. Im Bilde a dauert die

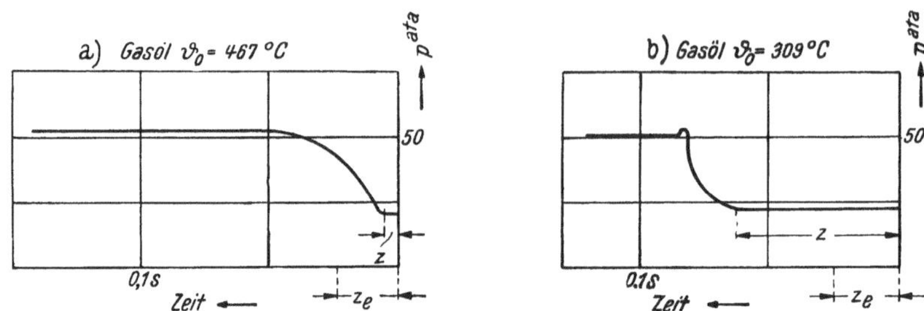

Abb. 19. Druckverlauf in der Bombe bei zwei verschiedenen Zündverzügen (nach WENTZEL).

Einspritzung länger als der Zündverzug. (Es entspricht den Beispielen b und c in
Abb. 17.) Der Druck steigt dabei verhältnismäßig sanft an. Im Versuch b dagegen ist
infolge der niedrigen Temperatur der Zündverzug wesentlich größer als die Einspritzdauer z_e. Die Folge ist, wie das Beispiel a in Abb. 17 auch erkennen läßt, eine wesentlich erhöhte Wärmeentwicklungsgeschwindigkeit, die sich in einem schrofferen Druckanstieg äußert.

Zusammenfassend stellen wir also fest, daß die durch die frei werdende Wärme bedingte
Temperaturerhöhung und die damit verbundene Erniedrigung des Zündverzuges zu Beginn
der Verbrennung eine Erhöhung der sekundlichen Wärmeentwicklung gegenüber der sekund-
lich eingespritzten Brennstoffmenge mit sich bringt.

Gegenüber den idealisierten Diagrammen nach Abb. 17 und 18 wird der tatsächliche
Ablauf der Wärmeentwicklung noch weiterhin durch die endlichen Verbrennungszeiten
verzerrt, die bei jedem Kraftstoffteilchen zwischen der Entflammung und der Be-
endigung des Wärmeumsatzes liegen. Ein genauer Aufschluß darüber ist nur durch
Vergleich des Einspritzgesetzes mit dem Wärmeentwicklungsgesetz ausgeführter
Maschinen zu gewinnen. Dieses Wärmeentwicklungsgesetz läßt sich aus dem zeitlichen
Verlauf des Verbrennungsdruckes durch Anwendung des 1. Wärmehauptsatzes auf
klein gewählte Zeitintervalle

$$\mu_2\, \mathfrak{U}_2 = \mu_1\, \mathfrak{U}_1 + \varDelta\, \mathfrak{Q}_B - \varDelta\, \mathfrak{A} - \varDelta\, \mathfrak{Q}_K$$

bestimmen.

Hierin bedeutet:

$\mathfrak{U}_1, \mathfrak{U}_2$ die innere Energie des Verbrennungsgases zu Beginn und Ende des Intervalls
[kcal/Mol];

μ_1, μ_2 die Anzahl der aus 1 Mol Luft entstandenen Mol Verbrennungsgase zu Beginn
und Ende des Intervalls;

$\varDelta \mathfrak{Q}_B$ die aus dem Brennstoff während des Intervalls frei gewordene Wärme je Mol
Luft [kcal/Mol];

$\varDelta \mathfrak{A}$ die an den Kolben während des Intervalls abgegebene Arbeit je Mol Luft [kcal/Mol];

$\varDelta \mathfrak{Q}_K$ die an das Kühlwasser während des Intervalls abgeführte Wärmemenge je Mol
Luft [kcal/Mol].

Nach Kenntnis des Ansaugezustandes der Luft läßt sich der Temperaturverlauf
rechnerisch verfolgen, und damit ist nach den bereits genügend genau bekannten spezifischen Wärmen der einzelnen Abgaskomponenten (siehe u. a. Justi und Lüder [15])
die innere Energie des Zylinderinhaltes bekannt, wenn man in jedem Augenblick die
Abgaszusammensetzung kennt. Hier führt ein erstes Schätzen des Wärmeentwicklungsgesetzes von Intervall zu Intervall und spätere Kor-
rektur mit den damit er-
rechneten Werten meist in
zwei Schritten zum Ziel. Die
an den Kolben abgegebene
Arbeit ist durch Zylinderdruck und Kolbenbewegung
bekannt. Zur Bestimmung
von $\mathfrak{Q}_K$ dient die Nusseltsche Gleichung, die mit
einem passend gewählten
Faktor multipliziert wird.
Die Richtigkeit dieses Fak-
tors läßt sich summarisch
durch eine Wärmebilanz
überprüfen, die sich auf eine
Zeitstrecke bezieht, in der
die Nusseltsche Gleichung
angewendet werden kann.
Abb. 20 zeigt ein nach

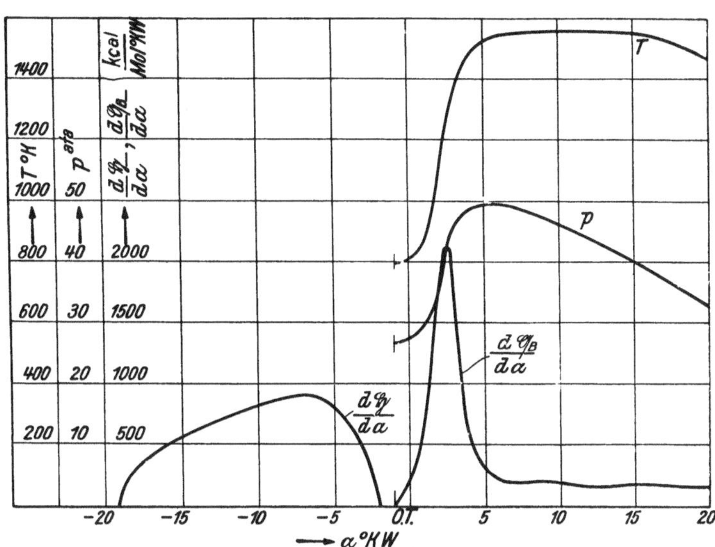

Abb. 20. Einspritz- und Wärmeentwicklungsgesetz, Druck- und Temperaturverlauf in
einer rasch laufenden Versuchsmaschine mit unmittelbarer Einspritzung.
$V_H = 1\,\mathrm{l}.\ n = 1560\,\mathrm{min}^{-1}.$

diesem Verfahren ermitteltes Wärmeentwicklungsgesetz einer Maschine mit unmittelbarer Einspritzung. Die Maschine hatte ein Verdichtungsverhältnis $\varepsilon = 1:14{,}6$ bei
1 l Hubvolumen. Der Brennraum war einfach muldenförmig ausgebildet, die Fünf-
strahldüse in seiner Mitte angeordnet. Irgendwelche Einrichtungen zur Erzeugung
einer geordneten Luftbewegung waren mit Absicht vermieden, um den Ablauf der
Verbrennung zunächst einmal bei diesem für die schon immerhin hohe Drehzahl von
1560 min^{-1} primitiven Verbrennungssystem festzustellen. Das Einspritzsystem bestand
aus einer schlitzgesteuerten Pumpe, deren Fördergesetz mit einer offenen Düse derart
abgestimmt war, daß praktisch kein Rückwurf an ihr stattfand und so auch größere
Schwingungen in der Einspritzleitung vermieden wurden. Damit war es möglich, das mit
$\dfrac{d\mathfrak{H}}{da}$[1] bezeichnete Einspritzgesetz zu verwirklichen, welches durch keinerlei Nadel- oder
Brennstoffschwingungen, die eine zusätzliche Wirbelung im Brennraum zur Folge haben
könnten, in seinem stetigen Verlauf gestört ist.

Die Einspritzung ist noch während des Zündverzuges zu Ende, d. h. die Verbrennung
läuft ungesteuert. Die Wärmeentwicklung steigt auch hierbei nach der Entflammung
außerordentlich rasch an, um dann schon nach wenigen Kurbelgraden ebenso rasch wieder
abzunehmen. Die sich daranschließende Phase 4 des Nachbrennens und Expandierens
zieht sich bis in die Nähe des unteren Totpunktes hin.

---

[1] $\mathfrak{H}$ bedeutet die im Brennstoff steckende Wärme und beträgt $\mathfrak{H} = \mathfrak{B}\,(E + i_B)$, wenn E die chemische
Energie, i_B die innere Energie je Kilogramm flüssigem Brennstoff und $\mathfrak{B}$ kg/Mol die je Mol Luft eingespritzte Brennstoffmenge in Kilogramm bedeutet.

Einen Schluß auf die Verbrennungsgeschwindigkeit selbst läßt Abb. 21 zu. Es sind hierin dem Wärmeentwicklungsgesetz a nach Abb. 20 die Gesetze b und c gegenübergestellt, die sich gleich wie in Abb. 18 unter Berücksichtigung des veränderlichen Zündverzuges einmal unter Annahme unendlich kurzer Brenndauer (b), das andere Mal bei Annahme einer Brenndauer von $\tau_B = 0,001$ s (Diagramm c) ergeben. Demnach verläuft zu Beginn die Verbrennung explosiv nahezu ohne Zeitbedarf, während sie gegen Ende zu abnimmt und die Verbrennungsdauer weit größer als $^1/_{1000}$ s wird.

Wie der hohe Verbrauch der Maschine zeigt (225 g/PS St) und nach den allgemeinen theoretischen Grundlagen ohne weiteres klar wird, verschlechtert das lange Nachbrennen den thermischen Nutzeffekt des Prozesses ganz erheblich. Die zu rasche Verbrennung zu Beginn wiederum hat einen harten Gang des Motors („Dieselschlag") zur Folge, der sich nicht nur in einem unangenehmen Laufgeräusch äußert, sondern auch die Triebwerksbeanspruchung wesentlich erhöht.

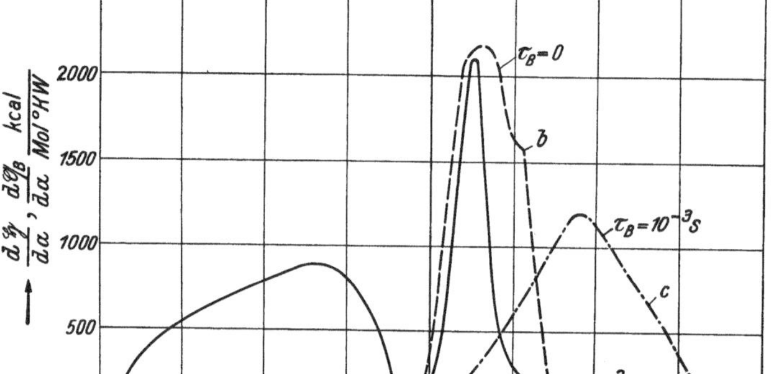

Abb. 21. Abschätzung der Verbrennungsdauer. a Tatsächliches Wärmeentwicklungsgesetz. b Verzerrung durch Zündverzug bei unendlich rascher Verbrennungsgeschwindigkeit. c Verzerrung bei Verbrennungsdauer 0,001 s.

An diesem Beispiel eines Motors, an dem keinerlei Maßnahmen zur Verbesserung des Verbrennungsverfahrens gegenüber einer sehr langsam laufenden Maschine mit unmittelbarer Einspritzung getroffen wurden, finden wir demnach jene Aufgabenstellung, die grundsätzlich bei jeder Dieselmaschine in der Entwicklung auftritt, im folgenden vorgegeben.

1. Die Verbrennung muß möglichst nahe an den oberen Totpunkt verlegt werden, um den Arbeitsprozeß jedes einzelnen Teilchens bei möglichst hohem thermischem Wirkungsgrad ablaufen zu lassen.

2. Es sind Mittel und Wege zu finden, die durch den Zündverzug bedingte Neigung zu einer raschen Wärmeentwicklung am Beginn der Verbrennung in jenen Grenzen zu halten, die noch einen ruhigen Lauf des Motors gewährleisten.

Nach Punkt 1 besteht die Forderung nach Beschleunigung der Verbrennung, wofür eine gute Mischung die Voraussetzung gibt, die mindestens mit der Geschwindigkeit der erwünschten Verbrennung vor sich gehen muß. Im Hinblick darauf ergibt sich die Forderung nach feiner Zerstäubung des Brennstoffes einerseits, nach einer bestimmten Anordnung des zerstäubten Brennstoffes — Strahlform — anderseits. Letztere ist stets durch die Gestalt des Brennraumes bedingt und soll im Idealfall möglichst schon für jede Stelle des Brennraumes die richtige Gemischbildung herstellen. Anderenfalls muß hierfür eine geordnete Luftbewegung sorgen, wie dies in den verschiedenen Gemischbildungsverfahren praktisch geschieht. Die Güte des so entstehenden Makrogemisches, wie BOERLAGE und BROEZE [2] die Anordnung von Luft zu brennstoffarmen und -satten Gebieten nennen, ist für die Möglichkeit eines raschen Prozeßablaufes von wesentlich größerer Bedeutung als die Güte des Mikrogemisches, wie die Feinheit der Zerstäubung in den Teilgebieten des Brennraumes bezeichnet wird.

Nach Punkt 2 soll die Wärmeentwicklung bei einsetzender Entflammung erst langsam beginnen. Die Maßnahmen, welche eine hohe Wirtschaftlichkeit durch ihre beschleunigende Wirkung auf die Verbrennung bewirken sollen, stehen demnach dazu im Gegensatz, weil diese im allgemeinen auch schon zu Beginn der Verbrennung ihre volle Wirkung haben. Die häufig gemachte Erfahrung, daß hart laufende Motoren geringen Brennstoffverbrauch haben, bestätigt dies. Zur Minderung der ersten stoßartigen Wärmeentwicklung, ohne die Verbrennungsgeschwindigkeit und damit die Wirtschaftlichkeit des ganzen Prozesses selbst zu verringern, ist in erster Linie zu trachten, den Zündverzug so klein wie möglich zu halten. (Über die Maßnahmen, die dazu zu treffen sind, wurde schon gesprochen; vgl. A, I, 4.) Überdies ist das Einspritzgesetz derart zu gestalten, daß die bis zum Zündbeginn eingespritzte Brennstoffmenge ein bestimmtes Maß nicht überschritten hat.

3. Das ideale Einspritzgesetz.

Das richtige Einspritzgesetz einer Dieselmaschine stellt eine Kompromißlösung zwischen Wirtschaftlichkeit des Prozesses und der Laufruhe des Motors dar. Das für die Wirtschaftlichkeit günstigste, möglichst scharf einsetzende und kurz dauernde Einspritzgesetz $A\,B\,C\,D$ (schematische

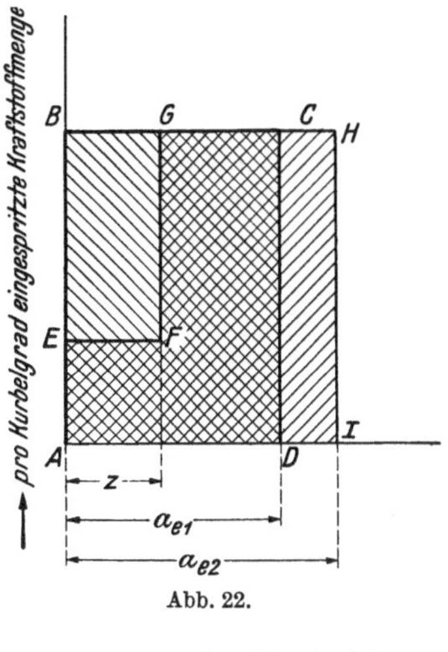

Abb. 22.

Abb. 22) muß in seinem ersten Teil während des Zündverzuges z mit Rücksicht auf das Laufgeräusch auf den Betrag $A\,E$ vermindert werden. Da im thermisch günstigsten Einspritzgesetz die pro Kurbelgrad eingespritzte Kraftstoffmenge $A\,B$ schon als jene Höchstmenge aufzufassen ist, die der Motor in kürzester Zeit noch zu verarbeiten imstande ist, ergibt sich für das annähernd flächengleiche richtige Gesetz nach $A\,E\,F\,G\,H\,I$ eine verlängerte Spritzdauer, die thermisch ungünstiger ist.

Bevor auf die Mengenverhältnisse des Diagramms selbst eingegangen wird, sei einiges über die Zündgeräusche und deren Ursache ausgesagt.

Nach RICARDO [1] ist ein Maß für das Zündgeräusch in der Steilheit des Druckanstieges $\dfrac{dp}{d\alpha}$ gegeben, und zwar darf dieser ein bestimmtes, für verschiedene Maschinen nicht vollständig gleiches Maß nicht überschreiten, ohne daß die Laufruhe darunter leidet. Andere Forscher [16] sind der Ansicht, daß die Druckbeschleunigung $\dfrac{d^2p}{d\alpha^2}$ maßgebend ist. Praktisch laufen beide Ansichten auf dasselbe hinaus, weil der erste Verbrennungsstoß stets bis nahe an den höchsten Zünddruck dauert und dabei eine große Druckanstiegsgeschwindigkeit stets die Folge einer großen Druckbeschleunigung ist. Die Erregung des Dieselschlages liegt in unmittelbarer Nähe des oberen Totpunktes. Vernachlässigt man dabei die Volumensänderung und damit auch die

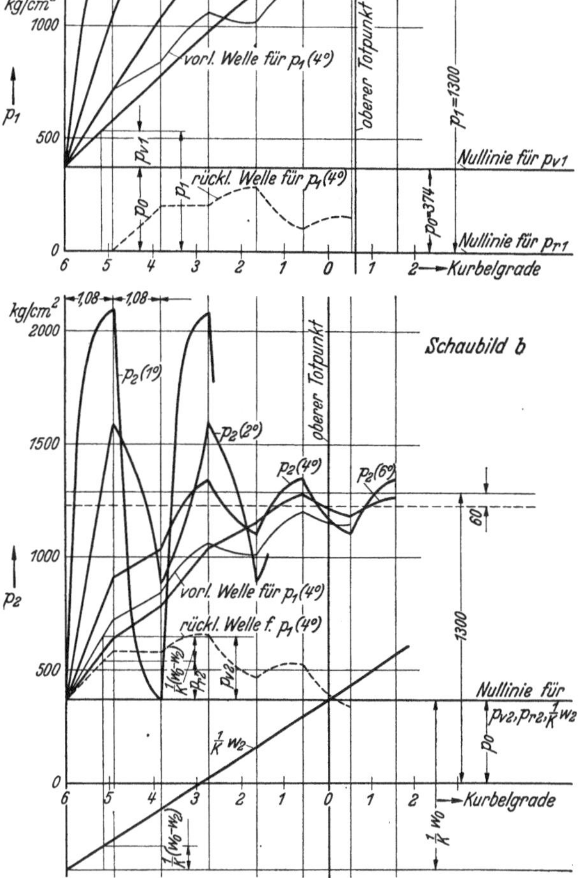

Abb. 23. Beanspruchung p_2 im unteren Ende eines Schubstangenschaftes bei verschieden steilem Druckanstieg p_1 im oberen Ende.

an den Kolben abgegebene Arbeit sowie die Kühlwasserwärme, so folgt aus dem 1. Wärmehauptsatz, wenn überdies auch die spezifische Wärme des Gases konstant angenommen wird, daß die Druckanstiegsgeschwindigkeit in erster Näherung der je Kurbelgrad frei werdenden Wärme verhältig ist.

Die physikalischen Vorgänge beim Dieselschlag sind noch nicht restlos geklärt. Es kann jedoch mit Sicherheit angenommen werden, daß er vorzugsweise in den Laufspielen des Kolbens sowie der Lager, insbesondere des Kolbenbolzen- und Pleuellagers, ausgelöst wird. Ein einfacher Versuch mit verschiedenen Lagerspielen bestätigt das ohne weiteres. Daß der metallisch klingende Triebwerkschlag mit einer erhöhten Lagerbelastung Hand in Hand geht, ist erwiesen. Über die Erhöhung der Druckbeanspruchung im Schubstangenschaft und damit auch der Lagerbeanspruchung bei raschem Druckanstieg wurde vom Bearbeiter schon in einer früheren Veröffentlichung berichtet [17]. Es sei aus diesen Untersuchungen auf Abb. 23 hingewiesen, worin die Schubstangenbeanspruchung im unteren Ende (Pleuellager) bei verschieden steilem Druckanstieg im oberen Ende (Kolben) durch Untersuchung der Längsschwingungen ermittelt wurde. Es war dabei kein Lagerspiel im Pleuelzapfen angenommen. Bei Vorhandensein eines Spieles ergibt sich, während dieses durchlaufen wird, ein ähnliches Geschwindigkeitsgesetz, das nach Herstellung des festen Kraftschlusses durch diese Druckschwingungen abgelöst wird. Die Berührungsgeschwindigkeit steigt, ähnlich wie die Amplituden der Druckschwingungen, stark mit der Druckanstiegsgeschwindigkeit im oberen Stangenende (Brennraum) an. Der durch die Zündung ausgelöste „Dieselschlag" kommt nicht etwa dem in der Schubstange angeregten Ton gleich — dieser ist bei den gebräuchlichen Schubstangenlängen für die Hörbarkeit viel zu hochfrequent —, sondern dem einmaligen Berührungsschlag nach dem durchlaufenen Spiel, der sich durch das meist resonanzfähige Maschinengestell ausbreitet und an die Luft übergeht. Dabei kann er nach außen hin verschiedenartig wirken. Motoren mit leichten dünnwandigen Silumingestellen geben bei hartem Gang ein helleres und unangenehmeres Geräusch von sich als schwerere Gestelle aus Gußeisen. Wassergekühlte Maschinen wiederum dämpfen das Geräusch besser als luftgekühlte, bei denen die Kühlrippen die Schallabgabe begünstigen. Weiterhin wird das Laufgeräusch noch wesentlich beeinflußt durch die Art der Maschinenfundierung. Überkritisch auf Schwingmetall gelagerte Motoren wirken im Laufe ruhiger als fest metallisch aufgestellte.

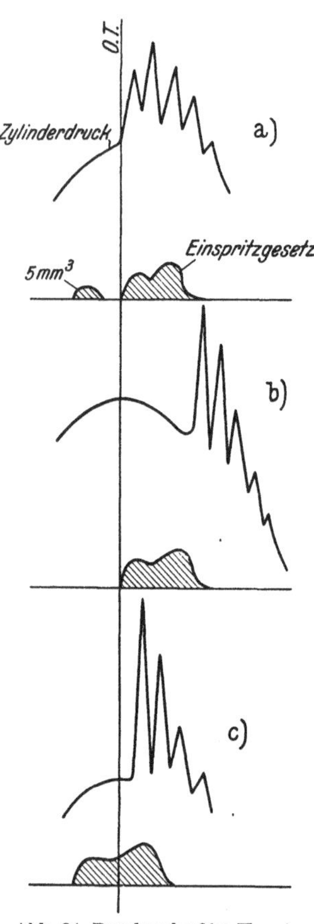

Abb. 24. Druckverlauf im Hauptbrennraum einer Vorkammermaschine bei zweimaligem Einspritzen.

Wenn demnach auch die Laufgeräusche des Motors in ihrer Intensität von einer Reihe von Umständen abhängen, so läßt sich bei einiger Übung doch ein vorhandener „Dieselschlag" schon durch das Gehör feststellen und abgrenzen. Es ist naheliegend, diesen Grenzzustand zwischen ruhigem und klopfendem Lauf irgendwie zu definieren. RICARDO führt dafür eine höchstzulässige Drucksteigerung pro Kurbelgrad ein. Bei der Dieselmaschine ist eine derartige Angabe kaum von praktischer Bedeutung, denn es ist nicht möglich, daraus irgendwelche Rückschlüsse auf das geforderte Einspritzgesetz zu ziehen. Besser bewährt sich ein Verfahren, nach welchem jene Kraftstoffmenge festgestellt wird, die, während des Zündverzuges eingebracht, noch ohne Schlag zündet. Mit einer Doppelplungerpumpe, wovon die eine die Einspritzung während des Zündverzuges, die andere die darauffolgende Haupteinspritzung besorgt, wobei der zeitliche Abstand des Förderbeginnes dem jeweiligen Zündverzug angepaßt werden kann, lassen sich derartige Messungen sehr genau durchführen. Wie sich ein derartiges doppeltes Einspritzen im Indikatordiagramm äußert, zeigt Abb. 24 für den Hauptbrennraum einer Vorkammermaschine mit 1 l Hubraum. Der Indikator wurde dabei absichtlich über eine längere

Bohrung mit dem Brennraum verbunden, um auf diese Art und Weise in den entstehenden Pfeifenschwingungen, ähnlich wie dies in Abb. 23 für die Längsschwingungen in der Schubstange nachgewiesen wurde, ein Vergleichsmaß für die Druckanstiegsgeschwindigkeit zu haben. Das Diagramm a wurde bei noch ruhigem Lauf des Motors aufgenommen, wobei die Einspritzmenge während des Zündverzuges 5 mm³ betrug.[1] Diagramm b wurde aufgenommen, nachdem der erste Plunger auf Nullförderung gestellt wurde und die Einspritzung nur durch den zweiten Plunger erfolgte. Die Maschine lief dabei sehr hart, wie auch aus den kräftigen Pfeifenschwingungen zu ersehen ist. In Diagramm 3 wiederum war nur der erste Plunger in Tätigkeit, wobei die Ganghärte infolge des früheren Spritzbeginnes nur noch erhöht war. In den beiden letzten Fällen beträgt die während des Zündverzuges eingespritzte Kraftstoffmenge etwa 20 mm³, das ist das Vierfache der für ruhigen Lauf höchstzulässigen Menge von 5 mm³. Letztere beträgt bei dieser Maschine etwa ein Drittel der Leerlaufmenge.

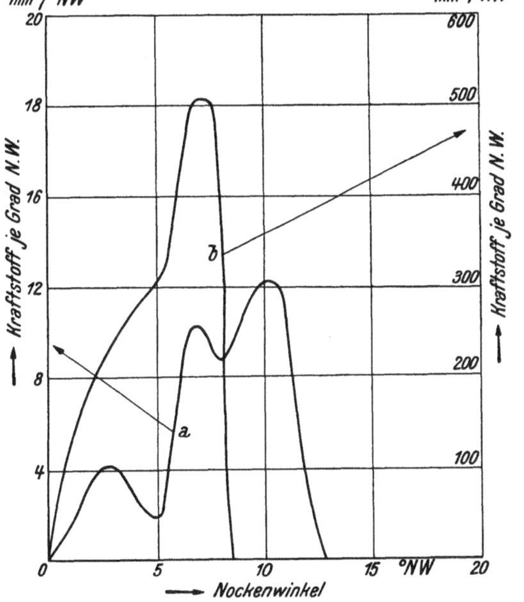

Untersucht man in gleicher Weise verschiedene Verbrennungssysteme, so findet man im allgemeinen die Regel bestätigt,

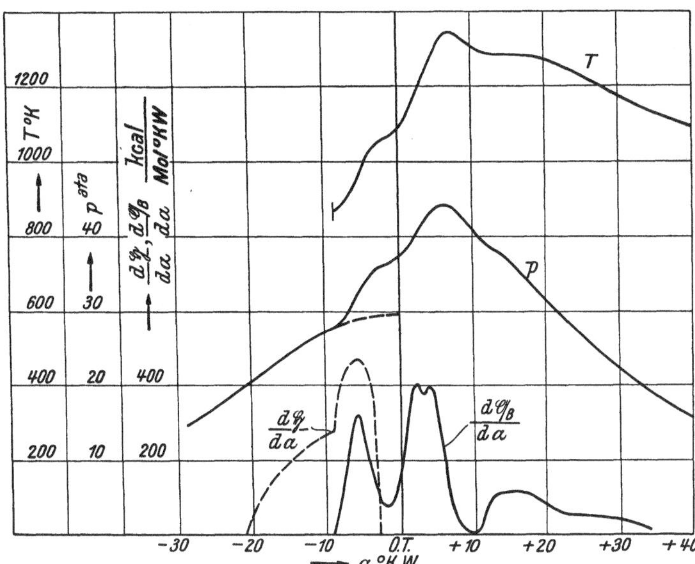

Abb. 25. a) Einspritzgesetz einer Vorkammermaschine mit 1,5 l Hubraum (Vollast), n_{Pumpe} = 600 min⁻¹. b) Einspritzgesetz einer Maschine mit unmittelbarer Strahleinspritzung. 133 l Hubraum (Halblast), n_{Pumpe} = 107,5 min⁻¹.

daß diese höchstzulässige Menge um so größer sein kann, je geringer die Verbrennungsgeschwindigkeit des Systems ist. Sie kann bei praktisch noch als wirtschaftlich zu betrachtenden Maschinen bis zur halben Leerlaufmenge ansteigen. Bei Motoren mit schlechter Verbrennung kann sie sogar gleich der Leerlaufmenge sein.

Nachdem auf Grund derartiger Untersuchungen der erste Verlauf des Einspritzgesetzes festzulegen ist, bleibt nur noch die Wahl der Spritzlänge. Diese übertrieben kurz zu machen, wie es nach rein thermodynamischen Überlegungen geboten erscheint, ist stets dann verfehlt, wenn nicht durch entsprechend rasche Luftbewegung auch für die Möglichkeit einer ebenso raschen Verbrennung gesorgt wird.

Abb. 26. Wärmeentwicklungsgesetz einer Großmaschine. 133 l Hubraum, n = 215 min⁻¹ (Halblast).

Beispiele richtig bemessener Einspritzgesetze sind in Abb. 25 gezeigt.

In Abb. 26 ist der Verlauf der Wärmeentwicklung an einer Großmaschine der

---

[1] Es braucht nicht weiter betont zu werden, daß eine Meßeinrichtung, die derartige kleine Mengen sicher zu bemessen vermag, einer besonderen Durchbildung bedarf.

Humboldt-Deutzmotoren A. G. untersucht, deren Einspritzgesetz ebenfalls sowohl in bezug auf Gangruhe als auch auf Leistung und Verbrauch befriedigt. Das Wärmeentwicklungsgesetz $\dfrac{d\mathfrak{Q}_B}{d\alpha}$ zeigt auch hierbei ein stoßweises Anheben nach Beginn der Entflammung, das jedoch nur auf eine Spitze von 320 $\dfrac{\text{kcal}}{\text{Mol}^\circ\,\text{KW}}$ steigt. Gegenüber dem entsprechenden Wert von über 2000 $\dfrac{\text{kcal}}{\text{Mol}^\circ\,\text{KW}}$ in Abb. 20 ist dabei der Druckanstieg sanft und das Zündgeräusch nicht hörbar. Bemerkenswert ist, daß kurz nach dem ersten Stoß die Wärmeentwicklung ähnlich wie in Abb. 20 stark absinkt, die Verbrennung sich also stark verlangsamt. Diese Phase, in der offenbar schwerere Fraktionen des Brennstoffes, die während des ersten Stoßes nicht verkrackt sind, aufbereitet werden, dauert jedoch nur kurze Zeit; denn schon im Totpunkt setzt die Hauptverbrennung ein. Sie währt bis etwa 10° nach oberem Totpunkt und verläuft von hier an als „Nachbrennen" bis etwa 30° nach oberem Totpunkt.

Bei Vergrößerung der Belastung nimmt stets dem verkleinerten Zündverzug entsprechend der erste Stoß ab, das Hauptverbrennen und ebenso das Nachbrennen zu. Diese bei fast sämtlichen Dieselmaschinen auftretende Erscheinung äußert sich im allgemeinen durch ruhigeren Lauf bei höherer Last.

Es gibt praktische Fälle, bei denen eine Verwirklichung vorgenannter Grundsätze einerseits wirtschaftlich nicht tragbar, anderseits auch unnötig ist. Bei hohen Drehzahlen folgen insbesondere in Mehrzylindermaschinen die Zündungen so rasch aufeinander, daß sie einzeln nicht mehr wahrnehmbar sind und im übrigen Laufgeräusch untergehen. In solchen Fällen ist das günstigste Einspritzgesetz durch wirtschaftliche Gesichtspunkte bedingt. Als Beispiel hierfür zeigt Abb. 27 den Druckverlauf im Brennraum sowie in der Einspritzleitung eines Fahrzeugmotors mit unmittelbarer Strahlzerstäubung bei 400 U/min. Im Zündbeginn ist die gesamte Kraftstoffmenge fast vollständig eingespritzt. Der hohe Drucksprung von etwa 45 at Verdichtungsdruck auf 80 at läßt auf eine sehr rasche Wärmeentwicklung gleich nach Einsatz der Entflammung schließen, die bei guter Gemischbildung auch im weiteren Verlauf der Verbrennung anhält. Das Zündgeräusch der Sechszylindermaschine wirkt bei der schnellen Aufeinanderfolge der Zündungen (70/s) zwar etwas laut, aber nicht mehr unangenehm.

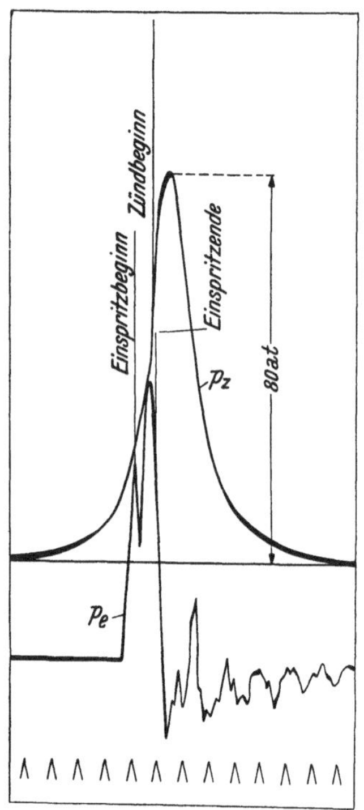

Abb. 27. Druckverlauf im Brennraum und in der Einspritzleitung eines schnellaufenden Fahrzeugmotors mit unmittelbarer Einspritzung. 1,5 l Hubraum, $n = 1400$ min⁻¹ Vollast.

B. Innere Steuerung der Gemischbildung.

Dieses Kapitel soll jene Gedanken beinhalten, die sich mit der Gemischbildung innerhalb des Brennraumes selbst befassen, während im nächstfolgenden Abschnitt die äußere Steuerung der Gemischbildung, jene Einrichtungen und deren Wirken besprochen werden, welche das Einbringen des Brennstoffes und die zeitliche Steuerung desselben besorgen.

Der aus der Düse austretende Strahl durchsetzt einen Teil der Verbrennungsluft mit fein zerstäubtem Brennstoff. Unser Interesse gilt der Frage, wie groß die einzelnen Brennstofftröpfchen sind, und in besonderem Maße, wie sie örtlich angeordnet sind, welche Geschwindigkeit sie haben u. dgl. m.

I. Strahlaufbereitung.

1. Zerstäubung.

Der Zerfall des unter Druck aus einer feinen Bohrung austretenden Brennstoffstrahles wurde erstmalig von TRIEBNIGG rein theoretisch untersucht [18]. Bei diesen Untersuchungen wurde die Annahme eines laminar aus einer zylindrischen Bohrung (Düse) strömenden Strahles getroffen. Bei seinem Gang durch das Medium erleidet dieser Strahl, auch wenn zunächst von einem Zerfall in Tröpfchen abgesehen wird, eine Verformung, deren Gesetzmäßigkeit sich aus der Arbeitsgleichung ableiten läßt, nach der an jeder Stelle des Strahles die Abnahme der Bewegungsenergie, der Reibungsarbeit und der Oberflächenarbeit das Gleichgewicht hält.

Bedeutet

y die Entfernung eines betrachteten Strahlteilchens von der Düsenmündung [m],
x_0 den Strahlradius an der Düsenmündung [m],
x den Strahlradius an der betrachteten Stelle [m],
ψ den Reibungskoeffizienten zwischen Strahl und Medium, in das dieser austritt,
a die Oberflächenspannung der Flüssigkeit [kg/m],

so ergibt sich nach TRIEBNIGG für x nach Vernachlässigung unwesentlicher Glieder die Beziehung

$$x = \frac{y\,\psi}{a} + x_0. \tag{1}$$

Demnach ist die Zunahme des Strahlhalbmessers proportional der Entfernung von der Düsenmündung, der Reibung und verkehrt proportional der Oberflächenspannung. Die Auflösung dieses Strahles in einzelne Tröpfchen ist eine Folge des Reibungsdruckes auf die Stirnfläche. Nimmt man den Normaldruck gleichmäßig verteilt wirkend auf die Stirnfläche an, so ist eine kugelige Ausbauchung der Strahlspitze die Folge davon, die sich als einzelnes Tröpfchen selbständig macht, sobald die Stirnoberfläche das π, bzw. Vierfache des mittleren Strahldurchmessers (aus Gleichung 1) hat. Darnach findet TRIEBNIGG als Tröpfchenradius

$$r_1^{[m]} = 4,6\,a\,\frac{\gamma_b}{\gamma_l}\,\frac{1}{\psi}\,\frac{1}{P_{\ddot u}} \tag{2}$$

und als Entfernung der Zerfallsstelle von der Düse

$$y_1 = 0,62\,a\left(\frac{1}{\psi}\,\frac{\gamma_b}{\gamma_l}\right)^2 \frac{1}{P_{\ddot u}}. \tag{3}$$

Hierin bedeuten $P_{\ddot u}$ den Abspritzdruck in kg/m², γ_b und γ_l kg/m³ das spezifische Gewicht des Brennstoffes und der Luft. Damit ist ein Zusammenhang zwischen den wichtigen Größen y_1 und r_1 einerseits, dem Strahldruck, den Dichten, der Reibung sowie der Oberflächenspannung anderseits gegeben. Beide Größen sind direkt verhältig dem Eigengewicht der ausströmenden Flüssigkeit und verkehrt verhältig der Reibung, dem Eigengewicht des Mediums sowie dem Strahlüberdruck $P_{\ddot u}$. Auffallend ist die Unabhängigkeit vom Düsendurchmesser.

Die Ergebnisse TRIEBNIGGs finden in der Praxis in vielen Punkten eine qualitative Bestätigung. Genauere mengenmäßige Überprüfungen, wie sie insbesondere nach Versuchen von C. WÖLTJEN [19] und F. SASS [6], welche die Tröpfchengröße nach Abfangen des Strahles in geeigneten Flüssigkeiten mikroskopisch untersuchen, möglich waren, zeigten Unstimmigkeiten. Daraus und aus anderen Beobachtungen kann geschlossen werden, daß die Voraussetzung des laminaren Strahles, wie ihn TRIEBNIGG untersuchte, nicht allgemein gegeben ist.

Welcher Art die zusätzlichen Einflüsse sind, ist noch ungeklärt. Wahrscheinlich wirken neben der Luftreibung die Querbewegung im Strahl, die beim Einlauf in die

Düsenbohrung ausgelöst wird und die Beugung am Strahlaustritt in erheblichem Maße auf ein Zerreißen des Strahles hin. Erstere ist außer von der inneren Düsenmündung auch durch die Ausbildung des Nadelsitzes und nicht unwesentlich durch das Bewegungs-

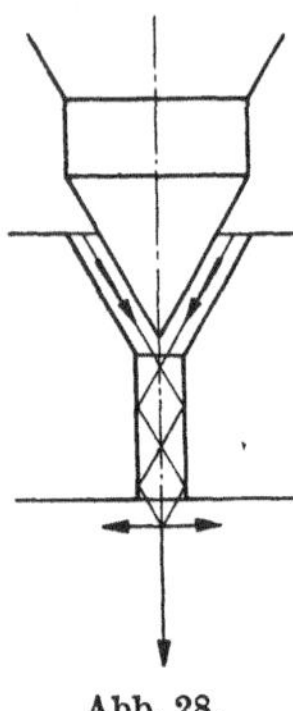

Abb. 28.

gesetz der Nadel selbst beeinflußt (Abb. 28). Solange während der Nadelbewegung der Durchflußquerschnitt unter dem Sitz kleiner als die Düsenöffnung selbst ist, findet dort eine wesentliche Drosselung statt, durch die die Ausflußgeschwindigkeit und damit auch die Zerstäubung vermindert wird. Es soll daher für ein rasches Öffnen der Nadel gesorgt werden („Springen") oder, wenn dies aus anderen Gründen unerwünscht ist (Drosselzapfendüse vgl. C, VI, 1, b), der Düsenquerschnitt stets kleiner als alle vorherliegenden sein. Die Ausführung der Düsenmündung an der Ablösestelle des Strahles bestimmt die Oberflächenkräfte (Adhäsion), welche ebenfalls auf eine Zerstörung des geschlossenen Strahlgebildes hinwirken. Bei abgerundeter Bohrung ist die Zerstäubung besser als bei scharfkantiger (vgl. auch HOLFELDER [20]).

Ein praktischer Überblick über die Größe der Tröpfchen wurde durch die Versuche WÖLTJENS [19] gewonnen, die von der AEG [6] nach Verbesserung der Meßverfahren weitergeführt wurden.

Darnach setzt sich der Kraftstoffnebel aus verschieden großen Tropfen mit Durchmessern zwischen etwa 0,002 und 0,05 mm zusammen. Trägt man den zahlenmäßigen Anteil der einzelnen Tropfengrößen über dem Durchmesser auf, so erhält man Häufigkeitskurven, wie sie von SASS [6] beispielsweise in Abb. 29 veröffentlicht wurden. Jedesmal ist eine Durchmessergröße am häufigsten vertreten. Dieser häufigste Durchmesser zeigt eine gesetzmäßige Veränderung mit allen Größen, die maßgebend die Zerstäubung mit beeinflussen:

Mit Verkleinerung der Düsenbohrung nimmt er ab (Abb. 30). Auf den Einfluß der Luftreibung kann nach Abb. 31 geschlossen werden, wonach mit zunehmendem Gegendruck die Zerstäubung besser wird. Querbewegung und Luftreibung nehmen mit der Austrittsgeschwindigkeit des Strahles zu. Damit wird auch die Zerstäubung feiner (Abb. 32).

Diese Ergebnisse sind als Mittelwerte für den ganzen Strahlbereich aufzufassen. Wie sich die Tropfengröße über dem Strahlradius ändert, wurde von MEH-

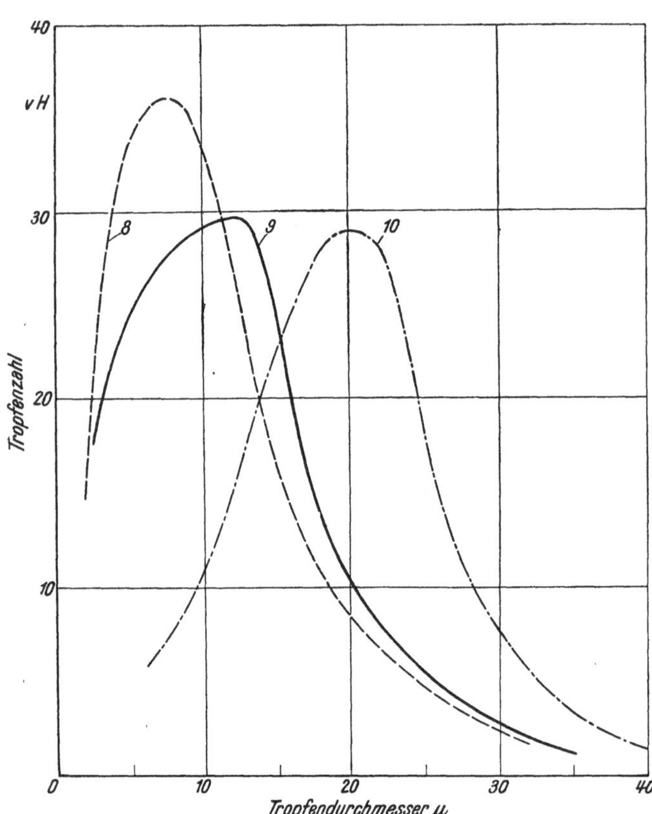

Abb. 29. Häufigkeitskurven für die Tropfengröße in Abhängigkeit vom Düsendurchmesser (nach SASS).
Einspritzdruck 280 at, Gegendruck in der Spritzkammer 10 atü, Umlauf der Brennstoffpumpe 90/min. Düsendurchmesser: für Kurve 8 = 4 × 0,40 mm, für Kurve 9 = 2 × 0,57 mm, für Kurve 10 = 1 × 0,80 mm.

LIG [21] untersucht (Abb. 33). In der Strahlmitte (Strahlkern) liegt demnach ein gröberer Nebel als am Rande. Auch dies läßt auf den Einfluß der Luftreibung schließen. Aus solchen Versuchsergebnissen allgemeingültige mengenmäßige Gesetzmäßigkeiten über die

Zerstäubungsfeinheit zu geben, ist bei der Vielzahl der maßgebenden Faktoren nicht möglich. Nach dem Eindruck, den der Versuchsingenieur heute gewinnen muß, wären diese auch von geringer praktischer Bedeutung, denn es steht fest, daß der Feinheit

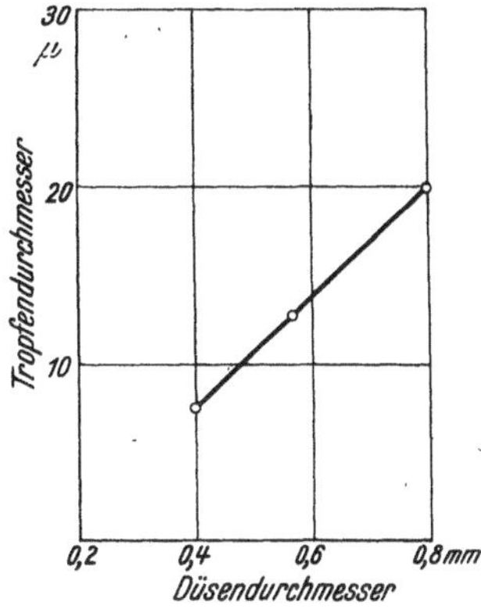

Abb. 30. Häufigste Tröpfchengröße in Abhängigkeit von der Düsenbohrung. Einspritzdruck 280 at. Gegendruck der Luft 10 atü (zusammengestellt nach SASS).

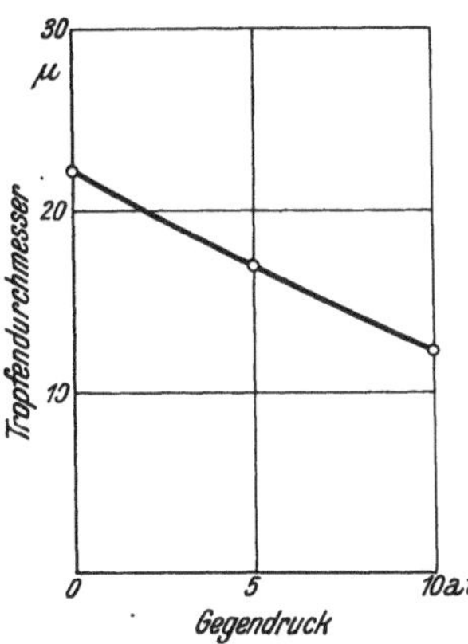

Abb. 31. Häufigste Tröpfchengröße in Abhängigkeit vom Gegendruck. Düsendurchmesser 0,57 mm, Einspritzdruck 280 at (zusammengestellt nach SASS).

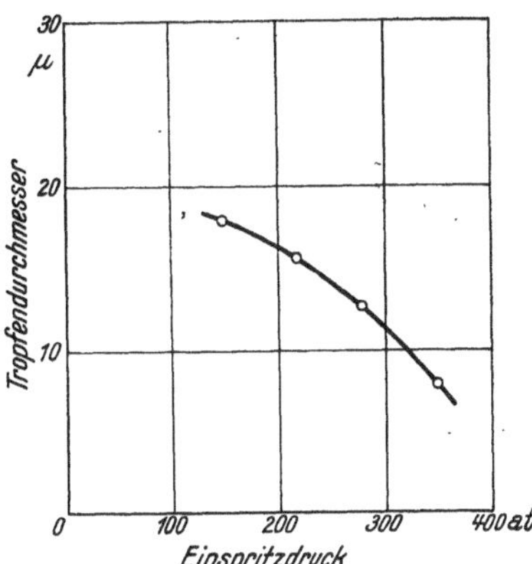

Abb. 32. Häufigste Tröpfchengröße in Abhängigkeit vom Einspritzdruck. Düsendurchmesser 0,57 mm, Gegendruck in der Spritzkammer 10 atü (zusammengestellt nach SASS)

des „Mikrogemisches" nicht die Bedeutung zukommt, die ein Streben nach weiterer Verbesserung über den mit den heutigen Mitteln leicht erreichbaren Stand hinaus rechtfertigen würde.

2. Strahlform.

Die Güte des Makrogemisches überragt in ihrer Bedeutung weitaus die der Feinheit des Mikrogemisches. Sie wird mitbestimmt durch die Form des Strahles und insbesondere auch durch die Verteilung des Kraftstoffes innerhalb des Strahlkegels.

Die ersten theoretischen Untersuchungen (RIEHM [22]), die sich auf die Weg- und Geschwindigkeitsverhältnisse eines einzigen aus dem ganzen Verband des Strahles herausgegriffenen Tröpfchens beziehen, erweisen sich wegen der vielfach geschätzten Annahmen, die ihnen zugrunde liegen müssen, als nur unzuverlässiges Mittel zur Abschätzung der Eindringtiefe eines Strahles.

Man bediente sich deshalb schon frühzeitig hierzu besser geeigneter Versuchseinrichtungen, die eine unmittelbare Beobachtung des Strahles in verdichteter Luft ermöglichen. Die ersten Versuchsgeräte dieser Art wurden von MILLER und BEARDSLEY in Amerika gebaut [23]. Es wurde dabei in eine mit kalter Luft gefüllte Hochdruckbombe eingespritzt und der Strahl durch Schaugläser gefilmt. Diese Methode hat ihren Eingang auch in die Laboratorien der Industrie genommen und ist heute sehr gebräuchlich.

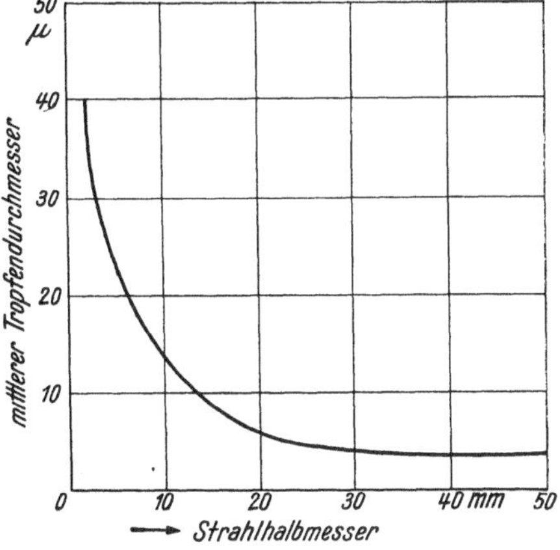

Abb. 33. Mittlerer Tropfenhalbmesser abhängig vom Radialabstand von der Strahlmitte. Einspritzdruck 60 atü, Gegendruck 2,7 at. Abstand von der Düse 300 mm (nach MEHLIG).

In der äußeren Begrenzung gleicht der aus der Düsenmündung austretende Strahl etwa einem Kegel, dessen Basis an der Strahlfront sich nach vorne mehr oder weniger spitz auswölbt. Die zeitliche Änderung der Strahlform ist im wesentlichen durch Angabe des Strahlspitzenweges und der Strahlbreite festgelegt, woraus sich auch der Geschwindigkeitsverlauf der Strahlfront ermitteln läßt. Abb. 34 zeigt das Bild einer derartigen Messung. Bemerkenswert am Geschwindigkeitsverlauf ist der rasche Abfall desselben gleich nach Austritt, der auf eine große Bremskraft schließen läßt. Dies und die Strahlform lassen erkennen, daß die Zerstäubung sofort nach dem Austritt einsetzt.

Die Veränderung des Strahlbildes bei verschiedenen Drücken in der Bombe zeigt Abb. 35 für eine Düse eines schnelllaufenden Fahrzeugmotors der Humboldt-Deutz-Motoren A. G. Es ist das schon aus anderen Messungen bekannte Bild [6, 23, 24], wobei mit dem Verdichtungsdruck sowohl der Strahlweg als auch die Geschwindigkeit abnehmen. Die Strahlbreite jedoch ist bei allen Drücken gleich. Diese Tatsache ist wohl die einzige Gesetzmäßigkeit, die sich allgemein im Brennstoffstrahl bestätigt und die schon von MEHLIG [21] aus Versuchen MILLERS und BEARDSLEYS [23], SASS' [6] und HOLFELDERS [24] abgeleitet wurde. Demnach ist die Quergeschwindigkeit der Randteile des Strahles vom Verdichtungsdruck in der Bombe unabhängig.

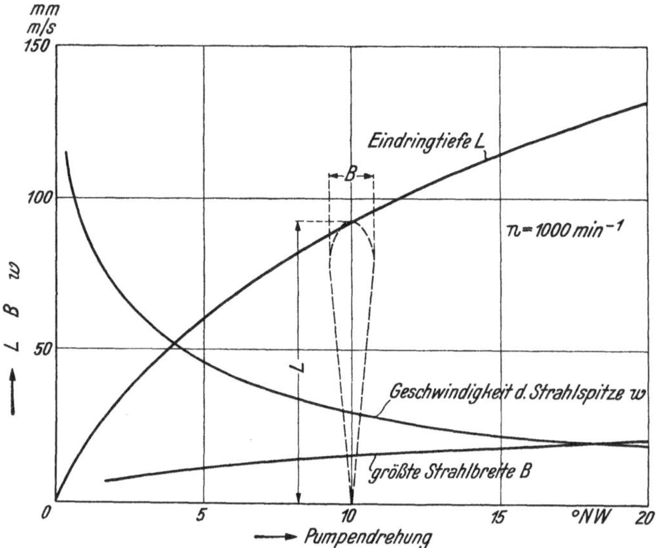

Abb. 34. Eindringtiefe L, Strahlbreite B und Geschwindigkeit w der Strahlspitze einer Einlochdüse mit 0,6 $\varnothing$. Einspritzdruck 150 at. Gegendruck in der Spritzkammer 18 at (Deutz).

Abb. 36 zeigt die Strahlspitzenwege und Geschwindigkeiten für die Düse einer Großmaschine nach SASS [6]. Auch bei den höheren Einspritzdrücken von 300 at ist das Bild gleich wie früher.

In Abb. 37 sind die Meßergebnisse bei verschiedenen Düsendurchmessern ebenfalls für eine schnellaufende Maschine zusammengestellt, wobei die abgespritzte Menge jedes-

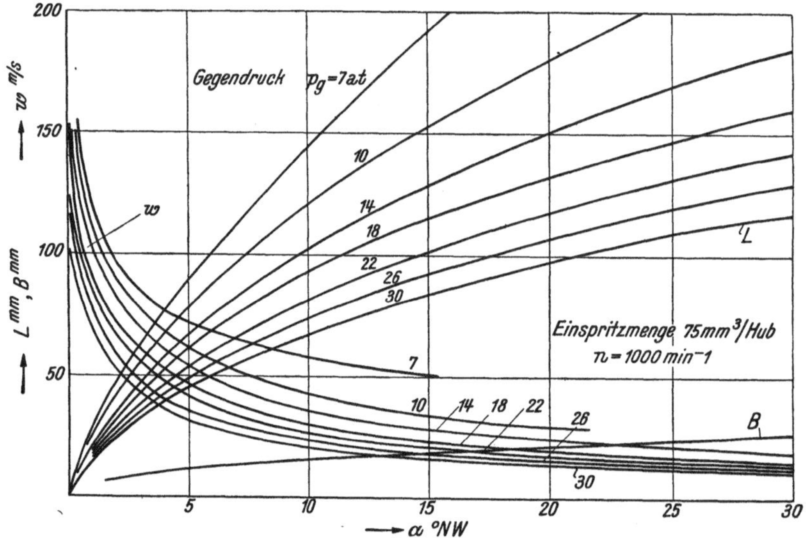

Abb. 35. Strahlspitzenweg L, Geschwindigkeit w und größte Strahlbreite B bei verschiedenem Gegendruck p_0. Einspritzdruck $p_e = 150$ at, Düse 0,6 $\varnothing$, Pumpendrehzahl $n = 1000$ min^{-1} (Deutz-Düse für Fahrzeugmotor).

mal gleich belassen war. Der besseren Zerstäubung entsprechend sind bei kleineren Durchmessern die Eindringtiefen nicht so groß. Die Geschwindigkeit der Strahlspitze ist knapp nach dem Austritt aus der Düse mit dem kleineren Durchmesser größer, weil dabei auch der Stau- und damit der Abspritzdruck größer ist, wird aber der feineren

Zerstäubung zufolge rascher vermindert. Die Strahlbreite ändert sich so, daß etwa für jede der Düsen derselbe Strahlwinkel entsteht. Dazu waren jedoch das Verhältnis von Lochlänge l zum Lochdurchmesser d sowie die Sitzverhältnisse bei allen drei Düsen gleich. Mit diesem Verhältnis l/d ändert sich der Strahlwinkel geringfügig, wenn es kleiner als etwa 3 ist, und zwar wird der Strahl mit Verkleinerung desselben breiter.

Eine wirksamere Maßnahme zur Verbreiterung des Strahlwinkels ist eine nach außen sich erweiternde konische Bohrung. Extrem stumpfe Strahlen (bis zu einem Strahlwinkel von 120°) lassen sich durch die bekannten Dralldüsen verwirklichen. Es wird dabei durch besondere Drallkörper vor der Düsenmündung dem Brennstoffstrahl eine zusätzliche Drehbewegung um die Längsachse erteilt, die nach Austritt aus der Düsenbohrung die einzelnen Brennstofftropfen nach außen abschleudert. Das Längen-Durchmesser-Verhältnis und die Intensität des Dralles bestimmen den Kegelwinkel.

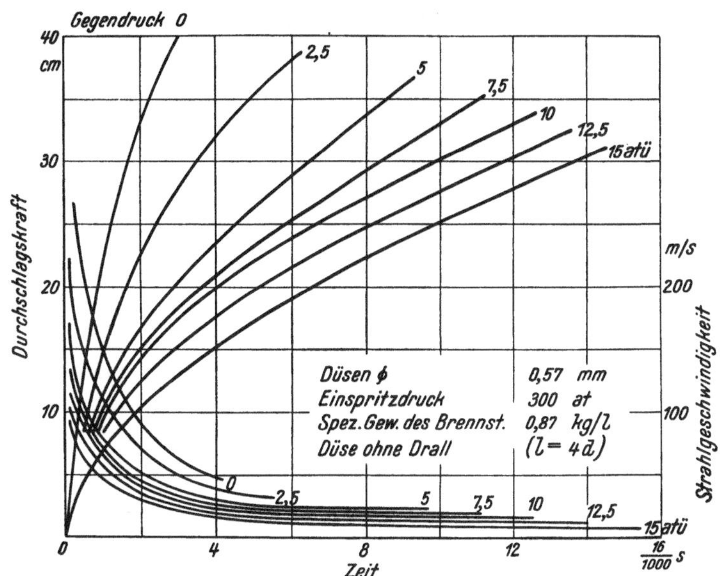

Abb. 36. Einfluß des Gegendruckes auf die Durchschlagskraft von Brennstoffstrahlen (Düse für Großmaschine) (nach SASS).

Obige Strahlbilder, wie sie durch Abspritzen in die mit kalter Luft gefüllte Bombe

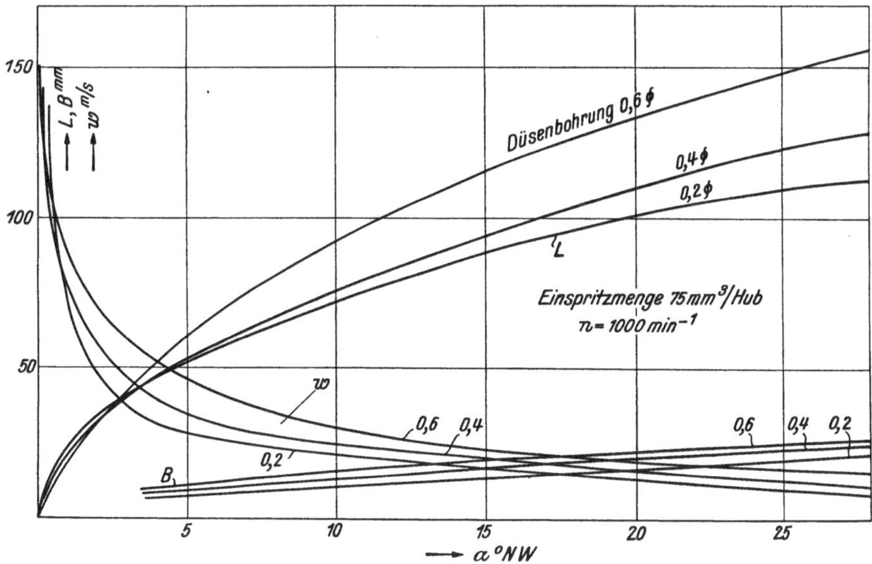

Abb. 37. Strahlspitzenweg L, Geschwindigkeit w und Strahlbreite B bei drei verschiedenen Düsendurchmessern. 150 at Abspritzdruck des Ventils. 18 at Gegendruck, Pumpenumdrehung 100 min⁻¹ (Deutz).

bestimmt wurden, haben eine praktische Bedeutung nur bei vergleichenden Betrachtungen. Ihre geometrischen Verhältnisse etwa auf den Brennraum selbst zu übertragen, würde ein vollkommen falsches Bild ergeben. Das wesentlich geänderte Strahlbild im tatsächlichen Motorbetrieb ist durch die hohen Temperaturen einerseits und durch das

Abbrennen des Strahles anderseits bestimmt. Auf Grund amerikanischer Messungen, nach denen sich die Strahllängen bei gleichen Gegendrücken in kalter Luft und heißem Stickstoff, wobei die Dichten wie 16,8:7,6 sind, wie etwa 3:2 verhalten, gibt THIEMANN [25] die mit der Temperatur mehr als mit der Dichte steigende Zähigkeit der Luft als Ursache feinerer Zerstäubung und geringerer Durchschlagskraft an. Die Ansicht stützt sich auf die Untersuchungen NEUMANNS [5], nach denen eine wesentliche Verkleinerung der Tröpfchen infolge eines Verdampfens nicht angenommen werden kann. Im Gegensatz hierzu stehen jedoch die neueren Untersuchungen WENTZELS, nach denen schon während des Zündverzuges der größte Teil des Kraftstoffes verdampft. Demnach erscheint es wahrscheinlicher, daß die dadurch bedingte Abnahme der Tröpfchengröße die Durchschlagskraft vermindert. Durch die Auflösung des Tröpfchennebels in Dampfform ist ein rascherer und restloser Geschwindigkeitsausgleich zwischen Kraftstoff und Luft möglich. Das nunmehr einem Gas gleichende Kraftstoffdampf-Luft-Gemisch wird, wenn es gegen eine Zylinderwandung schwebt, im Gegensatz zum aufprallenden Tropfen ohne wesentlichen Niederschlag umgelenkt. Dies bestätigen unter anderem Rußbilder im Brennraum von Maschinen mit unmittelbarer Einspritzung, die sich nach den Strahlbildern in der kalten Bombe nicht erklären lassen.

Allgemeingültige Zusammenhänge zwischen den Strahlformen in der Bombe und im Motor sind unbekannt. Es ist deshalb auch nicht möglich, etwa auf Grund von Bombenversuchen von vornherein die günstigsten Verhältnisse im Motor festzulegen. Dies bleibt letzten Endes das Ergebnis der Versuche am Motor selbst.

Das Bild der Strahlform ist in keinem Falle allein bestimmend für die Güte der Verbrennung. Es ist eine vielfach verbreitete, aber eine irrtümliche Ansicht, daß es

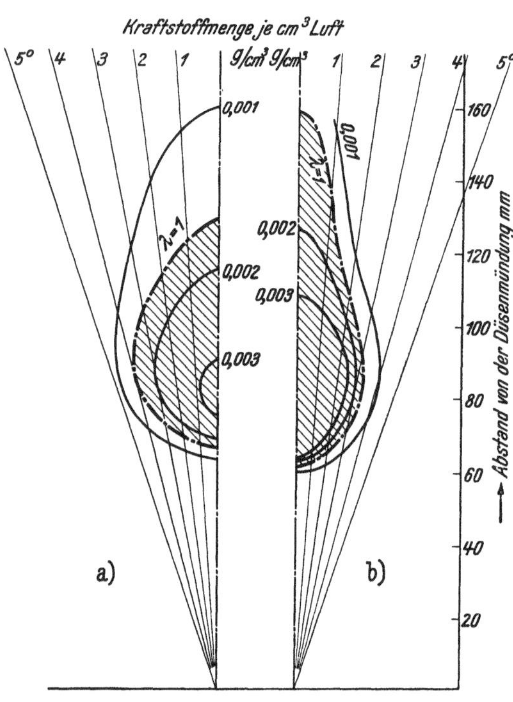

Abb. 38. Räumliche Anordnung des Kraftstoffes im Strahl (g/cm³).

a) Düsenbohrung 0,2 ⌀ ⎫ Einspritzmenge/Strahl = 75 mm³,
b)   „   0,5 ⌀ ⎭ Einspritzdruck 200 at.

genügt, wenn der vom Strahl bestrichene Luftraum die für die Verbrennung notwendige Luftmenge zuzüglich eines gewissen Luftüberschusses beinhaltet. Dazu ist es noch notwendig, daß der Brennstoff mit einer bestimmten Dichte im Strahl gleichmäßig verteilt ist. Wenn die Gemischbildung nicht durch die Düse unmittelbar, sondern erst mittelbar durch Luftbewegungen im Brennraum (Vorkammermaschine usw.) bewerkstelligt wird, so ist vielfach wieder eine bestimmte Konzentration des Brennstoffes an irgendeiner Stelle besonders erwünscht.

Die Feststellung dieser Brennstoffanordnung ist bedeutend schwieriger als die Ermittlung der Strahlform. Erste Versuche hierfür wurden ebenfalls in Amerika von DANA W. LEE [26] durchgeführt; und zwar wurden hierfür zwei Verfahren verwendet. Beim ersten Verfahren wurde der in eine Hochdruckbombe gespritzte Strahl in bestimmten Abständen von der Düse mit einem dünnen saugenden Rohr abgetastet, im zweiten Verfahren der Strahl in gewissen Abständen in konzentrischen Schalen aufgefangen. Wir haben für ähnliche Versuche ein Verfahren zurechtgelegt, welches, wenn auch mit größerem Rechenaufwand, mit großer Wahrscheinlichkeit auf die Brennstoffverteilung schließen läßt. Als Beispiel seien in Abb. 38 die Bilder für einen Teilstrahl einer Mehrlochdüse mit 0,2-Bohrung für eine Strahleinspritzmaschine und einer Einlochdüse mit

0,5-Bohrung, wie sie sich etwa für einen Vorkammermotor richtig erweist, gezeigt. Die Schichtenlinien verbinden alle Punkte, in welchen die pro Kubikzentimeter liegende Brennstoffmenge gleich dem eingeschriebenen Betrag ist. Für beide Düsen ergibt sich ein ausgesprochener Strahlkern, der für die weitere Düse satter ist als für die kleinere. Bei der Vorkammermaschine mit der Düse 0,5 ist die Anordnung so getroffen, daß gerade dieser Strahlkern an dem Punkt höchster Geschwindigkeit liegt. Die Zone des Luftüberschusses $\lambda = 1$ ist in den Bildern eingezeichnet. Innerhalb dieses Gebietes herrscht also Luftmangel, außerhalb Luftüberschuß. Selbstverständlich sind auch diese Brennstoffdichtenbilder in der Maschine anders als in der Bombe. Sie werden ihnen aber ähnlich sein, so daß damit ein weiteres Mittel gegeben ist, welches, ganz besonders, wenn es noch vervollkommnet wird, geeignet erscheint, zur Klärung der Verbrennungsverhältnisse beizutragen.

II. Gemischbildungsverfahren.

1. Allgemeines.

Man pflegt die heute verwendeten Gemischbildungsverfahren in vier Gruppen einzuteilen:

a) Das Verfahren mit unmittelbarer Einspritzung.

Der Verdichtungsraum ist dabei möglichst einfach und unzerklüftet (Mulde im Kolben oder Zylinderkopf). Der Hauptsache nach fällt die gleichmäßige Aufteilung des Kraftstoffes über die ganze Verdichtungsluft der Einspritzdüse zu, die zu diesem Zweck in der Regel mehrere auf die Brennraumform abgestimmte Bohrungen hat. Die Gemischbildung wird unterstützt durch eine Luftbewegung, welche durch die Verdrängerwirkung des Kolbens während Kompression und Expansion oder durch zweckmäßiges Richten der Ansauggeschwindigkeit (HESSELMAN-Wirbel) entsteht.

b) Das Vorkammerverfahren.

Dabei ist der Brennraum unterteilt, indem vom Hauptbrennraum, dessen eine Begrenzungswand die Kolbenfläche bildet, ein Nebenraum (Vorkammer) durch enge Übertrittsquerschnitte abgeschnürt ist. Die Einspritzung erfolgt in die Vorkammer, worin die vom Überschieben der Luft aus dem Hauptbrennraum herrührende Luftbewegung für die erste Mischung sorgt. Die restliche Gemischbildung auch im Hauptbrennraum erfolgt durch den ersten Verbrennungsstoß von der Vorkammer aus, dem ein mehrmaliges Hin- und Herschwingen zwischen beiden Räumen folgt, und weiter durch Expansion aus der Vorkammer.

c) Das Wirbelkammerverfahren.

Dabei wird während der Verdichtung bis zum oberen Totpunkt hin möglichst viel nach einer Wirbelkammer übergeschoben, wobei durch zweckmäßige Anordnung des Überströmkanals und Ausbildung der Wirbelkammer eine geordnet kreisende Luftbewegung erzeugt wird. Die Einspritzung findet ebenfalls in die Wirbelkammer statt.

d) Das Luftspeicherverfahren.

Auch hierbei ist der Brennraum wie bei der Vorkammermaschine geteilt. Die Einspritzung erfolgt jedoch in den Hauptbrennraum. Der Wirkung nach unterscheiden sich die Speichermaschinen nicht wesentlich von der Vorkammermaschine. Während des Zündverzuges wird auch in den Luftspeicher mit der Luft Kraftstoff befördert, der meist dort zuerst entflammt und vom Luftspeicher aus die restliche Gemischbildung besorgt.

2. Die Luftbewegung während der Verdichtung und der Arbeitsaufwand hierzu.

a) Maschine mit unmittelbarer Strahleinspritzung.

Abb. 39 stelle den Muldenkolben einer Maschine mit unmittelbarer Einspritzung schematisch dar. Beim Aufwärtsgang ist die relative Volumensänderung der Zone über dem Muldenraum im Kolben geringer als für die Randzone, was eine radial nach innen gerichtete Luftbewegung w zur Folge hat. Bei zentral angebrachter Düse bewirkt dieser Gegenstrom eine günstige Durchmischung der Luft mit dem Kraftstoff. Über die Stärke dieser Luftströmung sowie den hierzu nötigen Arbeitsaufwand gibt der im folgenden geschilderte Rechnungsgang Aufschluß:

Es bedeuten:

G das angesaugte Luftgewicht [kg];

V das zu einer bestimmten Kurbelstellung α gehörige Volumen des Verbrennungsraumes [m³];

G_r das Luftgewicht über der Ringschulter D/a des Kolbens [kg];

V_r das Volumen dieses Gewichtes [m³];

dG_s das Luftgewicht, welches während der Kurbeldrehung $d\alpha°$ nach innen strömt [kg];

dV_s das Volumen dieses Gewichtes [m³];

V_H das Hubvolumen [m³];

$f = a\,\pi\,H$ die Zylindermantelfläche, durch welche die Luft strömen muß [m²];

μ die Durchflußzahl;

H den Abstand des Kolbens vom Zylinderkopf [m];

H_0 den Abstand in der äußeren Totlage [m];

n die minutliche Umlaufzahl.

Wie aus weiter unten angeführten Zahlenergebnissen zu ersehen ist (Abb. 43), bleiben bei dieser Art der Brennraumform, soweit sie praktische Bedeutung hat, die Geschwindigkeiten in so mäßigen Grenzen, daß ohne wesentlichen Fehler die Luftdichte an allen Stellen des Brennraumes gleich groß angenommen werden kann

$$\gamma = \frac{G}{V}.$$

Die im Zeitdifferential von außen nach innen strömende Luftmenge ist

$$dV_s = dV_r \frac{V - V_r}{V} = dV_r \left[1 - \frac{V_r}{V}\right] \tag{4}$$

und

$$dG_s = \gamma\, dV_s = \frac{G}{V}\left[1 - \frac{V_r}{V}\right]\frac{dV_r}{d\alpha}\,d\alpha. \tag{5}$$

Die Luftgeschwindigkeit wird:

$$w = \frac{1}{\mu f}\frac{dV_s}{dt} \quad \text{und mit} \quad dt = \frac{d\alpha}{6\,n}$$

$$w = \frac{6\,n}{\mu f}\frac{dV_s}{d\alpha} = \frac{6\,n}{\mu f}\left[1 - \frac{V_r}{V}\right]\frac{dV_r}{d\alpha}. \tag{6}$$

Die differenzielle Strömungsarbeit ist

$$dA = \frac{w^2}{2\,g}\,dG_s = \frac{36\,n^2\,G}{2\,g\,\mu^2\,f^2\,V}\left[1 - \frac{V_r}{V}\right]^3\left(\frac{dV_r}{d\alpha}\right)^3 d\alpha. \tag{7}$$

Diese Beziehungen gelten nur, wenn H schon kleiner als $\frac{a}{4}$ ist. Ist der Kolben noch weiter entfernt, so ist die für die größte Geschwindigkeit maßgebende Durchtrittsfläche nicht mehr die Mantelfläche $a\,\pi\,H$, sondern die Fläche der Kolbenmulde selbst $a^2\frac{\pi}{4}$.

Dementsprechend ist auch die Unterteilung des Brennraumes bei der Rechnung durchzuführen, und für die differenzielle Wirbelarbeit ergibt sich dann:

$$dA = \frac{9\,\pi\,a^2\,b^3\,n^2\,G}{2\,g\,\mu^2}\;\frac{1}{V^4}\left(\frac{dV_r}{d\alpha}\right)^3 d\alpha. \tag{8}$$

In den Gleichungen 4 bis 8 sind die Volumina auf den rechten Gleichungsseiten als Funktion der Kurbelstellung bekannt, so daß Geschwindigkeit und Strömungsarbeit ebenfalls in Abhängigkeit von der Kurbelstellung festliegen. Bei ihrer Ermittlung werden zweckmäßig graphische Verfahren angewendet.

Man pflegt im Motorenbau die Arbeit auf die Volumenseinheit zu beziehen und spricht dann von einem mittleren Kolbendruck. Analog ergibt sich auch für die Wirbelarbeit ein mittlerer Druck

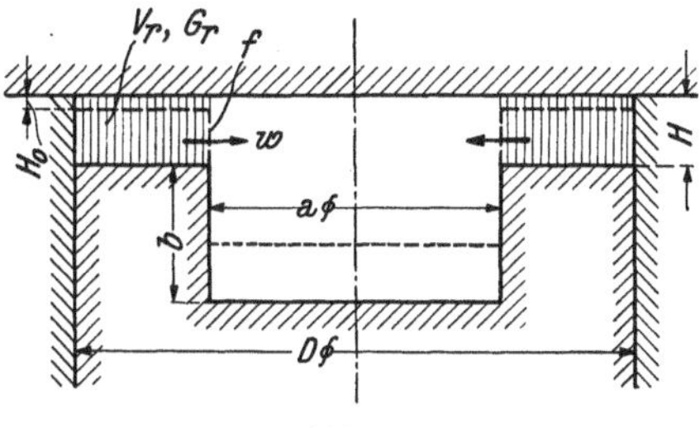

Abb. 39.

$$p_w^{[\text{kg/cm}^2]} = \frac{A\,[\text{mkg}]}{10\,V_H\,[\text{lit}]}, \tag{9}$$

den wir in Hinkunft mit mittlerem Strömungsdruck bezeichnen wollen.

Nach Beziehung 6 und 7 nimmt die Quergeschwindigkeit mit der ersten und die Wirbelarbeit mit der zweiten Potenz der Motordrehzahl zu. Weiterhin zeigt eine allgemeine Diskussion der Gleichung nach Einführen der geometrischen Größenverhältnisse, daß bei gleichem Verhältnis a/D und H_0/s sowie gleichem Hubraum und Verdichtungsverhältnis ε die Geschwindigkeit und Wirbelarbeit um so größer wird, je kleiner das Hubdurchmesserverhältnis s/D ist. Kurzhubige Maschinen sind demnach hinsichtlich der Luftbewegung im Brennraum günstiger.

Bei der Bemessung des Brennraumes ist die Frage von Bedeutung, wie sich die Geschwindigkeit mit den geometrischen Verhältnissen der Verbrennungsmulde ändert und insbesondere, ob es irgendeinen Bestwert gibt.

Mit dieser Frage hat sich auch schon O. Lutz [27] beschäftigt, indem er die Veränderlichkeit der Querströmung untersuchte, wenn der Muldendurchmesser a geändert, die Tiefen b und H_0 jedoch gleich belassen werden. Es ergab sich dabei ein Maximum

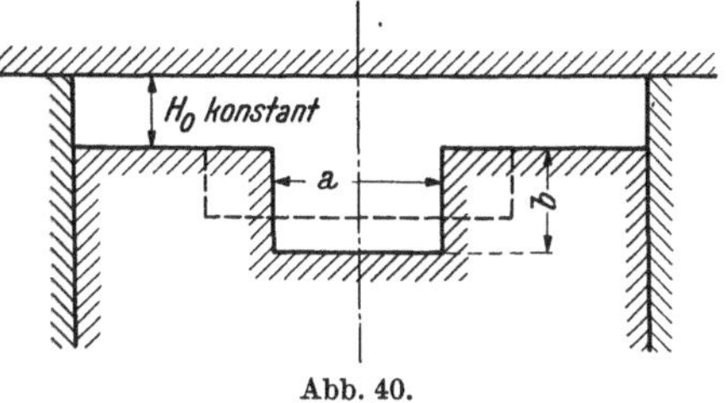

Abb. 40.

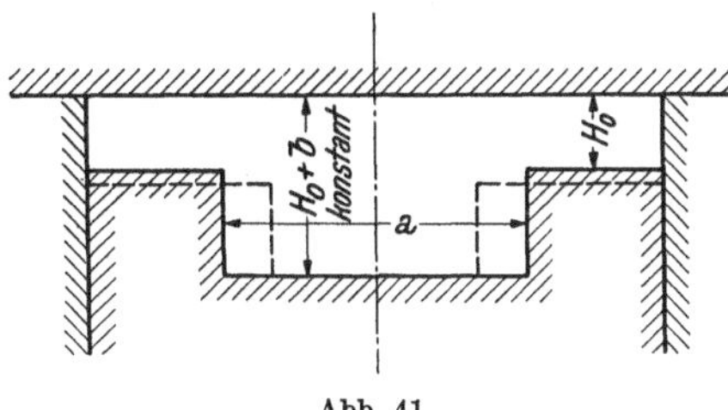

Abb. 41.

der Geschwindigkeit für $a = \dfrac{D}{\sqrt{3}} = 0{,}577\,D$. Dieses Ergebnis kann jedoch nicht als praktische Richtlinie bei der Bemessung der Verbrennungsmulde gewertet werden, weil die gewählte Nebenbedingung nur problematischen Wert hat. Wenn *nur* a geändert wird, ändert sich auch das Verdichtungsverhältnis. Dieses ist jedoch als stets vorgegeben anzunehmen.

Bei der Untersuchung des Strömungsverhältnisses mit der Nebenbedingung — Verdichtungsverhältnis $\varepsilon = $ konst. — gewinnen zwei Fälle erhöhte praktische Bedeutung:

1. Der Abstand H_0 in der äußeren Totlage wird konstant gehalten und das Verhältnis $\xi = \dfrac{a}{D}$ unter Beachtung gleichen Verdichtungsverhältnisses geändert (Abb. 40).

2. Der Abstand des Muldengrundes $H_0 + b$ bleibt gleich. Geändert wird H_0 und a (Abb. 41).

Wir führen im folgenden für beide Fälle die Ergebnisse eines Zahlenbeispieles an. Es handelt sich um eine schnellaufende Versuchsmaschine mit den Abmessungen: $D = 100$ mm, $s = 130$ mm, $V_H = 1{,}02$ l. Verdichtungsverhältnis $\varepsilon = 1 : 15$; Drehzahl $n = 2000$ min^{-1}.

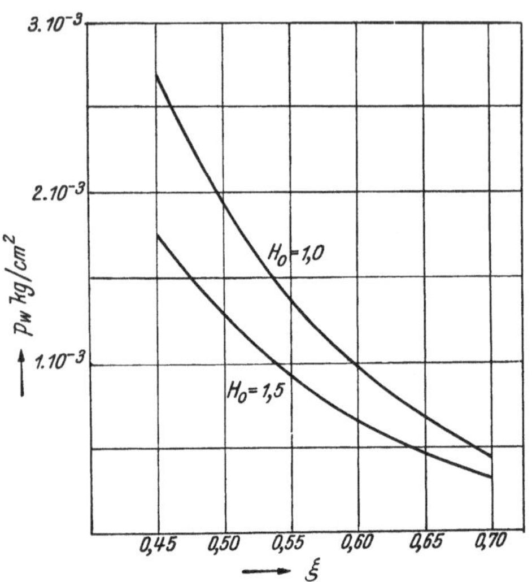

Abb. 42. Mittlerer Strömungsdruck im Brennraum nach Abb. 40 in Abhängigkeit vom Muldenverhältnis ξ. $\varepsilon = 1 : 15$, $D = 100$ mm, Hub $= 130$ mm, Drehzahl $n = 2000$ min^{-1}.

Mit der Nebenbedingung nach Fall 1 ergibt sich Abb. 42 als Abhängigkeit des mittleren Strömungsdruckes vom Verhältnis ξ, und zwar ist als Kolbenabstand $H_0 = 1{,}0$ und $1{,}5$ mm angenommen. Demnach nimmt mit Verkleinerung von ξ die Wirbelarbeit zu, ohne daß sich ein Maximum ergibt. Im Hinblick auf die Luftbewegung wird also der Durchmesser a der Verbrennungsmulde und ebenso auch der Kolbenabstand H_0 so klein wie möglich gemacht. Für ersteren ist also nur die Anpassung an den Brennstoffstrahl maßgebend und für den Kolbenabstand die Herstellungstoleranz, Kolbendehnung u. dgl. Der absolute Betrag des mittleren Strömungsdruckes ist gering. Er liegt in der Größenordnung von einigen Tausendstel Atmosphären.

Die Größenordnung und der Verlauf der Quergeschwindigkeit über dem Kurbelwinkel ist aus Abb. 43 ersichtlich. Hierbei ist ein Größtwert noch vor oberem Totpunkt etwa bei $-10°$ festzustellen.

Mit der Nebenbedingung nach Fall 2 ergibt sich über den Kolbenabstand H_0 ein Verlauf des mittleren Strömungsdruckes nach Abb. 44. Auch hier ist kein Extremwert festzustellen, sondern die Wirbelarbeit nimmt mit Verringerung von H_0 stetig zu, woraus abermals die Forderung nach kleinem Kolbenabstand in der äußeren Totlage hervorgeht.

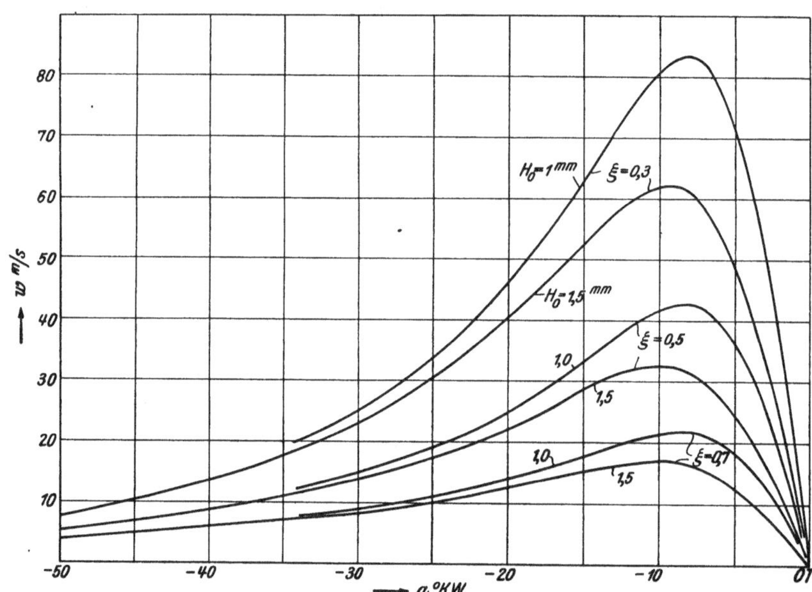

Abb. 43. Luftgeschwindigkeit im Brennraum nach Abb. 40 ($\varepsilon = 1 : 15$, $D = 100$ mm, Hub $= 130$ mm, $n = 2000$ min^{-1}) in Abhängigkeit von der Kurbelstellung bei verschiedenem ξ und H_0.

Ein Vergleich der Größenordnung der Luftgeschwindigkeit mit der Strahlgeschwindigkeit an ausgeführten Strahleinspritzmaschinen läßt es sehr wahrscheinlich erscheinen, daß der von der Zylindermitte nach außen gerichtete Strahlnebel oder -dampf von der gegenströmenden Luft stark abgebremst und zum Teil sogar umgelenkt wird. Die Gemischbildung wird hierauf durch abermalige Bewegungsumkehr nach der äußeren Totlage bei abwärtsgehendem Kolben begünstigt.

b) Unterteilter Brennraum (Vorkammer-, Wirbelkammer- und Luftspeicherverfahren).

Hierbei ist der Verbindungsquerschnitt zwischen Hauptraum V_b und Nebenraum V_v (Abb. 45) so eng, daß die Luftbewegung schon größere Druckunterschiede zur Folge hat, die nicht mehr vernachlässigbar sind. Der Rechenvorgang wird dementsprechend verwickelter. Geschlossene Lösungsverfahren sind nicht mehr anwendbar, sondern nur mehr punktweise Rechenmethoden, deren Zeitaufwand nur durch zweckmäßig angelegte Schemen auf ein erträgliches Maß gebracht werden kann.

Auf das Rechenverfahren selbst kann hier nicht näher eingegangen werden. Die Fragestellung liegt klar — aus einem veränderlichen Raum strömt Luft über eine feste Drossel in den gleichbleibenden Nebenraum — und die Lösungsverfahren hierfür sind im wesentlichen aus der Literatur bekannt (SCHLAEFKE [28], NEUMANN [29]).

Mit Hilfe ähnlicher Verfahren sind auch die Zahlenergebnisse, wie sie später angegeben werden, ermittelt worden.

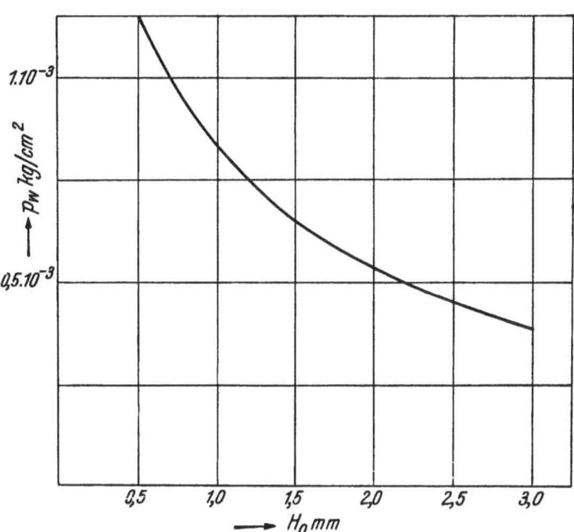

Abb. 44. Mittlerer Strömungsdruck im Brennraum nach Abb. 41 in Abhängigkeit vom Abstand H_0. $\varepsilon = 1 : 15$, $D = 100$ mm, Hub $= 130$ mm, Drehzahl $n = 2000$ min⁻¹.

Wie bei allen technischen Vorgängen, die sich nicht durch eine geschlossene, analytische Lösung beschreiben lassen, drängt sich auch im folgenden Fall die Frage auf, ob nicht durch ein Ähnlichkeitsgesetz der Einfluß einer größeren Gruppe von Faktoren erfaßt werden könnte.

Ein derartiges Ähnlichkeitsgesetz läßt sich aus einer allgemeinen Diskussion der Differenzialgleichung für die Strömung finden. Sie besagt, daß bei gleichem Unterteilungsverhältnis von Vorkammer und Kompressionsraum, gleichem Verdichtungsverhältnis und gleichem Schubstangenverhältnis die Strömungsgeschwindigkeit sowie der mittlere Strömungsdruck bei zwei Maschinen gleich sind, wenn der Faktor

$$K = \frac{\mu f \sqrt{T_0}}{n\,V_H} \qquad (10)$$

gleich ist. Es bedeutet hierin

μf der wirksame Durchflußquerschnitt der Drosselstelle [cm²];

T_0 die Temperatur bei Bewegungsbeginn [°K];

n die minutliche Drehzahl;

V_H das Hubvolumen [Liter].

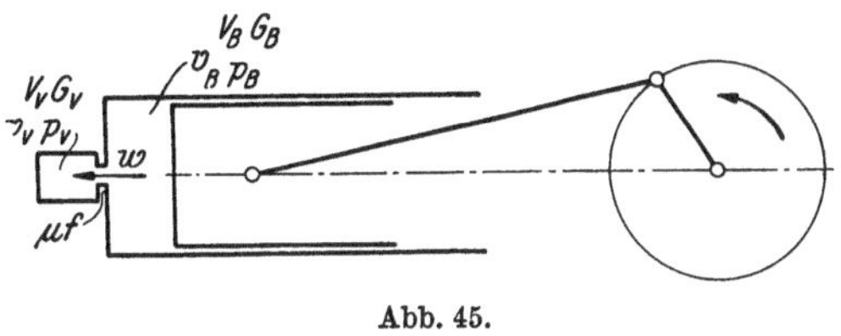

Abb. 45.

Nur eine Änderung von K wird den Strömungsverlauf ändern, wobei es gleichgültig ist, ob dies durch Änderung der Durchströmbohrung, der Temperatur, der Drehzahl oder des Hubvolumens erreicht wurde. Wir werden in den folgenden Beispielen die Zahl K als Kennziffer zugrunde legen, weil demnach damit der Einfluß mehrerer Größen erfaßt wird.

Den Ablauf der Strömungsvorgänge, wie er grundsätzlich in allen Maschinen mit unterteiltem Brennraum erfolgt, zeigt Abb. 46 für eine sehr rasch laufende Versuchs-Vorkammermaschine mit einem Verdichtungsverhältnis $\varepsilon = 1 : 18$, einer Kennziffer

$K = 2{,}22 \cdot 10^{-3}$ und einem Unterteilungsverhältnis von Vorkammer und Verdichtungsraum $\sigma = 0{,}5$. In der Abbildung bedeuten

p_B den Druck im Hauptbrennraum;

p_v den Druck in der Vorkammer;

$\bar{p}$ den Druck in beiden Räumen, wie er sich bei unendlich langsam laufender Maschine ergäbe;

w die Geschwindigkeit in der Überströmbohrung zwischen Hauptbrennraum und Vorkammer;

$\dfrac{dG}{d\alpha}$ das pro Kurbelgrad durch die Überströmbohrung strömende Luftgewicht;

$\dfrac{dA}{d\alpha}$ die Strömungsarbeit je Kurbelgrad.

Die Drücke sind auf den Ansaugdruck p_0 bezogen, um von diesem, der sich mit der Drehzahl ändert, unabhängig zu sein.

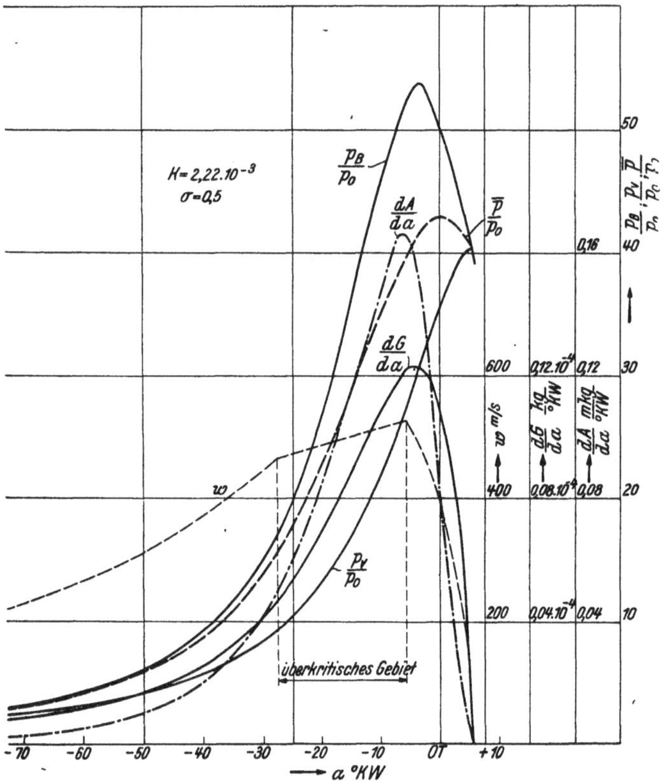

Der Druck im Hauptbrennraum ist während der Verdichtung höher, der in der Vorkammer niedriger als der Druck $\bar{p}$, wobei sich für p_B ein Maximum noch vor oberem Totpunkt ergibt. In diesem Augenblick ist die Strömungsgeschwindigkeit

$$w = \frac{F}{\mu f} \cdot c$$

(mit c als Kolbengeschwindigkeit und F als Kolbenfläche) also gleich der auf den Strömungsquerschnitt reduzierten Kolbengeschwindigkeit. Nach Überschreiten des Maximums sinkt der Druck p_B trotz weiterer Kolbenverdrängung infolge Abströmens von Luft nach der Vorkammer wieder ab und erreicht den Vorkammerdruck erst nach oberem Totpunkt. Der Druckunterschied zwischen den beiden Räumen ist ganz erheblich, im vorliegenden Beispiel einer sehr rasch laufenden Maschine so groß, daß sogar in einem gewissen Bereich überkritische Strömung auftritt.

Abb. 46. Zusammenstellung der Strömungsverhältnisse in einer Vorkammermaschine. $\varepsilon = 1 : 18$, $K = 2{,}22 \cdot 10^{-3}$; $\sigma = 0{,}5$.

Ein Maß für die Wirbelarbeit ist, ähnlich wie dies für die Strahleinspritzmaschine gezeigt wurde, der mittlere Strömungsdruck. p_{wT} gelte dabei für die Arbeit bis zum oberen Totpunkt und p_w bis zum Druckausgleich. Es ist dabei zweckmäßiger, jedesmal die Produkte $p_{wT}\, v_0$ und $p_w\, v_0$ anzugeben, worin v_0 (m³/kg) das spezifische Volumen der Luft im Ansaugzustand ist, weil mit diesen auch veränderte Ansaugverhältnisse (etwa bei verschiedenen Drehzahlen) miterfaßt sind. Aus der Fläche unter $\dfrac{dA}{d\alpha}$ in Abb. 46 leiten sich die Werte $p_{wT}\, v_0 = 0{,}444\ \dfrac{\text{kg}}{\text{cm}^2} \cdot \dfrac{\text{m}^3}{\text{kg}}$ und $p_w\, v_0 = 0{,}465$ ab. Bei $v_0 = 1$ wäre demnach der mittlere Strömungsdruck der Arbeit bis zum Totpunkt $p_{wT} = 0{,}444$ at, welcher schon einen beträchtlichen Teil des indizierten Arbeitsdruckes ausmacht.

Bedeutet V_v [m³] das Volumen der Vorkammer, V_c [m³] das Volumen des gesamten Verdichtungsraumes und G [kg] das angesaugte Luftgewicht, so ist bei unendlich langsamer Drehung im oberen Totpunkt die Luftmenge in der Vorkammer gleich $G\,\dfrac{V_v}{V_c}$. Tatsächlich ist das Luftgewicht infolge der Druckunterschiede mehr nach dem Hauptbrennraum verteilt, und in der Vorkammer befindet sich nur das Gewicht $\varphi_{vT}\,G\,\dfrac{V_v}{V_c}$. Bis zum Druckausgleich nach dem Totpunkt steigt das Gewicht auf $\varphi_v\,G\,\dfrac{V_v}{V_c}$. Im vorliegenden Beispiel sind diese Füllungszahlen $\varphi_{vT} = 0{,}87$ und $\varphi_v = 0{,}95$.

Für dieselbe Maschine ist in Abb. 47 die Änderung des Druckverlaufes mit dem Verdichtungsverhältnis ε, jedoch bei gleichem Unterteilungsverhältnis σ gezeigt. Mit der Erhöhung von ε steigt nicht nur das Druckniveau, sondern auch das Druckverhältnis $\xi = \dfrac{p_v}{p_B}$, d. h. der Vorkammerdruck nimmt relativ mehr zu als der Druck im Hauptbrennraum. Dementsprechend sinkt die Überströmgeschwindigkeit mit der Verdichtung. Der Verlauf der je Kurbelgrad übergeschobenen Luftmenge wird außer durch die Geschwindigkeit auch durch die bei verschiedenen Verdichtungsverhältnissen geänderten spezifischen Gewichte in der eingezeichneten Art bestimmt. Die Wirbelarbeit (mittlerer Strömungsdruck) nimmt dabei mit der Verdichtung ab (Abb. 48).

Ein Überblick über den Einfluß der Drehzahl, den Überströmquerschnitt und das Hubvolumen läßt sich aus Abb. 49 gewinnen, in der die Kennziffer K (vgl. Bez. 10) verändert ist. Als wichtigstes Ergebnis zeigt der mittlere Strömungsdruck und damit auch die Wirbelarbeit einen Größtwert für etwa $K = 2 \cdot 10^{-3}$. Bei größeren Kennziffern wird p_w wegen der kleineren Geschwindigkeiten, bei kleineren Kennziffern wegen

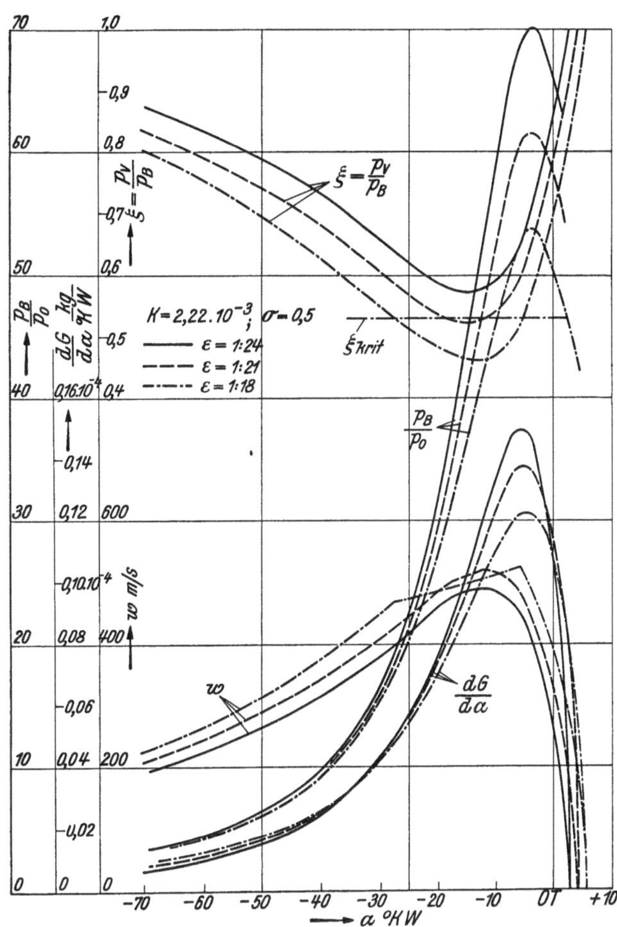

Abb. 47. Strömungsverhältnisse bei verschiedenen Verdichtungszahlen $\varepsilon = 1:18$, $1:21$, $1:24$. $K = 2{,}22 \cdot 10^{-3}$; $\sigma = 0{,}5$.

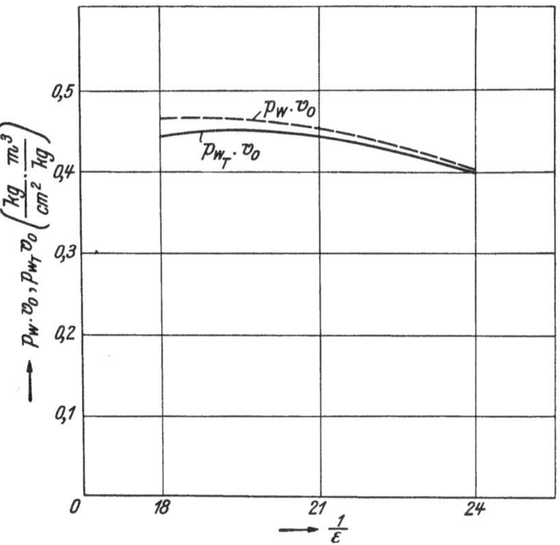

Abb. 48. Arbeitsaufwand (mittlerer Strömungsdruck) für das Beispiel Abb. 47 in Abhängigkeit vom Verdichtungsverhältnis.

der geringeren überströmenden Mengen kleiner. Die Füllungszahl φ der Vorkammer nimmt mit kleiner werdendem K rasch ab, das Druckverhältnis im Hauptbrennraum $\dfrac{p_{B\,max}}{\bar{p}_{max}}$ steigt stark an, während jenes in der Vorkammer $\dfrac{p_{v\,max}}{\bar{p}_{max}}$ sinkt. Die Kurbelstellung $\alpha_{b\,max}$, in der der höchste Druck im Hauptbrennraum aufscheint, rückt dabei nach vor.

Abb. 50 zeigt die Wirbelarbeit und die Füllungszahlen einer serienmäßig erzeugten Vorkammermaschine der Humboldt-Deutzmotoren A. G. Die Maschine hat bei einem

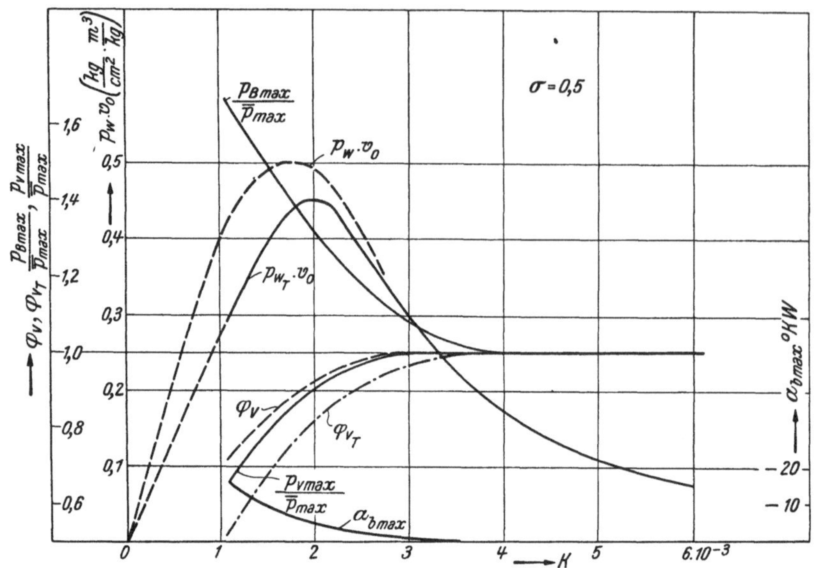

Abb. 49. Abhängigkeit des mittleren Strömungsdruckes, der Drücke in Vorkammer und Hauptbrennraum, sowie Füllungszahl der Vorkammer von der Kennziffer K. $\sigma = 0,5$, $\varepsilon = 1:18$.

Hubraum von 1,5 l bei $n = 2000$ min^{-1} die Rauchgrenze bei $p_e = 7$ kg/cm², welche mit abnehmender Drehzahl bis $n = 1100$ auf $p_e = 7,8$ ansteigt. Bei $n = 750$ U/min liegt sie noch über 7,5 kg/cm². Der Betriebspunkt höchster Drehzahl liegt bei $K = 1,7 \cdot 10^{-3}$. Er fällt nicht mit dem Maximum der Wirbelarbeit ($p_{wT} \cdot v_0$) zusammen, liegt aber in

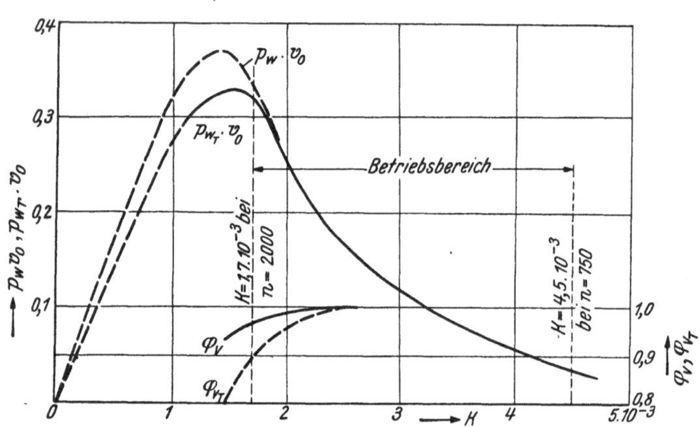

Abb. 50. Abhängigkeit des mittleren Strömungsdruckes, sowie der Füllungszahlen der Vorkammer von der Kennziffer K. (Serienmäßig erzeugte Deutzer Fahrzeugmaschine.)

seiner Nähe. Der Füllungsfaktor der Vorkammer ist dabei noch nicht allzusehr verschlechtert. Aus dem Verlauf der Kurve φ_{vT} geht klar hervor, daß dies im Maximum von p_w eintritt, wodurch die Verbrennung in der Vorkammer verschlechtert wird.

Obige Ausführungen, die sich im besonderen auf Vorkammermaschinen beziehen, gelten im allgemeinen auch für die Luftspeichermaschinen und den Wirbelkammermotor. Bei letzterem ist die Größenordnung der Wirbelarbeit dem höheren Unterteilungsverhältnis $\sigma = \dfrac{V_v}{V_c}$ zufolge etwas anders. Abb. 51 zeigt dies in Gegenüberstellung einer Vorkammermaschine mit $\sigma = 0,5$ und einer ideal gedachten Wirbelkammer mit $\sigma = 1$ (Kolbenabstand mit $H_0 = 0$ angenommen, $V_v = V_c$; $V_B = 0$). In diesem Sonderfall, wobei die gesamte Luftmenge in die Wirbelkammer übergeschoben wird, steigt die Wirbelarbeit mit nach Null gehendem K ins Unendliche an. Ebenso auch der Druck im Hauptraum p_B. Bei einem bestimmten Wert K ist die Wirbelarbeit der Vorkammer kleiner. Umgekehrt muß bei gleich großer Wirbelarbeit beider die Kennziffer der Wirbelkammer größer sein. Wenn z. B. der Wert $p_{wT} \cdot v_0 = 0,4$ für beide Maschinen zugrunde gelegt wird, so beträgt die Kennziffer der Vorkammer etwa $2,5 \cdot 10^{-3}$ gegen $8,2 \cdot 10^{-3}$ der Wirbelkammer. Nach Beziehung 10 kann demnach der Überströmkanal in die Wirbelkammer etwa 3,3mal so groß als die Ausblasöffnungen der Vorkammer sein.

3. Die Wirtschaftlichkeit der Gemischbildungsverfahren.

Der Arbeitsaufwand zur Gemischbildung scheint in der Wärmebilanz des Motors als Verlust auf, durch den die vom

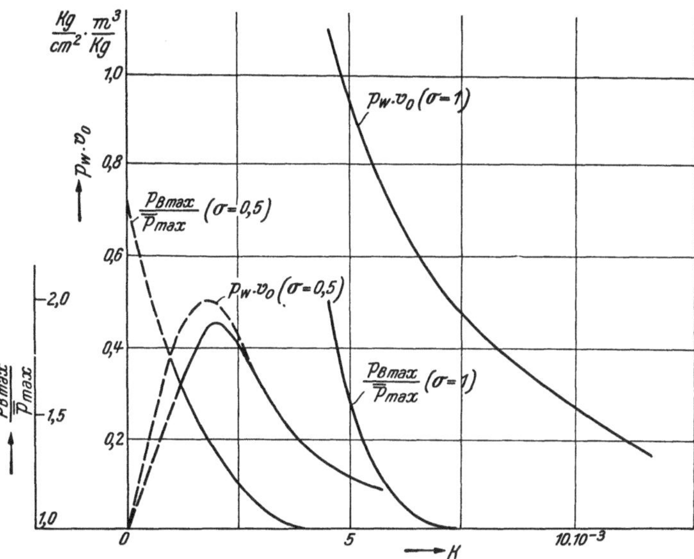

Abb. 51. Vergleich des mittleren Strömungsdruckes in Abhängigkeit von K einer Vorkammermaschine ($\sigma = 0,5$) und Wirbelkammermaschine ($\sigma = 1$). $\varepsilon = 1:18$.

Motor abgegebene Leistung vermindert und der spezifische Brennstoffverbrauch erhöht wird:

Ist p_e [kg/cm²] der mittlere effektive Druck und b_e [g/PS St] der spezifische Kraftstoffverbrauch eines Motors, so ist seine Leistung

$$N_e = Z n p_e, \tag{11}$$

worin Z eine Motorkonstante bedeutet, und sein stündlicher Kraftstoffverbrauch

$$B = N_e b_e. \tag{12}$$

Der wirtschaftliche Wirkungsgrad ist bekanntlich mit H als Heizwert des Kraftstoffes

$$\eta_w = \frac{632\,300}{b_e \cdot H}. \tag{13}$$

Wir ordnen die Werte $p_e\,b_e$ und η_w einem beliebigen Motor zu und untersuchen, wie sich diese Größen ändern, wenn im Motor eine Mehrarbeit zur Gemischbildung verbraucht wird. Die Güte der Verbrennung und ihr thermischer Effekt seien in beiden Fällen gleich. Bedeutet p_{we} als ein mittlerer Kolbendruck ein Maß für die Gemischbildungsarbeit, so ist der mittlere effektive Druck nunmehr

$$p_e{}' = p_e - p_{we} = p_e \left(1 - \frac{p_{we}}{p_e}\right) = p_e \cdot W \tag{14}$$

und die effektive Leistung wird

$$N_e{}' = Z n p_e{}' = Z n p_e W \tag{15}$$

bei gleichem stündlichem Kraftstoffverbrauch. Damit wird der spezifische Verbrauch

$$b_e{}' = \frac{B}{N_e{}'} = \frac{N_e b_e}{N_e{}'} = \frac{1}{W} b_e \tag{16}$$

und der wirtschaftliche Wirkungsgrad weiter

$$\eta_w{}' = \frac{632\,300}{b_e{}' \cdot H} = \eta_w W. \tag{17}$$

Es sinkt somit die Leistung, der mittlere effektive Druck und der Wirkungsgrad durch die Wirbelarbeit auf das Wfache, während der Verbrauch auf das $\frac{1}{W}$-fache steigt, wobei die Zahl

$$W = \frac{p_e - p_{we}}{p_e} = \frac{p_e{}'}{p_e{}' + p_{we}} \qquad (18,\ 19)$$

um so kleiner als 1 ist, je größer die Wirbelarbeit gegenüber der Leistung des Motors wird. Abb. 52 gibt einen graphischen Überblick über die Funktion W nach Gleichung (19) für verschiedene Werte $p_e{}'$.

Die gesamte Gemischbildungsarbeit setzt sich aus der Strömungsarbeit bis zum oberen Totpunkt, wofür im vorigen Abschnitt der mittlere Strömungsdruck p_{wT} als Maß eingeführt wurde, und aus der Strömungsarbeit während der Expansion zusammen.

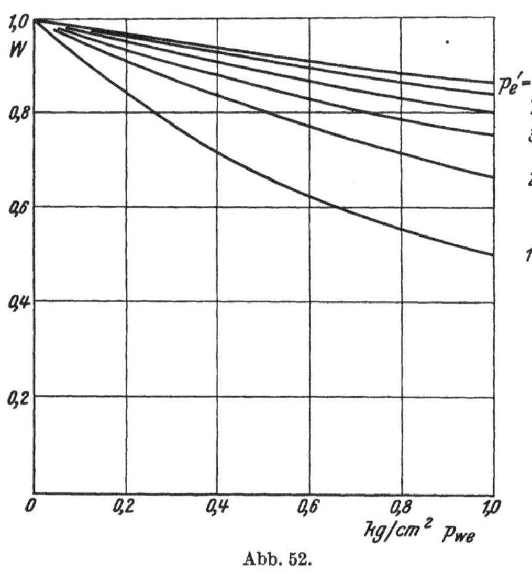

Abb. 52.

Ihre genaue Bestimmung aus Indikatordiagrammen ist schwierig. Erfahrungsgemäß kann ohne wesentlichen Fehler bei Untersuchungen dieser Art $p_{we} = 2\,p_{wT}$ gesetzt werden, wobei die Wirbelarbeit bei der Expansion gleich der während der Verdichtung gesetzt ist. Mit einem größten Wert $p_{wT} = 0{,}35$, wie er für die Maschinen mit unterteiltem Brennraum gelten kann, ergibt sich nach Abb. 52 bei der Normallast von $p_e = 5$ etwa ein Wert $W = 0{,}88$. Um etwa 12% höher ist also der Verbrauch dieser Maschinen zu erwarten als bei Maschinen mit unmittelbarer Einspritzung, bei denen, wie aus Kapitel (B, II, 2 a) hervorgeht, die Wirbelarbeit praktisch vernachlässigbar ist. Vorausgesetzt ist gleich gute Verbrennung.

Es ist also in Hinblick auf die Wirtschaftlichkeit zu trachten, die notwendige Wirbelarbeit auf ein Minimum zu beschränken, wozu die Kennziffer K möglichst groß werden soll. Nach Beziehung (10) kommt dies der Forderung nach großen Drosselquerschnitten zwischen Haupt- und Nebenraum des Verbrennungssystems gleich. Da bei zu großen Querschnitten die Gemischbildung wieder verschlechtert wird, gibt es in der Regel einen günstigsten Wert, der nur durch den Versuch festzulegen ist. Die Lage des Nebenraumes sowie der Einspritzdüse, Ausgestaltung des Brennraumes und die Art der Wirbelführung spielen dabei eine ausschlaggebende Rolle.

Wie nach den Beziehungen (14) bis (19) bei angenommen gleich günstiger Wärmeentwicklung auf die Wirtschaftlichkeit der verschiedenen Verbrennungssysteme geschlossen wurde, kann auch umgekehrt, wenn die Wirtschaftlichkeit durch den Kraftstoffverbrauch gegeben ist, auf die Güte der Verbrennung rückgeschlossen werden.

Als Beispiel hierfür sei dies an einer Vorkammermaschine mit 1,25 l Hubraum der Humboldt-Deutzmotoren A. G. (vgl. Abb. 62) gezeigt, deren Verbrauchswerte in Abb. 53 über dem mittleren effektiven Druck für drei verschiedene Drehzahlen (2000, 1500 und 1200 min⁻¹) in vollen Linien eingezeichnet sind. Die Wirbelarbeit des Motors wurde mit $p_{we} = 0{,}6$ bei $n = 2000$, $0{,}4$ bei $n = 1500$ und $0{,}26$ kg/cm² bei $n = 1200$ ermittelt. Damit ist nach Gleichung (19) für die 3 Drehzahlen der eingezeichnete Verlauf der Funktion W über der Belastung $p_e{}'$ berechnet. Greift man einen Punkt $(p_e{}'\,b_e{}')$ einer Verbrauchskurve heraus, so kann mit Hilfe der Gleichungen (14) und (16) jenes p_e und b_e errechnet werden, welches sich bei gleichem stündlichem Kraftstoffverbrauch ergeben würde, wenn der Motor keine Gemischbildungsarbeit in sich verbrauchte. Trägt man nun diese neuen Werte p_e und b_e wiederum im alten Koordinatensystem $(p_e{}'\,b_e{}')$ auf, so geben die gestrichelt dargestellten Verbrauchskurven einen Anhaltspunkt zur Beurteilung der Verbrennung selbst. Sie können z. B. unmittelbar mit den Verbrauchswerten einer Maschine mit direkter Strahleinspritzung verglichen werden, bei der ebenfalls die Wirbelarbeit vernachlässigbar klein ist.

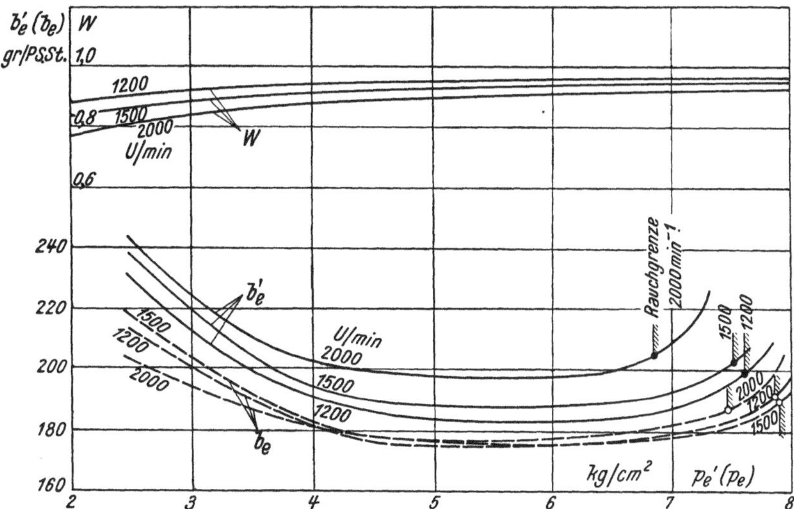

Abb. 53. Tatsächlicher Verbrauch b'_e und reduzierter Verbrauch b_e (ohne Wirbelarbeit) einer Vorkammermaschine (Deutz).

Wir vergleichen das Ergebnis mit dem Kraftstoffverbrauch eines Saurermotors Type CR 1 D (vgl. Abb. 61), der nach dem direkten Strahleinspritzverfahren arbeitet. Der Hubraum des Zylinders beträgt 1,33 l. Der bekannte Doppelwirbel im Saurermotor wird einerseits durch Richten der Saugluftgeschwindigkeit nach dem HESSELMAN-Verfahren gebildet, was keines zusätzlichen Arbeitsaufwandes bedarf, anderseits durch die Querbewegung der Luft nach der Mitte zu infolge der Kolbenverdrängung, wofür

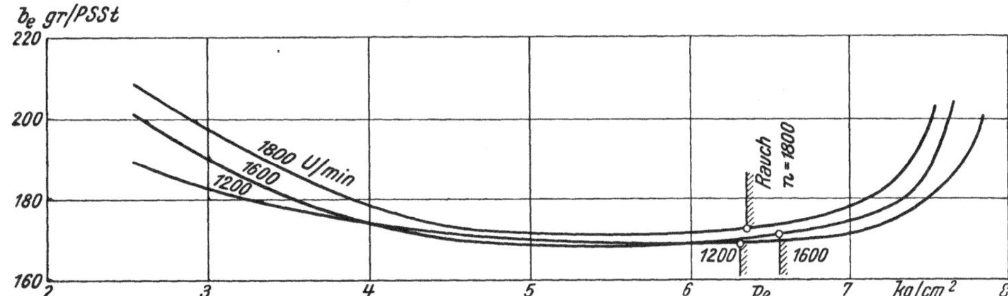

Abb. 54. Verbrauchswerte einer Saurer-Doppel-Wirbelmaschine mit unmittelbarer Einspritzung.

der Arbeitsaufwand nach früher Gesagtem unwesentlich klein ist. Die Verbrauchskurven nach Abb. 54 sind den analogen Werten b_e nach Abb. 53 sowohl dem Verlauf als auch der absoluten Größe nach durchaus gleichwertig. Es ist demnach, trotz verschiedenen effektiven Verbrauches, die Verbrennung in thermischer Hinsicht bei beiden Maschinen gleich gut. Dabei liegt aber die Rauchgrenze der Vorkammermaschine, trotz der zur Gemischbildung verbrauchten Mehrarbeit, im ganzen Drehzahlbereich höher. Wenn überdies dabei auch der spezifische Kraftstoffverbrauch höher ist, so folgen daraus für die Vorkammermaschine wesentlich niedrigere Luftüberschüsse.

Es ist bei Gasölbetrieb die Luftüberschußzahl eines Motors

$$\lambda = \frac{1970}{v_0\, b_e\, p_e}.\tag{20}$$

Legt man für beide Motoren den Anfangszustand v_0 der Vorkammermaschine zugrunde, die durch Luftmengenmessung mit $v_0 = 1{,}06$ bei $n = 2000$, $v_0 = 0{,}93$ bei $n = 1500$ und $v_0 = 0{,}88\,\mathrm{m^3/kg}$ bei $n = 1200$ bestimmt ist, so ergibt sich als Luftüberschußzahl λ_r an der Rauchgrenze p_{eR}

$$\begin{aligned}
&\text{für die Vorkammermaschine bei} &n &= 2000, &\lambda_r &= 1{,}32, &p_{eR} &= 6{,}85, \\
& &n &= 1500, &\lambda_r &= 1{,}4, &p_{eR} &= 7{,}5, \\
& &n &= 1200, &\lambda_r &= 1{,}48, &p_{eR} &= 7{,}6, \\
&\text{für die Maschine mit unmittel-} &n &= 1800, &\lambda_r &= 1{,}87, &p_{eR} &= 6{,}3, \\
&\text{barer Strahleinspritzung} &n &= 1600, &\lambda_r &= 1{,}89, &p_{eR} &= 6{,}55, \\
& &n &= 1200, &\lambda_r &= 2{,}1, &p_{eR} &= 6{,}3.
\end{aligned}$$

Aus dem Vergleich der Zahlenwerte beider Maschinen wird klar, wie die Verbrauchszahlen einer Dieselmaschine zu werten sind: Durch den höheren Brennstoffverbrauch der Maschine mit unterteiltem Brennraum ist eine bessere Gemischbildung und damit ein erhöhtes Durchzugsvermögen des Motors über einem größeren Drehzahlbereich gewonnen, was besonders im Fahrzeugbetrieb große Vorteile bringt und den Motor dafür bestens geeignet macht. Die hohe Wirtschaftlichkeit der Maschine mit unmittelbarer Strahleinspritzung hat dieser das Feld der Großmaschinen schon von Anfang an restlos gesichert. Sie ist aber auch ein Grund mit, der die unmittelbare Strahleinspritzung auch bei Kleinmotoren im Schnellaufbetrieb von Zeit zu Zeit immer wieder in den Vordergrund stellt. Wie die Entwicklung künftig verläuft, kann nicht vorausgesagt werden, zumal es als durchaus wahrscheinlich gelten kann, daß die jetzt üblichen Verbrauchswerte der Maschinen mit unterteiltem Brennraum noch weiter zu senken sind. Als Verbrauchswerte und Luftüberschußzahlen (bei Rauchgrenze) sind heute etwa die folgenden gebräuchlich:

$$\begin{aligned}
&\text{Unmittelbare Einspritzung} &b_e &= 150 \text{ bis } 180\ \mathrm{g/PS\,St}; &\lambda_r &= 2 \text{ bis } 1{,}7; \\
&\text{unterteilter Brennraum} &b_e &= 165 \text{ bis } 220\ \mathrm{g/PS\,St}; &\lambda_r &= 1{,}7 \text{ bis } 1{,}3.
\end{aligned}$$

Der kleinere Verbrauch bezieht sich jeweils auf Maschinen größerer Abmessungen.

4. Ausgeführte Brennräume.

Allgemeiner Überblick über die wichtigsten praktischen Erfahrungswerte, das sind:

a) Verdichtungsverhältnis.

Nach theoretischen Grundsätzen steigt der thermische Wirkungsgrad mit der Verdichtung. Erfahrungsgemäß äußert sich dies im Gesamtwirkungsgrad innerhalb der möglichen Grenzen im allgemeinen nicht, weil die erhöhte mechanische Reibungsarbeit sowie die größeren Kühlwasserverluste dem entgegenwirken. Die Höhe des Verdichtungsverhältnisses wird deshalb nach rein praktischen Gesichtspunkten festgelegt. Solche sind: Sicheres Zünden, Laufruhe (Zündverzug), Lagerbelastung (höchstzulässiger Zünddruck) u. dgl. m.

Großmaschinen sind im allgemeinen niedriger verdichtet als Kleinmotoren, bei denen die Kühlung während der Kompression stärker und dadurch das Anspringen erschwert ist (Polytropenexponent $m = 1{,}2$ gegen etwa $1{,}35$ bei Großmaschinen). Folgende Werte sind gebräuchlich:

$$\begin{aligned}
&\text{Großmaschinen mit direkter Strahleinspritzung} \ldots \ldots &\varepsilon &= 1:12 \text{ bis } 1:14; \\
&\text{Kleinmaschinen mit direkter Strahleinspritzung} \ldots &\varepsilon &= 1:15 \text{ bis } 1:19; \\
&\text{Kleinmaschinen mit unterteiltem Brennraum} \ldots \ldots &\varepsilon &= 1:16 \text{ bis } 1:22.
\end{aligned}$$

Die niedrigen Werte gelten jeweils für die größeren Abmessungen.

b) Einspritzdruck.

$$\begin{aligned}
&\text{Maschinen mit unmittelbarer Einspritzung} \ldots \ldots \ldots &250 \text{ bis } 350\ \mathrm{at\ddot{u}}; \\
&\text{Maschinen mit unterteiltem Brennraum} \ldots \ldots \ldots &80 \text{ bis } 150\ \mathrm{at\ddot{u}}.
\end{aligned}$$

Der höhere Einspritzdruck bei unmittelbarer Strahleinspritzung ist durch die Notwendigkeit bedingt, die Strahlaufbereitung und Gemischbildung vorwiegend durch die Düse allein zu bewerkstelligen.

c) Einspritzdauer.

Nach theoretischen Grundsätzen so kurz wie möglich, praktisch jedoch soll sie nicht kürzer sein, als die Gemischbildungsgeschwindigkeit im Motor zuläßt. Außerdem ist auf die Laufruhe Rücksicht zu nehmen, die bei zu kurzem Einspritzwinkel verschlechtert

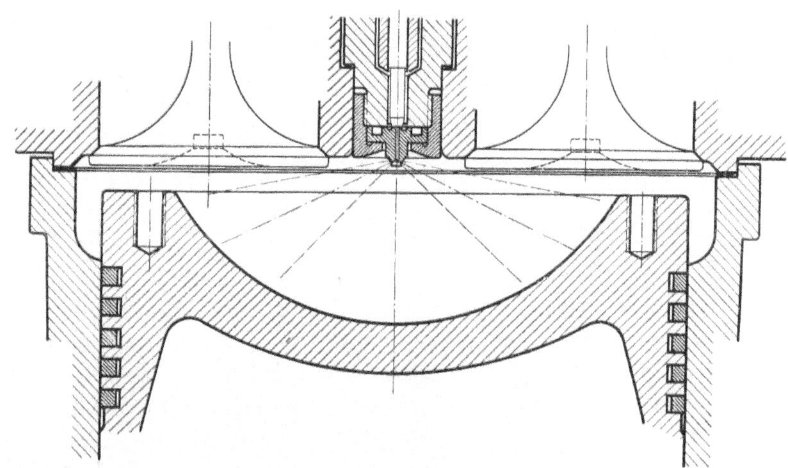

Abb. 55. Brennraum einer einfachwirkenden Viertaktmaschine mittlerer Größe (Ausführung Deutz).

wird. Strahleinspritzmaschinen vertragen im allgemeinen kürzere Einspritzwinkel als Maschinen mit unterteiltem Brennraum, bei denen sich die mischende Luftbewegung über größere Winkel erstreckt:

$$\text{Unmittelbare Strahleinspritzung} \ldots\ldots \quad \alpha_e = 20 \text{ bis } 25^\circ\,KW \left.\right\} \text{ etwa bei}$$
$$\text{Unterteilter Brennraum} \ldots\ldots\ldots \quad \alpha_e = 25 \text{ bis } 35^\circ\,KW \left.\right\} \quad p_e = 6 \text{ kg/cm}^2.$$

d) Einspritzbeginn.

Fast alle Indikatordiagramme der Dieselmaschine zeigen den Druckanstieg infolge der einsetzenden Verbrennung im oberen Totpunkt. Die Einspritzung erfolgt um den Zündverzug früher, das ist zwischen 10° und 30° vor oberem Totpunkt. Im allgemeinen wird beim Einstellen des Spritzbeginnes ein Kompromiß zwischen bestem Verbrauch und Zünddruck bei Großmaschinen und Laufruhe bei Kleinmotoren geschlossen.

e) Unterteilungsverhältnis des Brennraumes.

Die Vorkammer pflegt man $1/50$ bis $1/75$ des Hubvolumens auszuführen, wobei der günstigste Wert durch Versuch zu bestimmen ist. Ähnlich ist auch das Unterteilungsverhältnis der Luftspeichermaschine. Die Wirbelkammer wird möglichst groß ausgeführt, so daß bis auf den durch den Kolbenabstand vom Zylinderkopf bedingten geringen Spaltraum der ganze Verdichtungsraum in der Wirbelkammer liegt.

f) Ausführungsbeispiele.

Den Brennraum einer der ersten ausgeführten Diesel-Motoren mit unmittelbarer Einspritzung zeigt Abb. 55 (DEUTZ). Der Kolben hat eine als Kugelkalotte ausgebildete Verbrennungsmulde, in welche von deren Mittelpunkt aus der Kraftstoff durch eine Mehrstrahldüse verteilt wird. Die Düse ist so abgestimmt, daß die einzelnen Strahlen nicht in flüssigem Zustand auf die Kolbenwand aufspritzen. Außer der radialen Querbewegung durch die Kolbenverdrängung sind keinerlei Mittel zu weiterer Verwirbelung vorgesehen.

In Abb. 56 ist der obere Brennraum einer doppeltwirkenden Zweitaktgroßmaschine mit 575 l Hubvolumen wiedergegeben (AEG-HESSELMAN). Hierbei ist die Form des

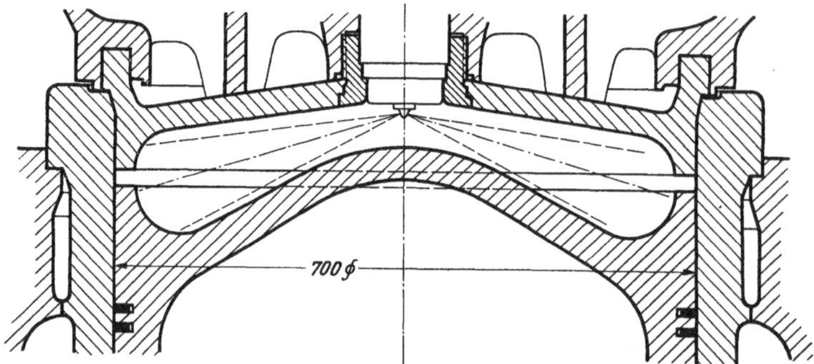

Abb. 56. Oberer Brennraum einer doppeltwirkenden Zweitakt-Großmaschine (Ausführung AEG).

Brennraumes möglichst der Strahlform angepaßt. Auf eine Querbewegung durch die Kolbenverdrängung ist verzichtet, wohl aber ist die Spülung so ausgebildet, daß eine Drehbewegung der Luft um die Zylinderachse erhalten bleibt. Dieser „HESSELMAN"-Wirbel, wie er nach seinem Erfinder benannt wird, bringt die zwischen den einzelnen

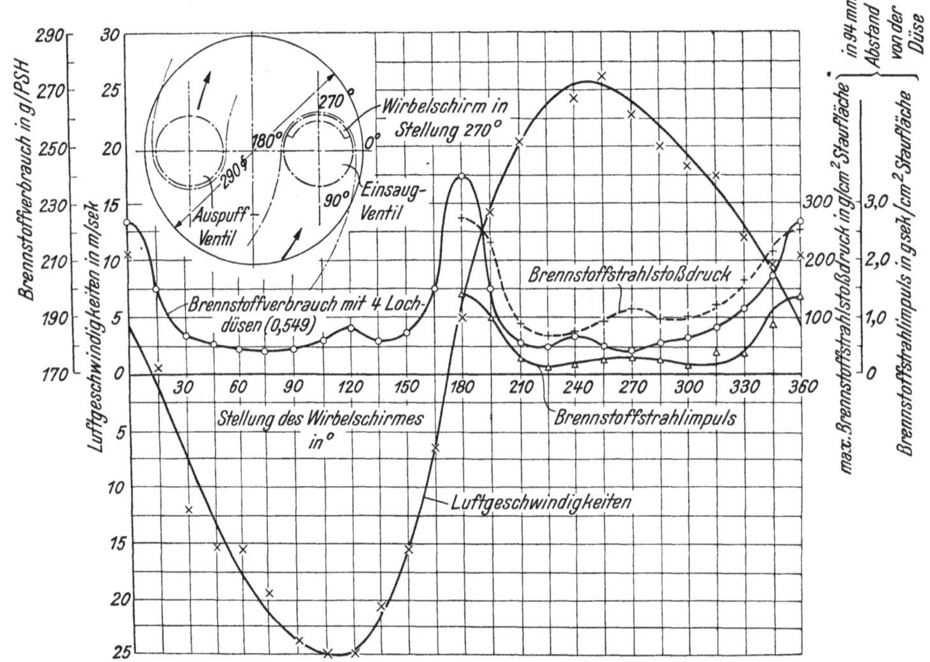

Abb. 57. Luftgeschwindigkeit in Umfangsrichtung im Abstand 80 mm von der Zylinderachse, Brennstoffverbrauch, Strahlstoßdruck und Strahlimpuls. Zylinderdurchmesser $D = 290$ mm. $n = 375$ (nach GEIGER).

Brennstoffstrahlen liegenden Luftteile mit dem Brennstoff zur Mischung. Bei der günstigsten Drehgeschwindigkeit dieses Wirbels soll während der Einspritzzeit die Luft von einem Strahl zum danebenliegenden geeilt sein. Untersuchungen über den Einfluß dieses Wirbels wurden u. a. von GEIGER [30] angestellt, wovon die Abb. 57 wiedergegeben sei.

Im Brennraum nach Abb. 58 (doppeltwirkende Zweitakt-Großmaschine der MAN, $V_H = 270$ l) ist das Aufspritzen der Brennstoffstrahlen auf den Kolbenboden nicht vermieden. Trotzdem sind die Verbrauchswerte dieser Maschinen gut. Früher aufgestellte Grundsätze [6], wonach dieses Aufspritzen zu schlechter Verbrennung und Rußbildung neigt, erleiden dadurch eine Einschränkung. Weiter ausgedehnte Versuche darüber lassen einen wesentlichen Einfluß des Aufspritzwinkels, der Strahl- sowie der Luftgeschwindigkeit im Brennraum erkennen. Abb. 59 zeigt den Brennraum einer kleineren Maschine der MAN.

Das Bestreben, die Umwälzgeschwindigkeit der Luft zu erhöhen, hat in Einzelfällen Anlaß gegeben, den Brennraum nicht zentrisch-symmetrisch zur Zylindermitte anzuordnen, sondern in

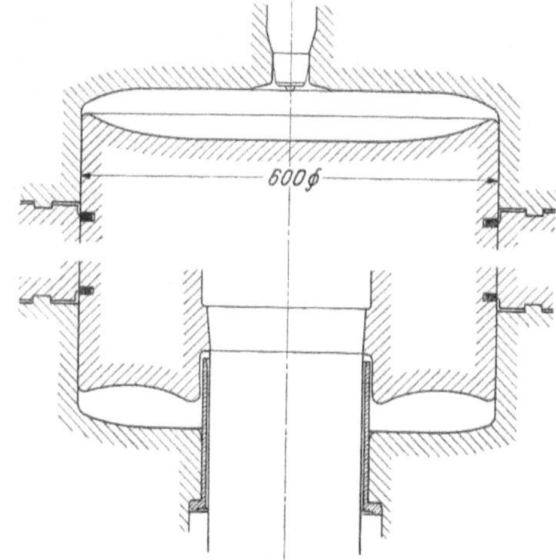

Abb. 58. Brennraum einer doppeltwirkenden Zweitakt-Großmaschine (Ausführung MAN).

einer exzentrischen Mulde nach außen zu verlegen (Abb. 60). Die Einspritzdüse hat dabei mehrere fächerförmig angeordnete Bohrungen und spritzt von außen nach der Mitte zu, also gegen den Luftstrom, der vorwiegend von der einen Zylinderseite nach der Mulde zu gerichtet ist.

Die jüngste Entwicklung der schnellaufenden Maschine mit unmittelbarer Einspritzung zeigt der Brennraum des Saurer-Doppelwirbelmotors nach Abb. 61. Nach dem HESSELMAN-Verfahren ist der Luft durch Verwendung der bekannten Saugventile mit einseitig angeordnetem Richtschirm eine Geschwindigkeit in Richtung des Umfanges erteilt, die auch während der Verdichtung erhalten bleibt. Ihr überlagert sich die durch die Kolbenmulde zu einem Querwirbel geleitete Luftbewegung infolge der Kolbenverdrängung, zu deren Verstärkung die Mulde auf einen möglichst kleinen Durchmesser eingezogen ist. Als Einspritzorgan ist eine Vierstrahldüse in Verwendung, neuerdings auch eine Pilzdüse, die einen kegelig nach abwärts gerichteten Brennstoffschleier erzeugt. Die guten Mischverhältnisse, die

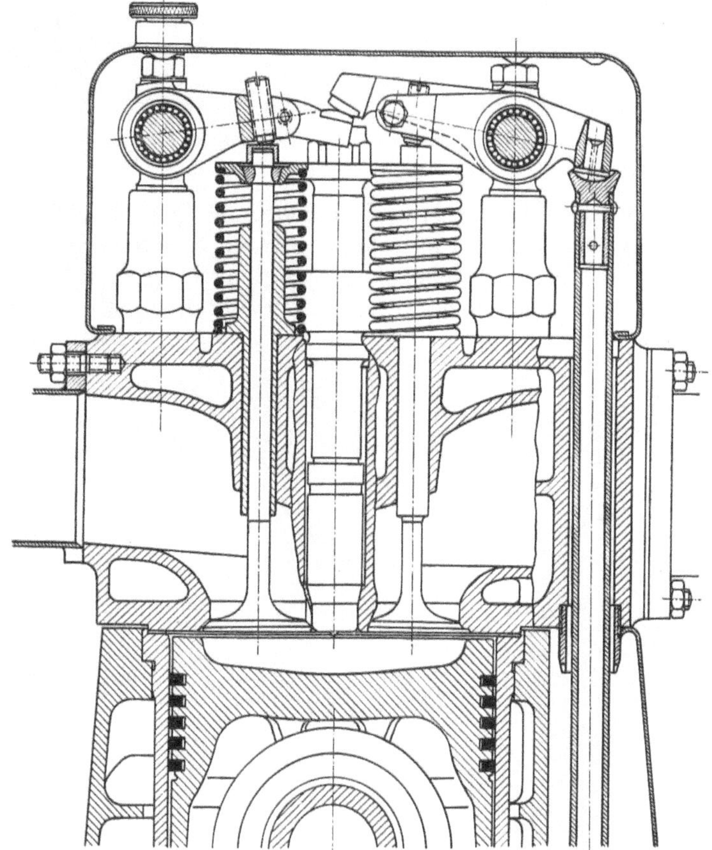

Abb. 59. Brennraum für unmittelbare Einspritzung und kleinere Zylinderabmessung (Ausführung MAN).

sich mit Erhöhung der Drehzahl nur noch verbessern, ermöglichen mit dieser Maschine einen wirtschaftlichen Betrieb auch noch bei den außerordentlich hohen Umdrehungszahlen von 3000 min^{-1}.

Als Hauptvertreter der in einer Großzahl von Variationen auf den Markt gebrachten
Vorkammermaschinen sind in Abb. 62 und 63 die Verbrennungsräume des Deutz- und des
Daimler-Benz-Motors dargestellt. Die Vorkammer nach Abb. 62 ist senkrecht und außermit-

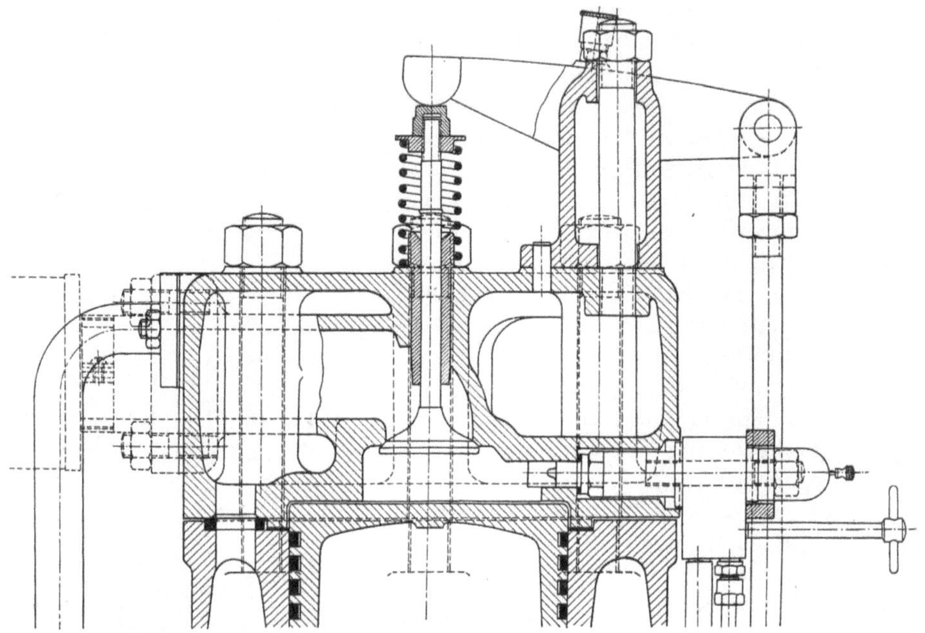

Abb. 60. Brennraum eines schnellaufenden Motors mit unmittelbarer Einspritzung (Ausführung Simmeringer Waggon- und Maschinenfabriks A. G.).

tig angeordnet. Eine besondere Beheizung ist vermieden. Als Düse steht wie bei fast sämtlichen Maschinen mit unterteiltem Brennraum eine Einlochdüse in Verwendung. Bei der Anordnung der Ausblasebohrung nach dem Hauptbrennraum ist auf gute Durchwirbelung sowohl beim Einströmen der Luft in die Vorkammer als auch beim Ausblasen der Verbrennungs-

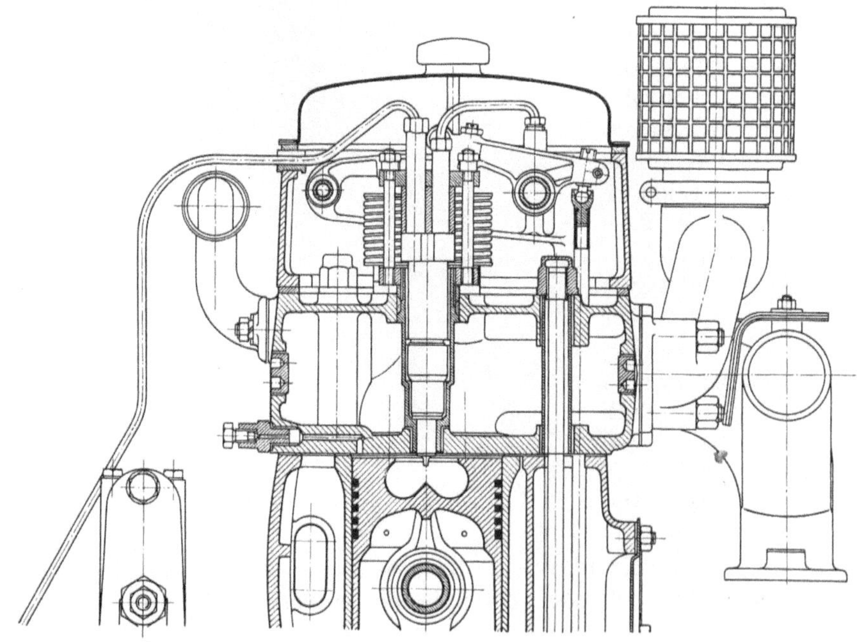

Abb. 61. Brennraum eines schnellaufenden Fahrzeugmotors mit unmittelbarer Einspritzung (Saurer Doppelwirbel-Motor, Type CRD).

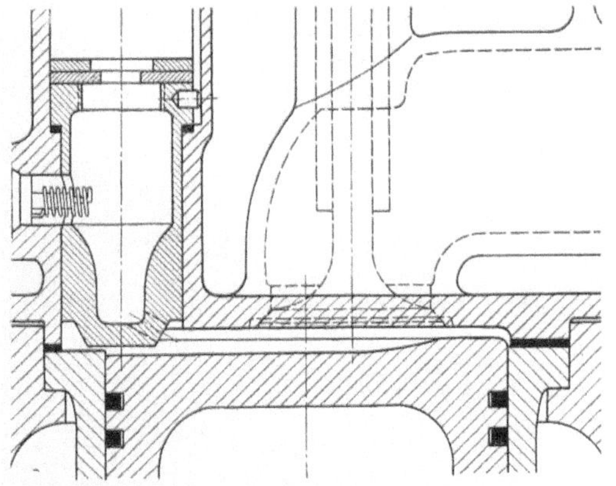

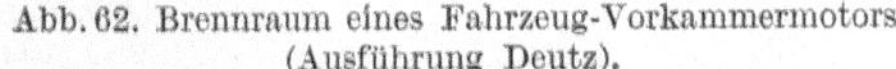

Abb. 62. Brennraum eines Fahrzeug-Vorkammermotors
(Ausführung Deutz).

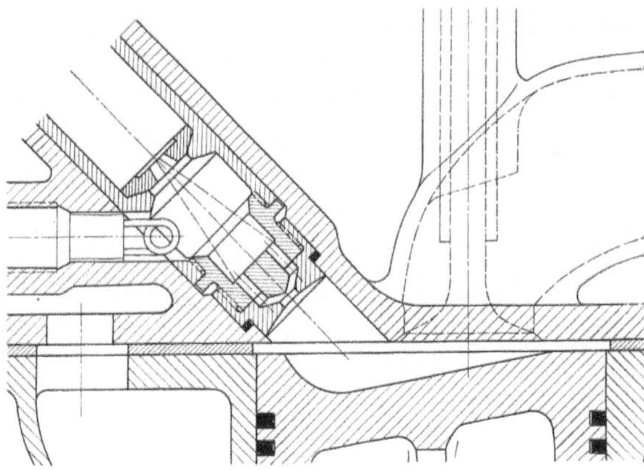

Abb. 63. Brennraum eines Fahrzeug-Vorkammermotors
(Ausführung Daimler-Benz).

gase Bedacht genommen. Ein fast allen Maschinen mit abgeschnürtem Nebenraum gemeinsames Element ist die Glühspirale oder eine sonstige Glühvorrichtung, die als Behelf beim Anlassen der kalten Maschine gilt. Sie wird kurzzeitig bei der Inbetriebnahme während der ersten Umdrehungen geglüht und gibt die Wärme an die Luft ab, die sich an den kalten Wänden infolge der hohen Geschwindigkeit so sehr abgekühlt hat, daß eine Selbstzündung ohne Glühhilfe nicht mehr möglich wäre.

Die Vorkammer nach Abb. 63 sitzt seitlich schräg. Vor der kleinsten Durchtrittsstelle zwischen Vorkammer und Hauptbrennraum ist ein seiner großen Oberfläche zufolge stark beheizter Teil angeordnet, gegen den die Einstrahldüse unmittelbar spritzt. Dieses Aufspritzen von Kraftstoff auf übermäßig heiße Stellen kann nur dann ohne wesentliche Einbuße an der Güte der Verbrennung geschehen, wenn wie hier die Luftgeschwindigkeit an dieser Aufspritzstelle groß ist; denn nur dann kann im Maße der raschen Verkrakkung auch die Verbrennung der Zerfallsprodukte erfolgen. Andernfalls tritt Rußbildung auf. Ein Vorteil der heißen Vorkammer ist der verringerte Zündverzug auch bei geringeren Drehzahlen und damit eine Verbesserung der Laufruhe.

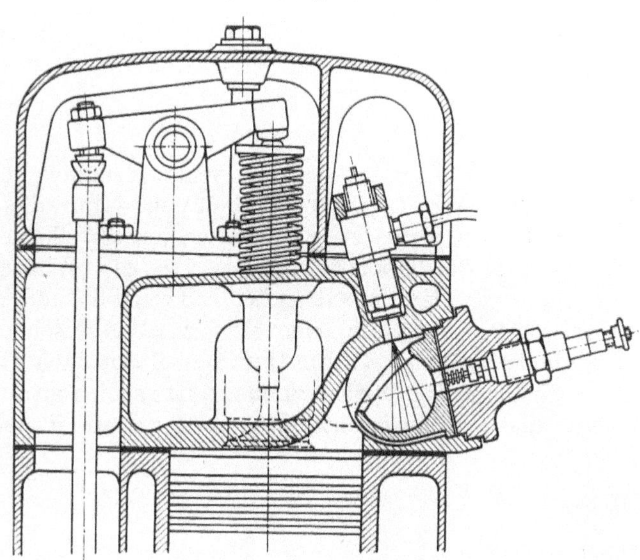

Abb. 64. Brennraum eines Fahrzeug-Wirbelkammermotors
(Ausführung Oberhänsli).

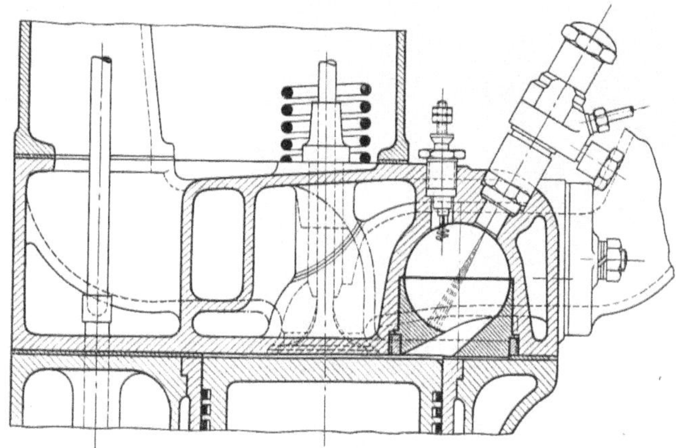

Abb. 65. Brennraum eines Fahrzeug-Wirbelkammermotors
(Ricardo „Comet“).

Aus der Reihe der Wirbelkammermotoren sind die Abb. 64 und 65 wiedergegeben. Im Oberhänsli-Motor (Abb. 64) ist die Wirbelkammer als Glühschale ausgebildet. Der

Luftstrahl aus dem Hauptbrennraum ist auf die Einspritzdüse hin gerichtet und bewirkt eine Verbesserung der Zerstäubung, wobei schon ein erstes Mischen mit Brennstoffteilchen erfolgt. Ein Teil des Kraftstoffes wird gegen die heiße Glühschale gespritzt und dort sehr rasch verdampft und verkrackt. Ebenso rasch aber tritt die umge-

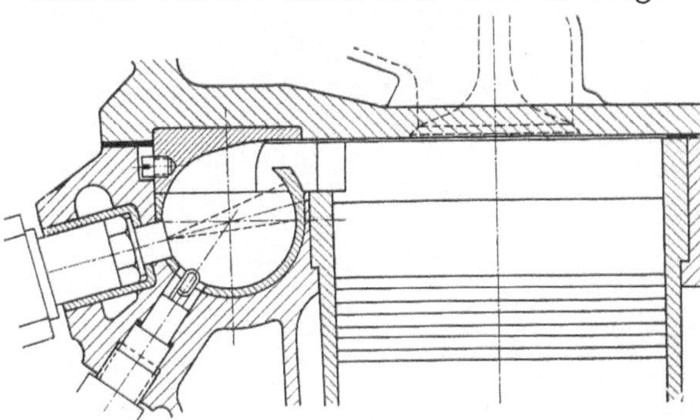

Abb. 66. Brennraum eines Fahrzeug-Wirbelkammermotors mit Steuerung des Überströmquerschnittes durch den Kolben (Herkules).

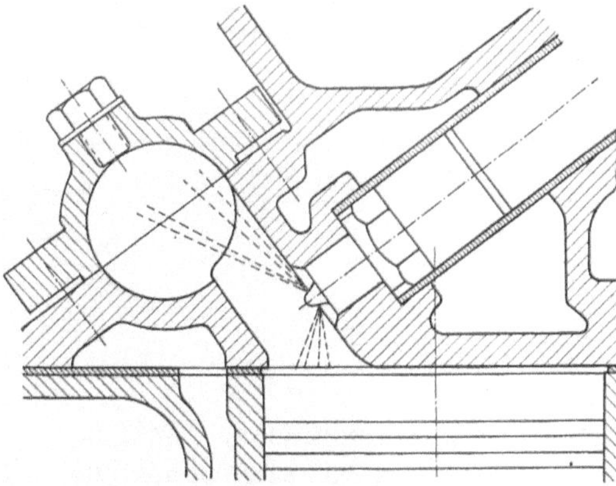

Abb. 67. Brennraum eines Fahrzeug-Wirbelkammermotors mit teilweiser Einspritzung in den Hauptbrennraum (Perkins-Motor).

wälzte Luft dazu, so daß die Wärme schnell entwickelt wird. In der Wirbelkammer „Komet" nach RICARDO (Abb. 65) wird nur die untere Hälfte geglüht. Das Einspritzventil ist so gerichtet, daß die Aufspritzstelle des Kraftstoffstrahles knapp neben der Mündung des Überströmkanales in die Wirbelkammer liegt. Die Zerfallsprodukte werden von der umwälzenden Luft erfaßt und unmittelbar in den frisch zutretenden Luftstrom gerissen, mit dem sie sich rasch mischen. Ein ähnlicher Grundsatz ist im Herkules-Motor nach Abb. 66 verwirklicht. Die Wirbelkammer sitzt seitlich im Gestell. Um die Umwälzgeschwindigkeit der Luft im oberen

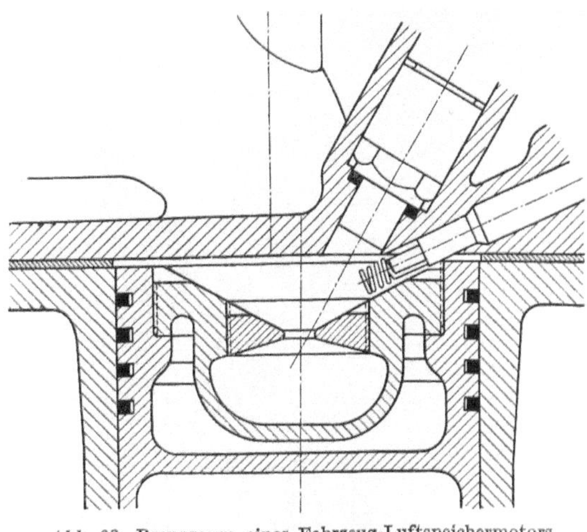

Abb. 68. Brennraum eines Fahrzeug-Luftspeichermotors (Acro-Innenspeicher).

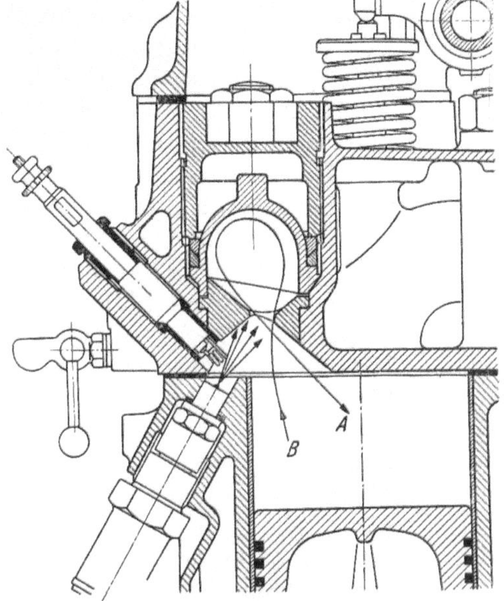

Abb. 69. Brennraum eines Fahrzeug-Luftspeichermotors (Acro-Außenspeicher, Saurer).

Totpunkt besonders zu steigern, ist dabei die Öffnung zur Wirbelkammer durch die Oberkante des Kolbens so gesteuert, daß sie gegen den Totpunkt verkleinert wird eine Einrichtung, die zweifellos geeignet ist, bei guter Gemischbildung den Arbeitsaufwand hierzu klein zu halten.

Die hohen Luftgeschwindigkeiten in der Wirbelkammer unterkühlen bei kalter Maschine die Luft auch dabei so weit, daß zusätzliche Glühkörper als Startbehelf notwendig sind. In Abb. 67, darstellend den Brennraum des englischen Perkins-Motors, ist dies durch teilweises Einspritzen in den Hauptbrennraum vermieden. Ähnlich wie bei den Maschi-

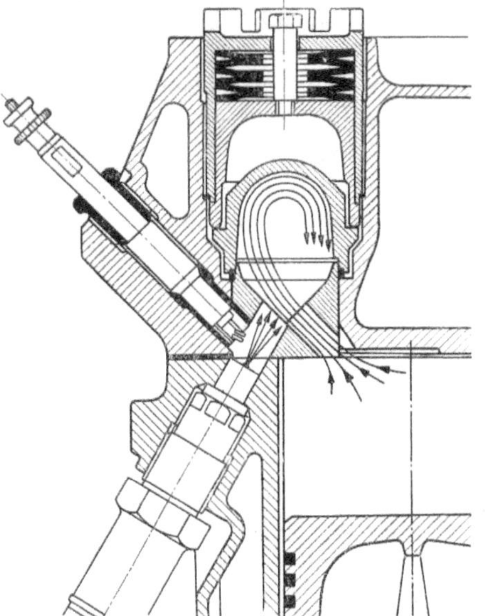

Abb. 70. Brennraum eines Fahrzeug-Luftspeichermotors (Saurer-Kreuzstrom).

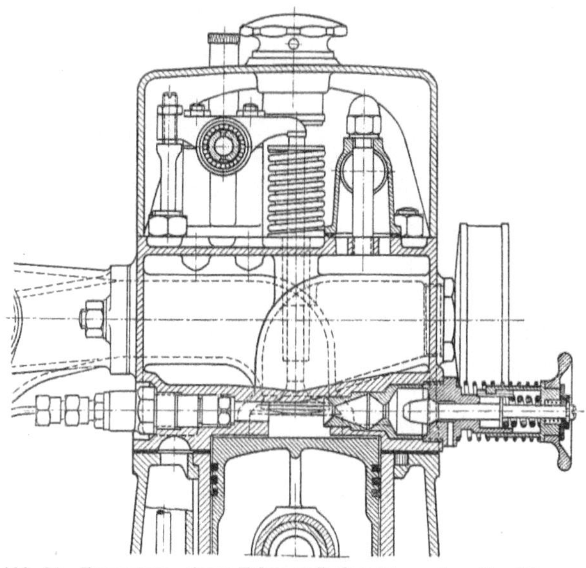

Abb. 71. Brennraum eines Fahrzeug-Luftspeichermotors (Ausführung Henschel-Lanova).

nen mit unmittelbarer Strahleinspritzung ist auch hierbei die Unterkühlung im Hauptbrennraum wegen der kleineren Geschwindigkeiten geringer und bei genügend hoher Verdichtung ein Anspringen ohne Glühhilfe möglich.

Als Vertreter der Luftspeichermaschinen zeigt Abb. 68 den Brennraum des Acro-Innenspeichermotors. Der Luftspeicher ist im Kolben untergebracht und die Einlochdüse spritzt gegen die Drosselstelle zwischen den beiden Brennräumen. Dem Wesen nach gleichen diese Motoren den Vorkammermaschinen. Andere Ausführungen zeigen die Abb. 69 und 70 (Acro-Außenspeicher und SAURER-Kreuzstromverfahren), wobei der Kraftstoff quer zur Luftströmung nach dem Speicher zu eingeführt wird. Gleich wie in Abb. 68 wird im Henschel-Lanova-Motor (Abb. 71) im Sinne der nach dem Speicher strömenden Luft eingespritzt. Die Ausgestaltung des Hauptbrennraumes begünstigt die Entstehung eines

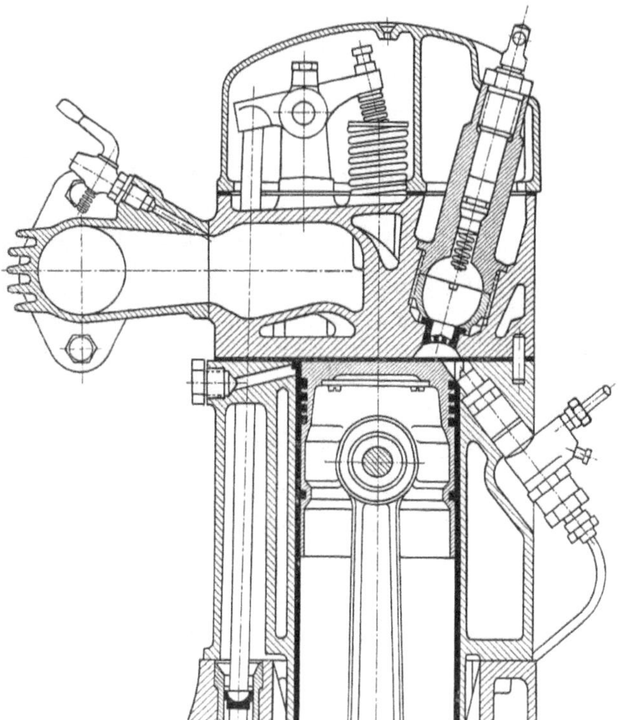

Abb. 72. Brennraum eines Fahrzeug-Luftspeichermotors (Ausführung Süddeutsche Bremsen A. G.).

Wirbels unter den Ventiltellern durch die nach der Zündung aus dem Speicher stoßenden Verbrennungsgase. Der Luftspeicher selbst ist in zwei Räume unterteilt, von denen der größere durch ein Ventil von außen abgeschlossen werden kann. Damit kann zum

Anlassen der kalten Maschine die Verdichtung erhöht und die Voraussetzung für die Selbstzündung ohne zusätzliche Glühhilfe geschaffen werden. Ein weiteres Ausführungsbeispiel einer Luftspeichermaschine zeigt Abb. 72 (Süddeutsche Bremsen A. G.). Die Düse spritzt unmittelbar auf einen Glühkörper, der zugleich die Drosselstelle zum Luftspeicher bildet. Der Glühkörper beschleunigt auch hier den Krackprozeß des Brennstoffes und die gleichzeitig hohe Luftgeschwindigkeit gibt die Voraussetzung zur raschen Verbrennung der Zerfallsprodukte.

Als Luftspeichermaschine muß auch der Fahrzeugmotor der MAN nach Abb. 73 bezeichnet werden, wenngleich dieses Verfahren auch wesentliche Grundsätze der direkten Strahleinspritzung aufweist. So ist die Raumgestaltung derart durchgeführt, daß eine Wandberührung des Strahles möglichst vermieden bleibt. Dort wo der Strahl auf den Kolbenboden auftreffen

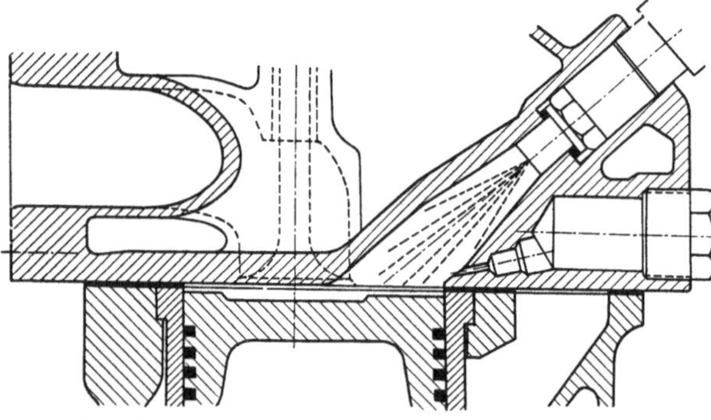

Abb. 73. Brennraum eines Fahrzeug-Luftspeichermotors (Ausführung MAN).

kann, sorgen die aus der Luftkammer austretenden Verbrennungsgase für eine gute Mischung. Wenn auch der Brennstoffstrahl nicht gegen den Luftspeicher gerichtet ist, so ist es doch erwiesen, daß trotzdem Kraftstoff in den Luftspeicher während der verhältnismäßig großen Voreinspritzung dieser Maschinen noch im Verdichtungshub gerissen wird und sich daselbst auch entzündet, so daß das Merkmal der Luftspeichermaschine gegeben ist. Die Strahlfreiheit im Hauptbrennraum ermöglicht ähnlich wie bei der Maschine mit direkter Strahleinspritzung ein Anspringen auch des kalten Motors ohne Glühhilfe selbst bei verhältnismäßig niedriger Verdichtung.

C. Äußere Steuerung der Gemischbildung.
I. Allgemeiner Überblick.

Die Einführung des Brennstoffes in die hochverdichtete Verbrennungsluft erfolgt durch die Einspritzpumpe über die Einspritzleitung und Einspritzdüse. Der Pumpe fällt die Förderung des Kraftstoffes gegen den hohen Einspritzdruck bei genauer Mengenbemessung zu, während die Düse dessen Zerstäubung und Verteilung im Brennraum zu besorgen hat.

Je nach der Art der Mengenbemessung werden die heute in Verwendung stehenden Pumpen unterschieden in:

Pumpen mit Schrägnockenregelung,
   ,,   ,, Überströmregelung,
   ,,   ,, Drosselregelung.

Bei ersterer fördert die Pumpe während des ganzen Hubes und die Mengenbemessung erfolgt durch Verändern des Hubes mittels eines in seiner Achsrichtung verschiebbaren Schrägnockens (Abb. 74).

Bei der Pumpe mit Überströmregelung wird nur ein Teil des unveränderlichen Kolbenhubes zur Förderung ausgenützt, während der restlich verdrängte Kraftstoff in den Saugraum zurückbefördert wird (Abb. 75). Statt des Überschleifens des Schrägschlitzes im verdrehbaren Kolben über eine nach dem Saugraum zurückführende Steuerbohrung kann das Überströmen auch durch ein von der Kolbenbewegung selbst gesteuertes Ventil erfolgen.

Die Pumpe mit Drosselregelung arbeitet gleichfalls mit konstantem Kolbenhub. Der Pumpenraum ist dabei über eine Drossel mit dem Ansaugraum in Verbindung, so daß während des Förderhubes eine Teilung der vom Kolben verdrängten Brennstoffmenge

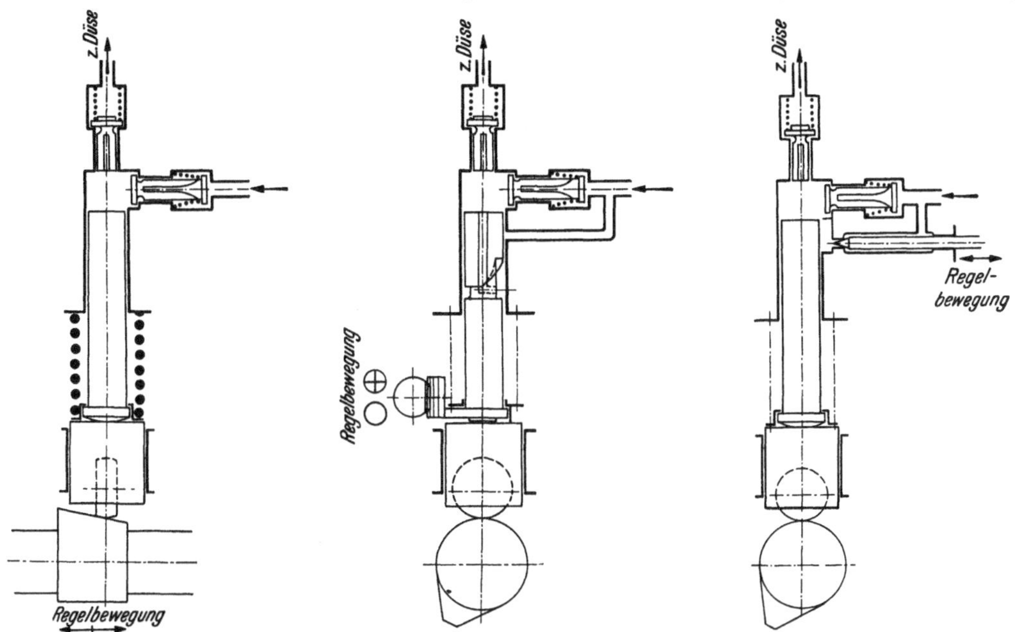

Abb. 74. Schema einer Kraftstoffeinspritzpumpe mit Schrägnockenregelung.

Abb. 75. Schema einer Kraftstoffeinspritzpumpe mit Überströmregelung.

Abb. 76. Schema einer Kraftstoffeinspritzpumpe mit Drosselregelung.

stattfindet. Die Drossel ist in ihrer Durchgangsweite veränderlich, wodurch das Teilungsverhältnis und damit auch die zur Düse geförderte Menge geregelt werden kann (Abb. 76).

Bei allen drei Systemen kann das Saugventil entfallen, wenn dafür eine Saugbohrung vorgesehen ist, wie sie in Abb. 77 für eine Pumpe mit Überströmregelung dargestellt ist. Dabei

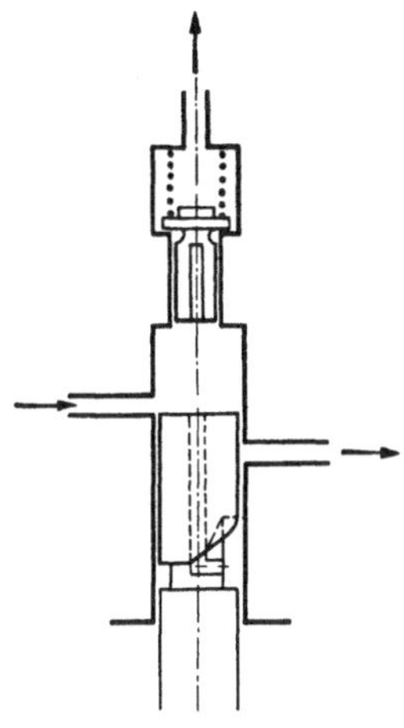

saugt der Kolben, während er den Förderhub im Abwärtsgang durchläuft, ein Vakuum, welches nach Öffnen der Saugbohrung von außen mit Kraftstoff aufgefüllt wird. Beim Aufwärtsgang beginnt die Förderung, wenn die Saugbohrung wieder durch die Kolbenoberkante verschlossen wird. Neben den genannten drei Pumpenarten sind noch die indirekt nach einem Speicherverfahren arbeitenden Pumpen zu erwähnen. Bei ihnen arbeitet eine der drei Pumpenarten nicht unmittelbar nach der Düse hin, sondern mittelbar über einen elastischen Speicherraum. Das wesentliche Merkmal dieser allerdings nur vereinzelt verwendeten Pumpen ist, daß der Förderhub des Pumpenkolbens zeitlich nicht mit der Einspritzzeit zusammenfällt.

Abb. 77. Schema einer Kraftstoffeinspritzpumpe mit Überströmregelung und Saugbohrung statt Saugventil.

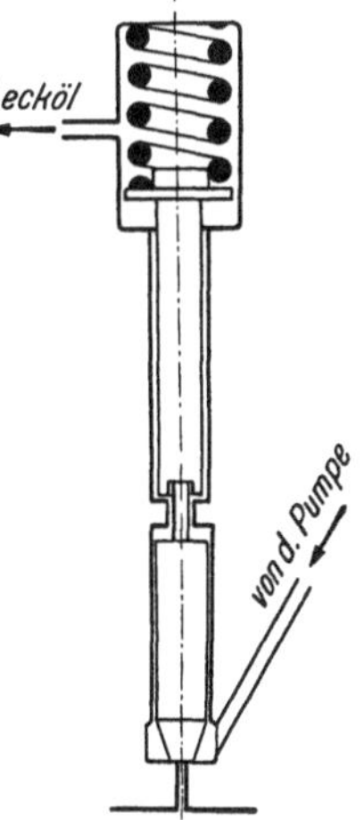

Abb. 78. Schematischer Aufbau einer Einspritzdüse mit Nadelventil („geschlossene Düse").

Als Einspritzdüsen werden heute in weitaus überwiegender Zahl „geschlossene Düsen" verwendet (Abb. 78), bei denen zwischen Einspritzleitung und Düsenbohrung ein federbelastetes Absperrorgan vorgesehen ist. Die „offene Düse", bei der dieses Organ entfällt, wird nur vereinzelt angewendet.

Der Erforschung der physikalischen Grundlagen für die Zusammenarbeit von Pumpe und Düse (Mechanik der Druckeinspritzung) wurde in letzter Zeit viel Beachtung zugewandt und weitgehende Klärung in dieser Hinsicht geschaffen. Der Einblick in die theoretischen Grundlagen ist heute unerläßlich für die Weiterentwicklung des Einspritzsystems und gibt auch ein Mittel zur kritischen Betrachtung der einzelnen Einspritzorgane, weshalb vor deren Besprechung auf diese physikalischen Grundlagen selbst näher eingegangen wird.

II. Bewegungsgleichungen für die veränderliche Strömung in der Einspritzleitung und deren Lösung.

Es bedeuten:

p	Druck an einer betrachteten Stelle der Einspritzleitung [kg/cm²];
c	Geschwindigkeit an dieser Stelle [cm/s];
γ	spezifisches Gewicht des Kraftstoffes [kg/cm³];
g	Erdbeschleunigung [cm/s²];
D	äußerer Leitungsdurchmesser [cm];
d	innerer Leitungsdurchmesser [cm];
$s = {}^1\!/_2\,(D-d)$	Wandstärke der Leitung;
E_1	Elastizitätsmodul des Leitungsbaustoffes [kg/cm²];
E	Elastizitätsmodul des Kraftstoffes [kg/cm²];
t	Zeit [s];
x	Abstand einer betrachteten Leitungsstelle von einem gewählten Anfangspunkt der Leitung [cm].

Die von ALLIÉVI [31] anläßlich der Untersuchung der veränderlichen Bewegung in Wasserleitungen aufgestellten Gleichungen und deren Lösungen können ungeändert auf die Einspritzleitung Anwendung finden [32, 6, 38]. Sie lauten

$$\left.\begin{aligned} \frac{\partial c}{\partial t} &= -\,\frac{g}{\gamma}\,\frac{\partial p}{\partial x}, \\[2mm] \frac{\partial c}{\partial x} &= -\,\frac{g}{\gamma\,a^2}\,\frac{\partial p}{\partial t}, \end{aligned}\right\} \qquad (21)$$

worin

$$a = \sqrt{\dfrac{1}{\dfrac{\gamma}{g}\left(\dfrac{1}{E} + \dfrac{1}{E_1}\dfrac{d}{s}\right)}}$$

ist. Die Gleichungen werden befriedigt durch das Lösungspaar von der Form

$$p = p_0 + \gamma\left[F\left(t - \frac{x}{a}\right) - f\left(t + \frac{x}{a}\right)\right],$$

$$c = c_0 + \frac{g}{a}\left[F\left(t - \frac{x}{a}\right) + f\left(t + \frac{x}{a}\right)\right].$$

Hierin sind p_0 und c_0 Druck und Geschwindigkeit zu Beginn der Bewegung, F und f beliebige Funktionen der Argumente $t - \frac{x}{a}$ und $t + \frac{x}{a}$, welche uns gestatten, die Lösung an bestimmte Randbedingungen anzupassen. Die Form der Argumente sagt aus, daß es sich dabei um Funktionen handelt, deren Amplitudenwerte sich mit der Geschwindigkeit a (Schallgeschwindigkeit) in positiver bzw. negativer Richtung x fortpflanzen.

Es setzt sich somit der Druck und die Geschwindigkeit an einer bestimmten Stelle der Leitung zu jeder Zeit aus der Summe eines konstanten Gliedes und den Funktionswerten zweier in entgegengesetzter Richtung laufender Wellen zusammen.

Wir bezeichnen die in positiver Richtung x laufenden Amplitudenwerte p_v und c_v als „vorlaufend", die entgegengesetzt laufenden p_r und c_r als „rücklaufend" und schreiben

$$\left.\begin{aligned}p &= p_0 + p_v + p_r,\\ c &= c_0 + c_v + c_r,\end{aligned}\right\} \tag{21a}$$

mit

$$\left.\begin{aligned}\gamma F\left(t - \frac{x}{a}\right) &= p_v,\\[4pt] -\gamma f\left(t + \frac{x}{a}\right) &= p_r,\\[4pt] \frac{g}{a}F\left(t - \frac{x}{a}\right) &= c_v,\\[4pt] \frac{g}{a}f\left(t + \frac{x}{a}\right) &= c_r.\end{aligned}\right\} \tag{22}$$

Aus (22) findet sich als Zusammenhang zwischen den gleichlaufenden Amplitudenwerten der Druck- und Geschwindigkeitswellen, wenn für die immer wieder aufscheinende Zahlengruppe $\dfrac{g}{a\,\gamma} = K$ gesetzt wird,

$$p_v = \frac{1}{K}\,c_v \tag{23}$$

und

$$p_r = -\frac{1}{K}\,c_r. \tag{24}$$

Dies in das Lösungspaar (21a) eingeführt, gibt die für die weitere Verwendung zweckmäßigste Lösungsform

$$p = p_0 + \frac{1}{K}\,c_v - \frac{1}{K}\,c_r, \tag{25}$$

$$c = c_0 + c_v + c_r, \tag{26}$$

in der Druck und Geschwindigkeit nur durch die Amplitudenwerte der Geschwindigkeitswellen ausgedrückt ist.

Die Größen c_v und c_r sind zunächst noch willkürliche Funktionen, die erst durch Erfüllung der Randbedingungen an der Pumpe und der Düse zu bestimmen sind. Zu Beginn der Förderung wird an der Pumpe eine zur Düse hin laufende Welle ausgelöst, die, wenn als positive Richtung jene von Pumpe zur Düse festgelegt wird, als vorlaufende Welle c_v zu bezeichnen ist. An der Düse angekommen, wird diese nach bestimmten Gesetzen zurückgeworfen, worauf sie zur Pumpe zurückläuft (rücklaufende Welle c_r). Mit den Geschwindigkeitswellen gehen die analogen Druckwellen. Die Amplitudenwerte der vorlaufenden Welle sind demnach durch Ermittlung der Vorgänge an der Pumpe zu bestimmen, während jene der rücklaufenden Welle aus der Untersuchung der Rückwurfgesetze an der Düse hervorgehen werden.

Die Lösung der Gleichung (21) wurde unter der Annahme durchgeführt, daß die Schallgeschwindigkeit unveränderlich sei. Wenngleich dies auch praktisch nicht zutrifft (vgl. auch Abb. 101), so haben mehrmals angestellte Untersuchungen [38, 39] doch die Zulässigkeit dieser Annahme bestätigt. Festgestellte Veränderlichkeiten der Schallgeschwindigkeit bei ein und demselben Kraftstoff sind vorwiegend durch Veränderung seines Elastizitätsmoduls (vgl. Abb. 102), in geringem Maße nur durch die Änderung des Eigengewichtes infolge der elastischen Volumensverkleinerung zu erklären. Der Einfluß der Leitungsdehnung ist bei dem hohen Elastizitätsmodul des Baustoffes vernachlässigbar klein.

Für die Schallgeschwindigkeit kann in guter Übereinstimmung mit der Praxis für Gasöl

$$a = 1400 \text{ bis } 1500 \text{ m/s}$$

gesetzt werden, wobei der höhere Wert bei Drücken von mehreren 100 at, der kleinere Wert bei etwa 100 at gilt. Mit $\gamma = 0,00085$ ergibt sich für diese Geschwindigkeiten aus der Beziehung für a, wenn die der Leitungsdehnung Rechnung tragenden Glieder vernachlässigt werden, ein Elastizitätsmodul des Kraftstoffes und der Faktor $K = \dfrac{g}{a\,\gamma}$ wie folgt:

$$a = 1400 \text{ m/s}, \quad E = 1,7 \cdot 10^4 \text{ kg/cm}^2, \quad K = 8,25;$$
$$a = 1500 \quad,, \quad , \quad E = 1,93 \cdot 10^4 \quad,, \quad , \quad K = 7,7.$$

Nach Beziehung (23) ergibt eine Förderwelle von 100 cm/s, demnach eine Druckwelle in der Höhe von ~ 12 at bei $a = 1400$ und 13 at bei $a = 1500$ m/s.

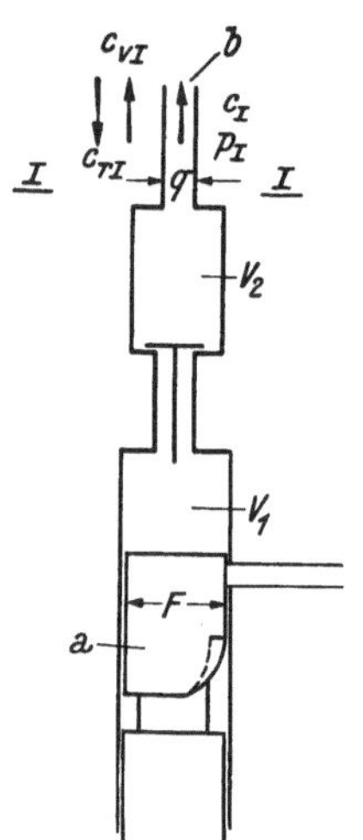

Abb. 79.

III. Vorgänge an der Einspritzpumpe.

Wir beschränken die theoretischen Betrachtungen auf Pumpen mit Überström- und Schrägnockenregelung, welche heute am meisten in Verwendung stehen, und wollen nur zum Schluß dieser Betrachtungen kurz auch auf andere Pumpenarten hinweisen.

Die Wirkungsweise der Überström- und Schrägnockenpumpe ist während der Einspritzdauer grundsätzlich gleich: Ein nach bestimmtem Gesetz bewegter Kolben a (Abb. 79) fördert während einer regelbar veränderlichen Zeit Brennstoff in die Leitung b zur Einspritzdüse hin.

1. Ansatz der Gleichungen für das Fördergesetz der Pumpe.

Es bedeuten:

v	Geschwindigkeit des Pumpenkolbens [cm/s];
c_I	absolute Geschwindigkeit an der Stelle $I-I$ [cm/s];
c_{Iv}	Amplitudenwert der vorlaufenden Geschwindigkeitswelle an der Stelle $I-I$ [cm/s];
c_{Ir}	Amplitudenwert der rücklaufenden Welle an der Stelle $I-I$ [cm/s];
F	Querschnitt des Pumpenkolbens [cm²];
q	lichter Querschnitt der Einspritzleitung [cm²];
V_1	Inhalt des Pumpenraumes bis zum Druckventil [cm³];
V_2	Inhalt des Raumes zwischen Druckventil und Stelle $I-I$ [cm³];
$V_3 = V_2 + V_1$	Gesamtinhalt des Pumpenraumes;
p_I	Druck an der Stelle $I-I$ [kg/cm²].

Während der Förderung gilt für den Gesamtraum V_3 die Bedingung der Kontinuität:

$$-q\,c_I + F\,v - \frac{V_3}{E}\,\frac{dp_I}{dt} = 0.^1 \tag{27}$$

Hierin trägt das erste Glied der abströmenden Ölmenge, das zweite der Kolbenverdrängung und das dritte der Zusammendrückbarkeit des Öles Rechnung. Es wurde angenommen, daß der Druck in der Pumpe gleich dem an der Stelle $I-I$ in der Leitung ist.[2]

---

[1] Hierbei ist statische Deformation des Brennstoffes angenommen. Tatsächlich erfolgt diese in Form von Schwingungen, die jedoch infolge der Kürze des Raumes vom Kolben bis zur Einspritzleitung so hochfrequent sind, daß die Vorgänge sich vom Statischen unwesentlich unterscheiden. Vgl. auch H. TRIEBNIGG [33].

[2] Wie man sich leicht überzeugen kann, ist der Strömungsdruck bei den in den Einspritzleitungen herrschenden Absolutgeschwindigkeiten gegenüber den hohen dynamischen Drücken vernachlässigbar klein (unter 2 at).

Weiter gelten für die Stelle I in entsprechender Form die Beziehungen (25) und (26). Die Anfangsgeschwindigkeit c_0 ist dabei Null zu setzen:

$$p_I = p_0 + \frac{1}{K} c_{Iv} - \frac{1}{K} c_{Ir}, \tag{28}$$

$$c_I = c_{Iv} + c_{Ir}. \tag{29}$$

Zu jeder Zeit sind in den Gleichungen (27) bis (29) v und aus den Bedingungen an der Einspritzdüse, wie später zu zeigen ist, auch c_{Ir} bekannt. Somit ergibt sich für den Amplitudenwert der vorlaufenden Welle nach Eliminieren von c_I und p_I die Gleichung erster Ordnung:

$$c_{Iv} + \frac{V_3}{qKE} \frac{dc_{Iv}}{dt} = \frac{F}{q} v - c_{Ir} + \frac{V_3}{qKE} \frac{dc_{Ir}}{dt}. \tag{30}$$

2. Theoretischer Sonderfall.
Pumpe ohne Raum V_3.

Mit $V_3 = 0$ ist nach (30)

$$c_{Iv} = \frac{F}{q} v - c_{Ir}, \tag{31}$$

d. h. die vorlaufende Welle hat an der Stelle I den Summenwert der auf den Leitungsquerschnitt reduzierten Kolbengeschwindigkeit und der vollständig zurückgeworfenen rücklaufenden Welle $(- c_{Ir})$.

Bei $v = 0$ wird

$$c_{Iv} = - c_{Ir},$$

welches bekanntlich die Rückwurfbedingung an abgeschlossenen Leitungen darstellt.

Für den Pumpendruck gilt:

$$p_I = p_0 + \frac{1}{K} \frac{F}{q} v - \frac{2}{K} c_{Ir}. \tag{32}$$

Hierin ist das erste Glied der statische Anfangsdruck, das zweite entspricht der Kolbenbewegung und das dritte trägt dem Staudruck infolge des Rückwurfes von c_{Ir} Rechnung.

3. Allgemeiner Fall.
Pumpe mit endlichem Pumpenraum.
a) Abschätzung seines Einflusses auf das Fördergesetz der Pumpe.

Das zwischen Pumpenkolben und Einspritzleitung liegende Ölvolumen V_3 ist elastisch und wirkt als Puffer. Diese Pufferwirkung, die bei früheren Rechnungen allgemein vernachlässigt wurde, verzerrt das Fördergesetz gegenüber dem, wie es sich entsprechend dem Kolbenbewegungsgesetz nach Gleichung (31) ergeben würde, nicht unwesentlich.

Um den Einfluß klarer hervorzuheben und die durch die rücklaufende Welle bewirkte Störung aus der Rechnung zu beseitigen, seien folgende Annahmen getroffen:

1. Die Pumpe fördere in eine unendlich lange Leitung, so daß c_{Ir} und $\frac{dc_{Ir}}{dt}$ Null zu setzen ist.

2. V_3 sei konstant. Diese Annahme ist für das Ergebnis unwesentlich, weil die durch die kleine Förderstrecke des Pumpenstempels verursachte Volumensänderung im allgemeinen klein ist gegenüber dem Gesamtraum V_3.

3. Das Gesetz der Kolbenbewegung sei während des Förderhubes durch die lineare Funktion

$$v = n (v_0 + \beta \alpha)$$

gegeben. Hierin bedeutet n die Drehzahl der Pumpe [min⁻¹], $\alpha°$ den Drehweg der Pumpenwelle, v_0 die Kolbengeschwindigkeit zu Beginn der Förderung bei 1 U/min und β die Geschwindigkeitszunahme je Grad Pumpenwellendrehung ebenfalls bei 1 U/min.

Wir wählen als unabhängig Veränderliche α und setzen in (30)

$$t = \frac{\alpha}{6\,n}.$$

Damit wird unter Verwendung obenstehender Annahmen Gleichung (30) zu

$$c_{Iv} + \frac{6\,n\,V_3}{q\,K\,E}\,\frac{dc_{Iv}}{d\alpha} = \frac{F}{q}\,n\,(v_0 + \beta\,\alpha). \tag{33}$$

Nach Erfüllung der Anfangsbedingung

$$\alpha = 0, \quad c_{Iv} = 0$$

lautet die Lösung

$$c_{Iv} = \frac{F\,n}{q}\left[\left(v_0 - \frac{6\,n\,V_3\,\beta}{K\,E\,q}\right)\left(1 - e^{-\frac{q\,K\,E}{6\,n\,V_3}\alpha}\right) + \beta\,\alpha\right]. \tag{34}$$

Dieses Gesetz gibt den Verlauf der Amplitudenwerte über die Winkelstellungen α der Nockenwelle. In der Pumpe mit Überströmregelung wird im Augenblick des Förderschlusses der Pumpenraum V_1 entlastet. In demselben Augenblick schließt das Druckventil zwischen Raum V_1 und V_2. Im weiteren Ablauf der Vorgänge findet dann eine Entspannung des Raumes V_2 statt. Den Verlauf der Amplitudenwerte c_{Iv} während dieses Nachförderns erhält man, wenn man in Gleichung (33) die rechte Seite Null setzt und statt V_3 den Wert V_2 einführt:

$$c_{Iv} + \frac{6\,n\,V_2}{q\,K\,E}\,\frac{d\,c_{Iv}}{d\,\alpha} = 0.$$

Lösung:

$$c_{Iv} = C_1\,e^{-\frac{q\,K\,E}{6\,n\,V_2}\alpha}. \tag{35}$$

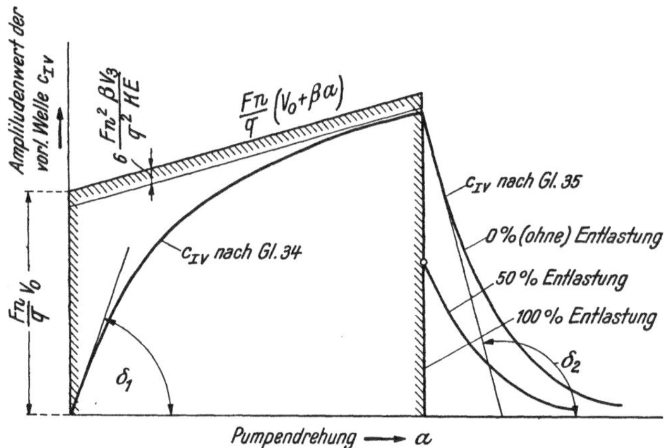

Abb. 80. Grundsätzlicher Verlauf der Fördergeschwindigkeit einer Pumpe mit Überströmregelung bei unendlich langer Leitung und trapezförmigem Verdrängergesetz des Kolbens.

Diskussion der Gleichungen (34) und (35): Für ein beispielsweise trapezförmig angenommenes Gesetz der Plungerbewegung (Boschpumpe) ergibt sich ein grundsätzlicher Verlauf der Fördergeschwindigkeit c_{Iv} wie in Abb. 80 dargestellt. Die schraffiert umrandete Fläche zeigt die Form der Förderwelle bei unendlich kleinem Pumpenraum. Sie ergibt sich, wenn in (34) $V_3 = 0$ gesetzt wird oder, was auf dasselbe hinausläuft, durch Reduzieren der Kolbengeschwindigkeit auf den Querschnitt der Einspritzleitung. Bei endlichem Pumpenraum erscheint die tatsächliche Förderwelle gegen diese in der eingezeichneten Form verzerrt. Der plötzliche Geschwindigkeitssprung bei Förderbeginn ist durch eine nach einer Exponentialfunktion ansteigenden Funktion ausgeglichen, die sich asymptotisch einer Geraden im Abstand $6\,\dfrac{F\,n^2}{q^2}\,\dfrac{V_3\,\beta}{K\,E}$ unter der schraffierten Welle nähert, und somit letztere nie erreicht.

Nach Förderschluß der Pumpe schließt das Druckventil. Dieser Schluß erfolgt unter dem Einfluß der Ventilfeder einerseits und des Leitungsdruckes anderseits sehr plötzlich. Beim Niedergang wird der Raum V_2 um ein dem vom Druckventil freigegebenen Raum entsprechendes Maß entlastet. Es gilt dann nach Gleichung (35) der rechts vom Förderende gezeichnete Kurvenast. Die Kurve 0% gilt, wenn keine Entlastung stattfindet (Hub des Druckventils unendlich klein). Dabei ist C_1 in Gleichung (35) so zu wählen, daß für das Förderende die Funktionswerte nach Gleichungen (34) und (35) gleich groß sind. Bei 50% Entlastung durch das Druckventil sinkt praktisch sprunghaft der Druck im Raume V_2 auf die Hälfte und nach Gleichung (23) auch der Amplitudenwert der vorlaufenden Welle. C_1 ergibt sich dann aus der Beziehung c_{Iv} (nach Gl. 34) $= 2\,c_{Iv}$ (nach Gl. 35). Bei 100% Entlastung wird der Druck Null und es tritt dann auch kein Nachfördern aus dem Raume V_2 ein.

Für die Pumpe mit Schrägnockenregelung gibt sich ein Verlauf der vorlaufenden Welle, wie er in Abb. 81 dargestellt ist. Die Kolbengeschwindigkeit steigt (schematisch dargestellt) vom Werte Null auf einen Höchstwert und fällt dann wieder auf Null ab. Die tatsächliche Fördergeschwindigkeit c_{Iv} steigt hier tangential zur Abszisse an und nähert sich wieder asymptotisch einer Geraden, die um denselben Betrag wie früher unter der auf den Leitungsquerschnitt reduzierten Kolbengeschwindigkeit liegt. Im Punkte der höchsten Stempelgeschwindigkeit macht der Verlauf der Fördergeschwindigkeit einen Knick und nähert sich der zum abfallenden Geschwindigkeitsast gehörenden Asymptote, die aber — weil β_1 negativ ist — über der reduzierten Kolbengeschwindigkeit liegt. Nach Förderschluß (Stillstand des Kolbens) setzt dann ohne Geschwindigkeitssprung (keine Entlastung) das Nachfördern aus dem Gesamtraum V_3 ein.

Allgemein kann nach Gleichungen (34) und (35) ausgesagt werden, daß die Verzerrung des tatsächlichen Förderverlaufes der Pumpe gegenüber dem Verdrängergesetz des Kolbens

$$c_{Iv} = \frac{F\,n}{q}\,(v_0 + \beta\,\alpha)$$

um so stärker ist, je größer der Faktor $\dfrac{6\,n\,V_3\,\beta}{K\,E\,q}$ und je kleiner der Exponent $\dfrac{q\,K\,E}{6\,n\,V_3}$ ist,

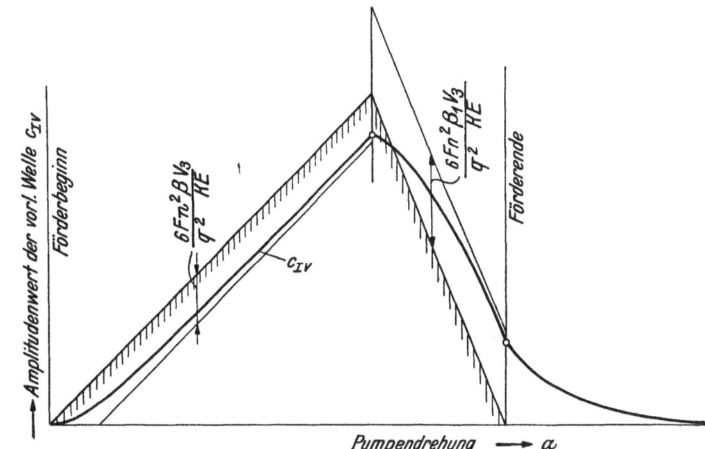

Abb. 81. Grundsätzlicher Verlauf der Förderungsgeschwindigkeit einer Schrägnockenpumpe bei unendlich langer Leitung.

d. h. je größer das Verhältnis $\dfrac{V_3}{q}$, der Absolutwert β und die Drehzahl n sind. Plötzliche Geschwindigkeitssprünge werden durch die Pufferwirkung ausgeglichen. Die Größenordnung des Einflusses der Pufferwirkung geht am besten aus einem Zahlenbeispiel hervor.

Zahlenbeispiel:

Die maßgebenden Größen seien:

$F = 0,385$ cm² (Kolbendurchmesser 7 mm);

$V_3 = V_1 + V_2 = 2$ cm³;

$q = 3,14 \cdot 10^{-2}$ cm² (lichter Durchmesser 2 mm);

$E = 2 \cdot 10^4$ kg/cm²;

$\gamma = 0,00085$ kg/cm³;

$K = 7,7$ cm³/kgs.

Für die Kolbengeschwindigkeit gelte das eine Mal unter der Annahme einer saugventillosen Pumpe mit Überströmregelung (BOSCH)

$$v\ \text{cm/s} = n\,(0{,}1 + 0{,}00333\,\alpha),$$

das andere Mal handle es sich um eine Saugventil-Überströmpumpe mit dem Gesetz

$$v\ \text{cm/s} = 0{,}01\,\alpha\,n.$$

Die Verhältnisse werden übersichtlicher, wenn wir einen neuen Begriff, den der wirksamen Kolbengeschwindigkeit einführen. Wir verstehen darunter jene Kolbengeschwindigkeit, welche eine Pumpe mit gleichen Abmessungen, jedoch bei unendlich kleinem Pumpenraum (oder bei starrer Flüssigkeit) bei der Drehzahl 1 haben müßte, damit sie dasselbe Fördergesetz gäbe wie die betrachtete Pumpe. Also

$$v_w = \frac{c_{Iv} \cdot q}{F \cdot n}$$

und nach Gleichung (34)

$$v_w = \left(v_0 - \frac{6\,n\,V_3\,\beta}{K\,E\,q}\right)\left(1 - e^{-\frac{q\,K\,E}{6\,n\,V_3}\,\alpha}\right) + \beta\,\alpha.$$

Diese Gleichung ist in Abb. 82 für Drehzahlen $n = 500, 1000, 1500, 2000\,\mathrm{min^{-1}}$ unter Zugrundelegung obiger Zahlenwerte ausgewertet.

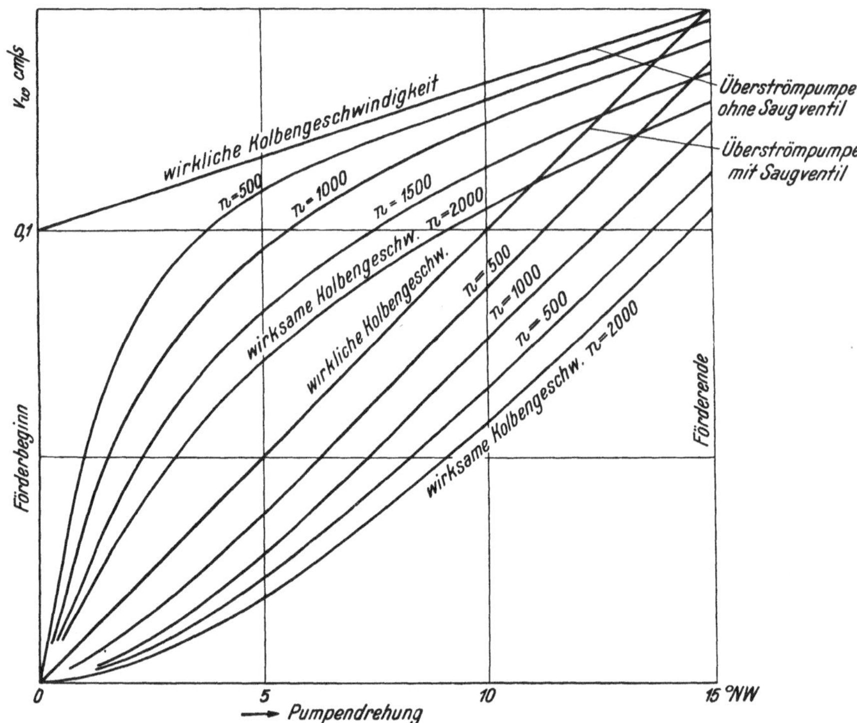

Abb. 82. Wirksame Fördergeschwindigkeit zweier Überströmpumpen ohne und mit Saugventil.

Die Abweichung der wirksamen Kolbengeschwindigkeit von der tatsächlichen ist ganz erheblich. Selbst bei der niedrigen Drehzahl von 500 ist ihre Vernachlässigung bei anzustellenden Rechnungen unzulässig.

Bei hohen Drehzahlen nähert sich die wirksame Geschwindigkeit der saugventillosen Pumpe schon mehr der Dreiecksform. Auffallend ist die besonders starke Verschleppung bei der Saugventilpumpe, die sich infolge der stärkeren Geschwindigkeitszunahme ergibt. Arbeitet die Pumpe mit 100%iger Entlastung, wie dies in der Abbildung dargestellt ist, so ist weiter zu ersehen, daß die Fördermengen als Integralflächen unter der Geschwindigkeit v_w mit wachsenden Drehzahlen abnehmen. Diese Erscheinung, die — wie später (VI, 1, d) noch erörtert wird — vielfach erwünscht wäre, wird jedoch praktisch durch andere Einflüsse im allgemeinen nicht nur weitgehend aufgewogen, sondern sogar ins Gegenteil gekehrt.

b) Der Einfluß der rücklaufenden Welle auf die Förderwelle (vorlaufende Welle).

Die bisherige Diskussion der Gleichung (30) geschah unter der Annahme, daß die Leitung unendlich lang sei und keine Störung der Förderwelle durch die rücklaufende Welle eintrete. Eine Lösung der allgemeinen Gleichung (30), die wir später auch nach

graphischen Verfahren für nicht mehr lineare Kolbengeschwindigkeitsgesetze ermitteln
wollen, ist nur in punktweiser Näherung möglich:

Ist zu einer Zeit t der Amplitudenwert der Förderwelle c_{Iv} bekannt, so suchen wir
den Funktionswert nach einer Zeit Δt. In diesem Intervall ersetzen wir die Funktion c_{Iv}
durch die Sehne (Abb. 83) und setzen

$$c_{Iv} = \frac{c_{v2} + c_{v1}}{2},$$

$$\frac{dc_{Iv}}{dt} = \frac{c_{v2} - c_{v1}}{\Delta t}.$$

Damit ergibt sich aus Gleichung (30) der gesuchte Wert

$$c_{v2} = c_{v1}\frac{A}{B} + \frac{1}{B}\frac{F}{q}v - \frac{1}{B}c_{Ir} + \frac{1}{B}\frac{V_3}{qKE}\frac{dc_{Ir}}{dt} \tag{36}$$

mit

$$A = \frac{V_3}{qKE\Delta t} - \frac{1}{2}, \quad B = \frac{V_3}{qKE\Delta t} + \frac{1}{2}. \tag{36a}$$

Dem Einfluß der von der Düse zur Pumpe rücklaufenden Welle ist in Gleichung (36)
durch die letzten zwei Glieder Rechnung getragen. B ist positiv. Demnach wirkt eine
positive rücklaufende Welle auf eine Verminderung der vor-
laufenden Welle hin (saugend). Ein negatives c_r erhöht die Förderwelle. Umgekehrt verhält es sich mit der zeitlichen Änderung
der rücklaufenden Welle. In Kombination beider können 4 Fälle
unterschieden werden:

1. Ist der Funktionswert c_{Ir} und seine zeitliche Änderung
positiv, so heben sich die Einflüsse zum Teil auf.

2. Bei positivem c_{Ir} und negativer zeitlicher Änderung ergibt sich stets eine Abschwächung der Förderwelle.

3. Eine negative rücklaufende Welle mit positiver zeitlicher
Änderung erhöht die Förderwelle.

4. Bei negativer Welle mit negativer zeitlicher Änderung
heben sich die Einflüsse wie unter Ziffer 1 zum Teil auf.

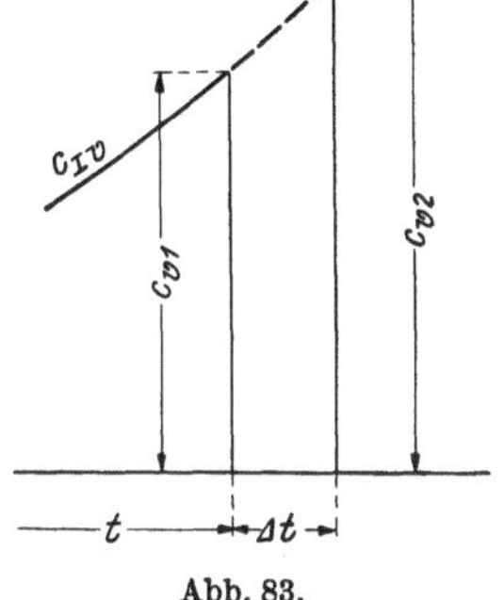

Abb. 83.

Wir haben demnach bei Beurteilung des Einflusses der rücklaufenden Welle auf die
Förderwelle nicht nur auf den Amplitudenwert selbst, sondern auch auf dessen zeitliche
Änderung zu achten. Nur bei unendlich kleinem Pumpenraum ist die letztere ohne
Rückwirkung.

c) Graphisches Lösungsschema der Gleichung (30).

Für den allgemeinen Fall, bei dem das Gesetz der Kolbenbewegung nicht durch
einfache analytische Ausdrücke gegeben ist und der Verlauf der Amplitudenwerte c_{Ir}
meist nur punktweise ermittelbar ist, bedient man sich zweckmäßig der graphischen
Auswertung von Gleichung (36).

Die Summenbildung für die rechte Gleichungsseite erfolgt rasch nach einem Schema
nach Abb. 84.

Über die Zeit oder den Brennstoffnockenweg in Graden ist die bekannte Kolbengeschwindigkeit aufgetragen. Unterhalb tragen wir über dieselbe Abszisse die punktweise durch das Rückwurfgesetz an der Düse gegebene rücklaufende Welle auf. Die
Nullinie für die gesuchte vorlaufende Welle wird — wie weiter unten begründet — zweckmäßig im Abstand Kp_0 über der Nullinie von c_r verlegt. Außerdem zeichnen wir die
Hilfsgeraden g_1 bis g_5 derart, daß maßstabrichtig

$$\text{tg }\alpha = \frac{A}{B}, \quad \text{tg }\beta = \frac{1}{B}\frac{E}{q}, \quad \text{tg }\gamma = -\frac{1}{B} \text{ und } b_1 = \frac{1}{B}\frac{V_3}{qKE} \tag{36b}$$

wird. c_{v2} als Summe wird nun so ermittelt, daß man c_{v1}, v und c_{Ir}, wie eingezeichnet
aufträgt, zur Tangente T eine Parallele in das Geradenpaar g_4 und g_5 zeichnet und

die Vertikalabschnitte a—d algebraisch addiert. Für die Wahl der Größe von Δt gelten bestimmte Gesichtspunkte, die später (vgl. S. 67) noch genauer besprochen werden.

Abweichungen im Lösungsgang: Die Gleichung (28), welche bei der Herleitung der Gleichung (36) verwendet wurde, gilt nur solange, als der Pumpendruck p_I positiv ist.

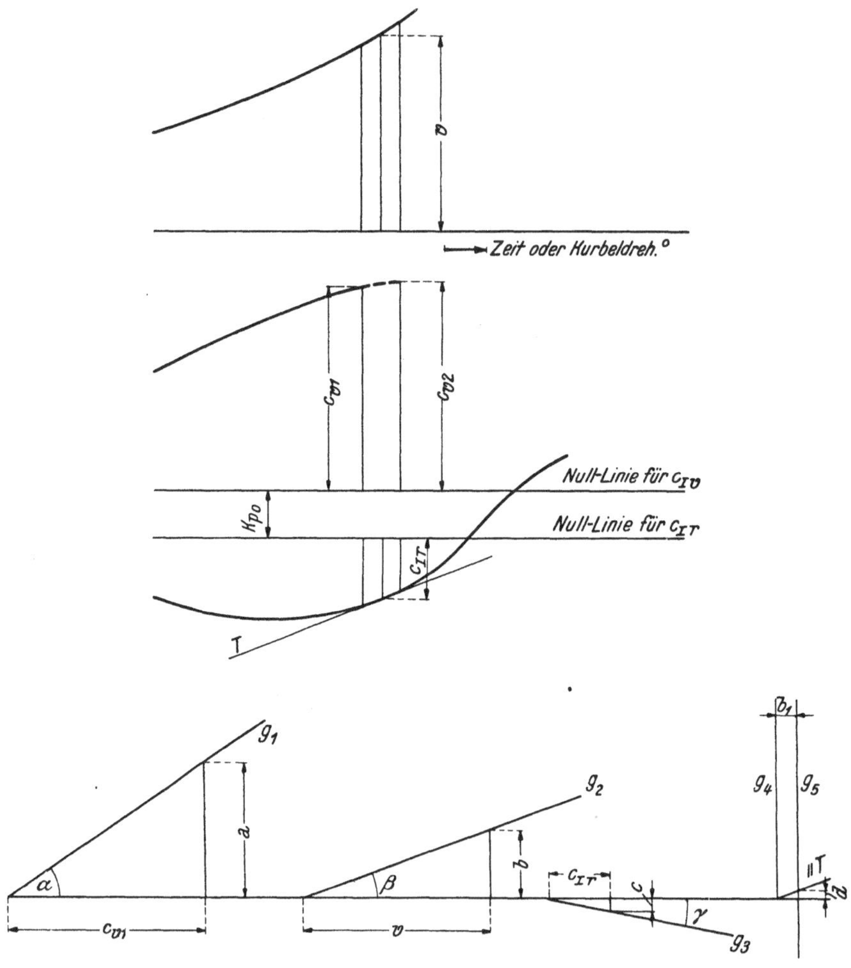

Abb. 84. Graphisches Lösungsschema für die Pumpengleichung.

Es tritt der Fall häufig ein, daß p_I Null wird. Ein weiteres Absinken unter Null ist nicht möglich, so daß von diesem Zeitpunkt an mit der Bedingung $p_I = 0$ zu rechnen ist. Nach (28) ist dann

$$c_{Iv} = -K\,p_0 + c_{Ir}. \tag{37}$$

Wenn im Rechnungsschema nach Abb. 84 die Nullinie von c_r im Abstand $K\,p_0$ unter derjenigen von c_v verlegt wurde, so zeigt sich der Eintritt dieses Zustandes durch ein Schneiden der c_v- und c_r-Linien von selbst an, so daß sich weitere Kontrollrechnungen erübrigen. Ein Bestreben der Geschwindigkeiten, den Druck weiterhin zu erniedrigen, muß sich in der Bildung von Hohlräumen äußern, die Gleichung (27) ist dann nicht mehr gültig, sondern durch die Bedingung $p_I = 0$ zu ersetzen. Damit erledigt sich aber die weitere Arbeit zur Ermittlung der c_v-Werte, weil nach Gleichung (37) bei der gewählten Anordnung der Nullinien diese durch die c_r-Kurve selbst gegeben sind, wenn letztere auf die Nullinie von c_v bezogen wird.

Der Zustand $p_I = 0$ währt so lange, bis das Vakuum im Pumpenraum wieder aufgefüllt und ein Druckanstieg möglich ist. Also bis vom Beginn des Zustandes an gerechnet

$$\int (c_I q - F v)\, dt = 0$$

wird. Es ist

$$c_I = c_{Iv} + c_{Ir} = c_{Ir} - K p_0 + c_{Ir} = 2 c_{Ir} - K p_0$$

und

$$\int (c_I q - F v)\, dt = - K q p_0 t + 2 q \int c_{Ir}\, dt - \int F v\, dt = 0$$

oder

$$\int c_{Ir}\, dt = \frac{K}{2} p_0 t + \frac{1}{2} \int \frac{F v}{q}\, dt. \tag{38}$$

Auch dieser Betriebspunkt läßt sich graphisch finden, Abb. 85. Man zeichnet eine dritte Nullinie in der Mitte zwischen denen für die vor- und rücklaufenden Wellen und sucht die Zeit, zu der die schraffierten positiven und negativen Flächen einen positiven Überschuß von der Größe $\dfrac{1}{2q} \int F v\, dt$ ergeben. Letztes Integral stellt das vom Kolben während des Zustandes $p_I = 0$ verdrängte Volumen dar. In der Regel wird p_I erst nach Förderschluß Null. Hierfür ist Bedingung (38) dann erfüllt, wenn sich die positiven und negativen Flächen aufheben.

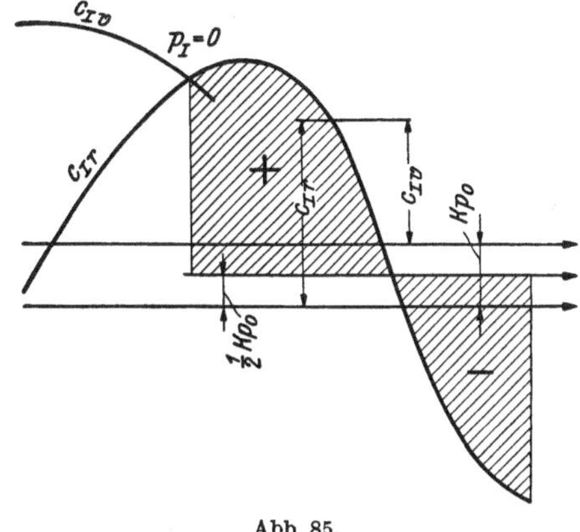

Abb. 85.

Bei Verwendung eines Entlastungsventils tritt nach Förderschluß dieser Zustand $p_I = 0$ fast immer auf. Abb. 86 zeigt das Senkventil der Firma Bosch. Im Augenblick des Überströmens der Pumpe sinkt anfänglich unter dem Einfluß des Leitungsdruckes und einer kräftigen Feder das Ventil um die Höhe h des Rückholkolbens ab. Der Schluß erfolgt, wie genauere Untersuchungen des Bearbeiters zeigten, plötzlich (innerhalb eines Grades der Pumpendrehung). Es entsteht also ein Hohlraum V_r, der gleich ist dem vom Senkventil freigegebenen Volumen $F_v h$, vermindert um das infolge des Druckes im Ventilraum V_2 aufgespeicherte elastische Volumen $\varDelta V = \dfrac{p_I V_2}{E}$, worin der Druck p_I bei Förderschluß nach Gleichung (28) zu rechnen ist.

In diesem Sonderfall der Entlastung ergibt sich für den Abschluß des Zustandes $p_I = 0$ ähnlich wie Gleichung (38) die Beziehung

$$\int c_{Ir}\, dt = \frac{K}{2} p_0 t - \frac{1}{2 q} V_r.$$

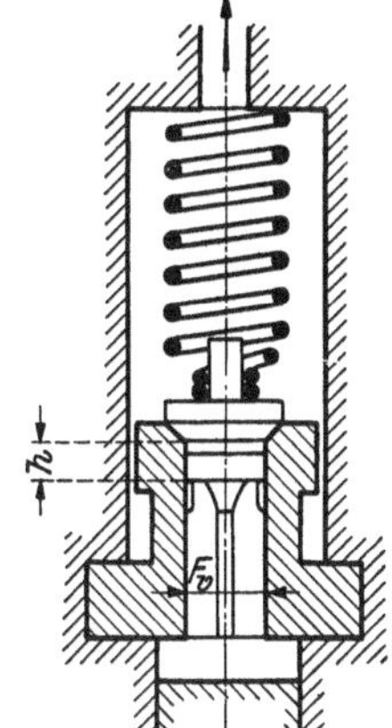

Abb. 86. Senkventil der Firma Bosch (schematisch).

Diese Bedingung ist erfüllt, wenn dabei die schraffierten Flächen in Abb. 85 einen negativen Überschuß von der Größe $- \dfrac{V_r}{2 q}$ ergeben.

Damit sind die wichtigsten Gesichtspunkte für die Untersuchung von Pumpen mit Überström- und Schrägnockenregelung aufgezeigt. Ähnliche Verfahren lassen sich auch für die seltener verwendeten Pumpen mit Nadelregelung (Deckel) [38] und für Speicherpumpen (z. B. Scintilla) angeben. Bei der Pumpe mit Nadelregelung wäre die Pumpengleichung (27) noch um ein Glied, welches der durch Regeldrossel abgebenden Menge Rechnung trägt, zu erweitern. Bei der Speicherpumpe ergeben sich etwas andere Gleichungsgruppen für den schwingungsfähigen Speicherkolben zu den auch hierbei geltenden Beziehungen (28) und (29). Die Verhältnisse am Speicherkolben sind im übrigen ähnlich wie an der schwingungsfähigen Nadel der geschlossenen Düse, die später noch genauer behandelt werden.

Es würde diesen Abschnitt allzusehr erweitern, wenn auch darauf näher eingegangen würde. Untersuchungen über diese Pumpenarten finden sich unter [38] und [39].

IV. Die Vorgänge an der Einspritzdüse.

Die von der Pumpe zur Düse laufende Druck- und Geschwindigkeitswelle löst an der Düse den Einspritzvorgang aus. Die Gesetze, nach denen dies erfolgt und die das Einspritzgesetz entscheidend beeinflussen, sind für die offene und geschlossene Düse verschieden und daher auch getrennt zu behandeln.

1. Die offene Düse.

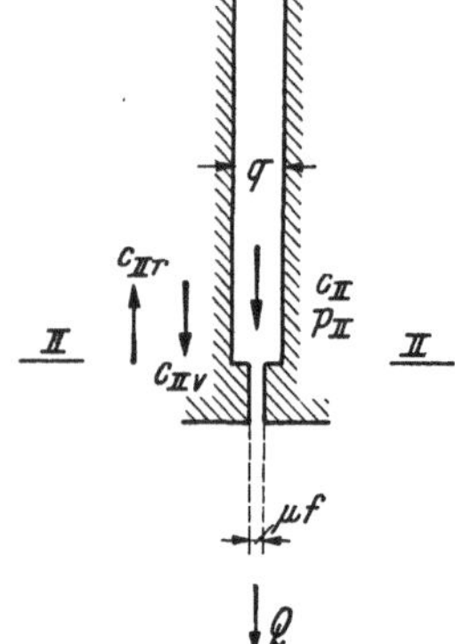

Abb. 87. Offene Düse (schematisch).

Sie bildet den Abschluß der Brennstoffleitung durch eine oder mehrere feine Bohrungen, ohne daß dabei irgendein Abschlußorgan in Verwendung steht (Abb. 87). Es gelten demnach hierbei die Rückwurfgesetze an Blenden und Düsen:

Es bedeuten:

f Querschnitt der Düsenbohrungen [cm²];

μ Ausflußzahl der Düse;

c_{II} absolute Geschwindigkeit in der Leitung an der Stelle *II—II* [cm/s];

c_{IIv} Amplitudenwert der von der Pumpe ankommenden Geschwindigkeitswelle an der Stelle *II—II* [cm/s];

c_{IIr} Amplitudenwert der rücklaufenden Welle (von Düse zur Pumpe laufend) an der Stelle *II—II* [cm/s];

p_{II} Druck vor der Düse an der Stelle *II—II* [kg/cm²];

p_z Druck nach der Düse (Zylinderdruck) [kg/cm²];

Q sekundlich aus der Düse ausströmendes Brennstoffvolumen [cm³/s].

Für die Einspritzleitung gelten an der Stelle *II—II* die Gleichungen (27) und (28)

$$p_{II} = p_0 + \frac{1}{K} c_{IIv} - \frac{1}{K} c_{IIr}, \tag{39}$$

$$c_{II} = c_{IIv} + c_{IIr}. \tag{40}$$

Die sekundlich austretende Brennstoffmenge ist einerseits

$$Q = c_{II}\, q, \tag{41}$$

anderseits

$$Q^2 = (\mu f)^2 \left\{ \left[\frac{2g}{\gamma} (p_{II} - p_z) \right] + c_{II}^2 \right\}. \tag{42}$$

Setzt man den Anfangsdruck in der Leitung $p_0 = p_z$, so finden wir aus obigen 4 Gleichungen das Rückwurfgesetz

$$c_{IIr}^2 + c_{IIr} \left(2\, c_{IIv} + \frac{1}{\zeta^2 - 1} \frac{2g}{\gamma K} \right) = \frac{1}{\zeta^2 - 1} \cdot \frac{2g}{\gamma K} c_{IIv} - c_{IIv}^2, [1] \tag{43}$$

worin ζ das Verhältnis des Leitungsquerschnittes zum wirksamen Düsenquerschnitt bedeutet:

$$\zeta = \frac{q}{\mu f}.$$

Dieses Gesetz mit ζ als Parameter kennzeichnet eine Schar von Parabeln mit der negativen Winkelhalbierenden als gemeinsame Achse und der positiven Winkelhalbie-

---

[1] Ein analoges Gesetz wurde vom Bearbeiter für Druckwellen in Gassäulen aufgestellt. Vgl. A. Pischinger: Bewegungsvorgänge in Gassäulen. Forschg. 6. Bd., H. 5, 1935.

renden als gemeinsame Scheiteltangente (Abb. 88). Betrachten wir einen Wert c_{IIv}, so ist ersichtlich, daß die rücklaufende Welle — je nach dem Verhältnis ζ — jeden Wert im Intervall $(-c_{IIv} < c_{IIr} < c_{IIv})$ annehmen kann.

Für die *offene Einspritzleitung* ist $\zeta = 1$ und $c_{IIr} = c_{IIv}$.

Die Parabel artet in die Scheiteltangente aus. Nach (40) ist dann $c_{II} = 2\,c_{IIv}$ und nach (41)

$$Q = 2\,c_{IIv}\,q,$$

d. h. aus der Brennstoffleitung fließt die doppelte Menge, als sie der Kolbenverdrängung in der Pumpe entspricht. Physikalisch ergibt sich dies aus der vollständigen Umsetzung der mit der Geschwindigkeitswelle laufenden Druckwelle; denn nach (39) ist $p_{II} = p_0$. Es findet also vollständig positiver Rückwurf der Geschwindigkeitswelle und damit verbunden vollständig negativer Rückwurf der Druckwelle statt.

Für die *verschlossene Einspritzleitung* ist $\zeta = \infty$ und $c_{IIr} = -c_{IIv}$.

Die Parabel artet dann in ihre Achse aus. Es ist $c_{II} = 0$, $Q = 0$ und nach (39) $p_{II} = p_0 + \dfrac{2}{K}\,c_{IIv}$. Hierbei wird also die Geschwindigkeitswelle vollständig negativ und die Druckwelle vollständig positiv zurückgeworfen.

Zwischen diesen beiden Fällen gibt es einen ausgezeichneten, in dem *kein Rückwurf* stattfindet. Mit $c_r = 0$ ist aus (43) für ein bestimmtes c_{IIv}

$$\zeta = \sqrt{1 + \frac{2\,g}{\gamma\,K\,c_{IIv}}} = \sqrt{1 + \frac{2\,a}{c_{IIv}}} \quad (44)$$

oder für ein gegebenes ζ

$$c_{IIv} = \frac{2\,g}{K\,\gamma}\,\frac{1}{\zeta^2 - 1} = \frac{2\,a}{\zeta^2 - 1}. \quad (45)$$

Diese Betriebszustände sind die Schnittpunkte der Parabelschar mit der Abszissenachse. Die Beziehungen (44) und (45) sind durch das Schaubild Abb. 89 dargestellt. Wie für Abb. 88 ist hierbei eine Schallgeschwindigkeit von $a = $

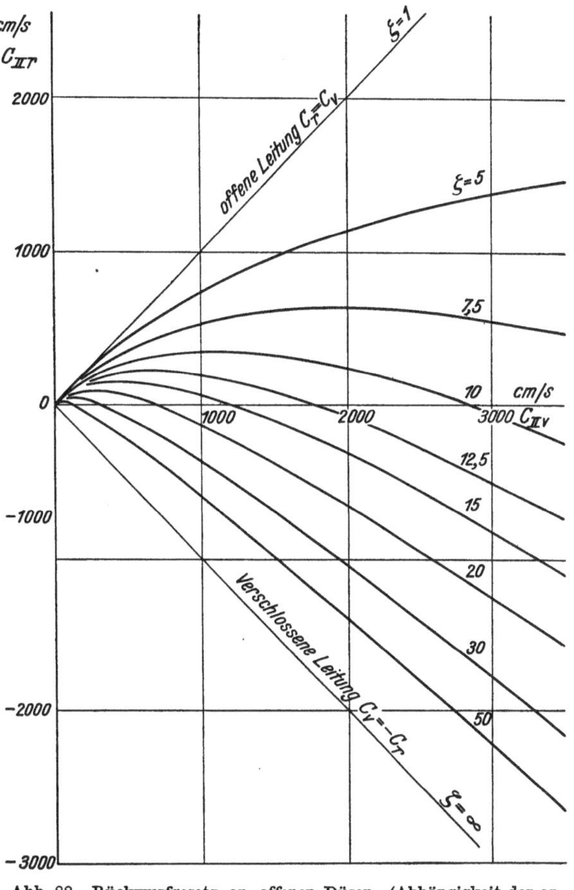

Abb. 88. Rückwurfgesetz an offenen Düsen. (Abhängigkeit der an der offenen Düse ausgelösten rücklaufenden Welle C_{IIr} von dem Amplitudenwert der vorlaufenden C_{IIv}.)

$= 1400$ m/s zugrunde gelegt. Die Kurve gibt die Abhängigkeit von ζ und c_{IIv} für $c_{IIr} = 0$. Oberhalb der Kurve liegt das Gebiet des teilweise negativen Rückwurfes. Unterhalb von ihr bis zur Asymptote $\zeta = 1$ ist das Gebiet des teilweise positiven Rückwurfes der Geschwindigkeitswelle.

Der rückwurflose Fall ist für die Praxis der wichtigste. Es ist dabei $c_{II} = c_{IIv}$ und

$$Q = c_{IIv}\,q,$$

d. h. aus der Düse strömt soviel wie von der Pumpe gefördert wird. Der Druck vor der Düse ist

$$p_{II} = p_0 + \frac{1}{K}\,c_{IIv},$$

also gleich dem Anfangsdruck p_0, vermehrt um den Amplitudenwert der vorlaufenden Druckwelle.

Im rückwurflosen Idealzustand üben die Bewegungsvorgänge in der Brennstoffleitung keinerlei Störung auf den Einspritzvorgang aus. Die Verhältnisse liegen so, als wäre die Düse ohne lange Leitung unmittelbar an der Pumpe angebaut, denn dann besteht ebenfalls Kontinuität zwischen Pumpenförderung und ausfließender Menge. In diesem Sinne könnte man auch von einem statischen Zustand sprechen.

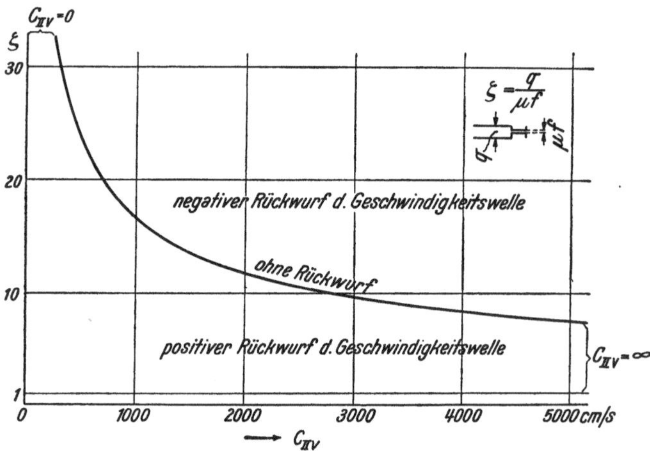

Abb. 89. Zusammenhang zwischen $\zeta = \dfrac{\mu f}{q}$ und dem Amplitudenwert der vorlaufenden Welle bei rückwurflosem Ausfluß aus der offenen Düse.

Abschließend nach der allgemein gehaltenen Besprechung der Vorgänge an der offenen Düse kann noch festgehalten werden, daß bei der offenen Düse der Zusammenhang zwischen vorlaufender Welle einerseits, Druck, rücklaufender Welle und austretender Menge anderseits durch ein festes Gesetz gegeben ist. Einem bestimmten Wert der vorlaufenden Welle entspricht bei gegeben unveränderten Abmessungen des Einspritzsystems immer nur ein bestimmter Wert der rücklaufenden Welle und damit auch des Druckes und der sekundlich austretenden Menge. Grundsätzlich anders verhält sich im Gegensatz hierzu die geschlossene Düse.

2. Die geschlossene Düse.

Bei der geschlossenen Düse ist knapp vor der Düsenmündung ein Absperrorgan angebracht, dessen Hauptzweck es ist, auch bei niedriger Pumpendrehzahl durch einen Aufstau vor der Düse höhere Einspritzdrücke und damit eine gute Zerstäubung zu erzielen. Wie bei den Maschinen mit Lufteinblasung wurde früher auch bei Maschinen mit Druckzerstäubung vereinzelt dieses Ventil mechanisch gesteuert. Heute ist als Standardform das hydraulisch gesteuerte Ventil in Verwendung, welches von der Einspritzpumpe selbst durch den Brennstoff gesteuert ist. Den grundsätzlichen Aufbau dieses Ventils zeigt Abb. 90. Die Düsennadel N schließt die Bohrung B von der Einspritzleitung dicht ab. Den Dichtungsdruck liefert die Feder F.

Man bezeichnet als Öffnungsdruck des Einspritzventils jenen Druck $p_ö$ im Düsenraum V, bei dem das Ventil anhebt.

Bedeuten

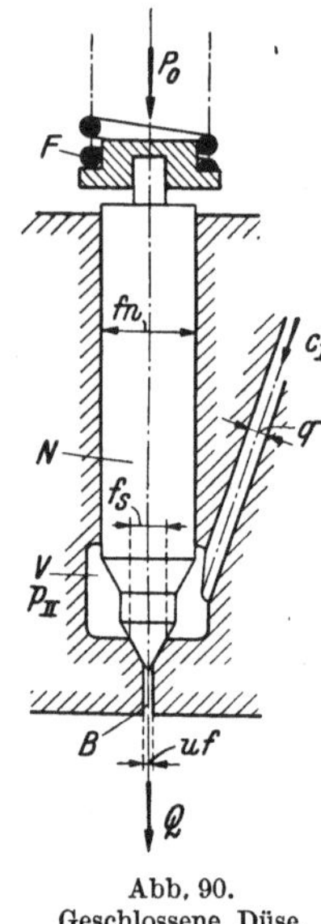

Abb. 90.
Geschlossene Düse.

P_0 die Federspannung im geschlossenen Zustand [kg],
f_n den Nadelführungsquerschnitt [cm²],
f_s die Sitzfläche [cm²],
$f_n - f_s = f_0$ die Angriffsfläche des Öldruckes in geschlossenem Zustand [cm²],

so ist

$$p_ö = \frac{P_0}{f_0}\ [\text{kg/cm}^2]. \qquad (46)$$

Im Augenblick des Anhebens der Nadel tritt Brennstoff unter die Sitzfläche und vergrößert sprunghaft die Hubkraft des Brennstoffes. Das schlagartige Anheben der Ventilnadel („Springen") gibt demzufolge einen exakten Beginn der Einspritzung und gute Zerstäubung auch bei kleinen Einspritzgeschwindigkeiten (vgl. auch [36]).

Als Schließdruck der Nadel bezeichnet man den Druck p_s, der gerade noch imstande ist, ein schon geöffnetes Ventil offen zu halten. Bei Unterschreiten desselben schließt das Ventil. Es ist

$$p_s = \frac{P_0}{z\,f_n},\qquad(47)$$

worin $0 < z < 1$ ein Faktor ist, welcher der Druckabminderung unter der Sitzfläche infolge zunehmender Strömungsgeschwindigkeit Rechnung trägt. Weil die Fläche $z\,f_n$ stets größer ist als die Ringfläche f_0, gilt ganz allgemein, *daß der Schließdruck des Ventils stets kleiner ist als der Öffnungsdruck.*

a) Allgemeines über die Bewegung der Düsennadel.

Der allgemeine Bewegungszustand im Einspritzsystem mit geschlossener Düse gleicht dem eines gekoppelten Systems. Die federgelagerte Nadelmasse einerseits, der Ölinhalt der Brennstoffleitung anderseits, beide schwingungsfähig, stehen unter gegenseitigem Einfluß:

Es bedeuten in den folgenden analytischen Betrachtungen zusätzlich zu den früher schon verwendeten Bezeichnungen:

m die Masse der schwingenden Teile [kg s² cm⁻¹];
k die Federkonstante [kg cm⁻¹];
y den Nadelhub [cm];
ϑ Reibungsziffer der Bewegung [kg cm⁻¹ s];
R konstante Reibung [kg].

An der Nadel halten sich das Gleichgewicht (positive Richtung nach oben):

1. die Trägheitskraft $-m\,\dfrac{d^2 y}{dt^2}$;
2. die Federkraft $-(P_0 + k\,y)$;
3. der Flüssigkeitsdruck $p_{II}\,f_n\,z$;
4. die der Geschwindigkeit proportionale Dämpfung $-\vartheta\,\dfrac{dy}{dt}$;
5. die konstante Reibung $\mp R$, welche bei Bewegungsumkehr das Vorzeichen ändert und stets gegen die Geschwindigkeitsrichtung wirkt.

Damit lautet die Bewegungsgleichung für die Düsennadel:

$$m\,\frac{d^2 y}{dt^2} + \vartheta\,\frac{dy}{dt} + k\,y - p_{II}\,f_n\,z + P_0 \pm R = 0.\qquad(48)$$

Für das Ventilende der Einspritzleitung gelten die Beziehungen (25) und (26), aus denen wir nach Eliminieren von c_{IIr} die Beziehung

$$p_{II} = p_0 + \frac{2}{K}\,c_{II\,v} - \frac{1}{K}\,c_{II}\qquad(49)$$

erhalten.

Weiter gilt für den Düsenraum V ähnlich wie nach Beziehung (27) für den Pumpenraum die Kontinuitätsgleichung

$$-Q + c_{II}\,q - \frac{dy}{dt}\,f_n - \frac{V}{E}\,\frac{dp_{II}}{dt} = 0,\qquad(50)$$

worin die beiden ersten Glieder den durch die Düsenbohrung ab- und durch die Einspritzleitung zufließenden Mengen, das dritte Glied der Nadelbewegung und das vierte Glied der Kompressibilität des Brennstoffes Rechnung tragen.

Schließlich muß noch als letzte Bedingung an der Düse das Ausflußgesetz

$$Q = Q\,(p_{II}\,y)\qquad(51)$$

als Zusammenhang zwischen der sekundlich austretenden Brennstoffmenge und dem Druck und Nadelhub erfüllt sein.

Durch diese vier Gleichungen (48) bis (51) sind die Unbekannten Q, p_{II}, c_{II} und y bestimmt, wenn die von der Pumpe zur Düse laufende Geschwindigkeitswelle c_{IIv} als bekannt vorausgesetzt ist.

Für die Lösung der Gleichung, unter denen (51) im allgemeinen eine versuchsmäßig gegebene ist, ist weiter unten ein graphisches Verfahren angegeben. Zur analytischen Diskussion führt O. LUTZ [37], der als erster über das Wesen der Ventilbewegung berichtet, den Ausdruck

$$Q = r\,y \ (r = \text{konst.})$$

ein. Damit folgt aus (48) bis (51) eine lineare Gleichung dritter Ordnung [38]

$$\alpha \frac{d^3 y}{dt^3} + \beta \frac{d^2 y}{dt^2} + \gamma \frac{dy}{dt} + \delta y = \varepsilon. \tag{52}$$

Diese Gleichung gilt allgemein auch dann, wenn die Schwingung im Rohre unberücksichtigt bleibt. Die Untersuchung in dieser Weise führte O. LUTZ durch. Es wurde dabei eine statische Deformation des Ölinhaltes angenommen.

Zum Vergleich seien nachfolgend die Konstanten α bis ε angegeben, und zwar das eine Mal, wie sie LUTZ findet, und das andere Mal, wie sie sich aus den Gleichungen (48) bis (51) ergeben.

Ohne Berücksichtigung der Leitungsschwingungen nach LUTZ:

$$\alpha = m,$$

$$\beta = \vartheta,$$

$$\gamma = k + \frac{f_n^2 E}{V},$$

$$\delta = \frac{f_n\, r\, E}{V},$$

$$\varepsilon = \frac{f_n\, q\, E\, c_{II}}{V}.$$

Mit Berücksichtigung der Leitungsschwingungen:

$$\alpha = m,$$

$$\beta = \vartheta + \frac{m\, K\, q\, E}{V},$$

$$\gamma = k + \frac{f_n^2 E}{V} + \frac{\vartheta\, K\, q\, E}{V},$$

$$\delta = \frac{f_n\, r\, E}{V} + \frac{k\, K\, q\, E}{V},$$

$$\varepsilon = \frac{E\, q\, K}{V}\left(-P_0 - R + f_n\, p_0\right) + \frac{2\, q\, E\, f_n}{V}\, c_{IIv}.$$

z wurde hierin gleich 1 gesetzt. Es ist wesentlich, daß bei Berücksichtigung der Rohrschwingungen die Konstanten und somit sämtliche Schwingungsgrößen auch von der lichten Weite q der Einspritzleitung sowie von dem Koeffizienten $K = \dfrac{g}{a\,\gamma}$ abhängen. Die linksstehenden Ausdrücke ergeben sich als Sonderfall, wenn K gleich 0 gesetzt wird. Dies gilt bei unendlich großer Fortpflanzungsgeschwindigkeit oder, was gleichbedeutend ist, bei Annahme einer statischen Deformation des Ölinhaltes.

Wir betrachten nun die Gleichung (52) unter Zugrundelegung der rechtsstehenden Koeffizienten α bis ε. Zur Vereinfachung sei noch der Düsenraum V gleich Null angenommen. Damit geht die Gleichung nach Multiplizieren mit $V = 0$ und nach einigem Umformen in eine Differentialgleichung von nur zweiter Ordnung über:

$$m\frac{d^2 y}{dt^2} + \left(\frac{f_n^2}{K\,q} + \vartheta\right)\frac{dy}{dt} + \left(\frac{f_n\, r}{K\,q} + k\right)y = -P_0 - R + f_n p_0 + \frac{2 f_n}{K}\, c_{IIv}. \tag{53}$$

Ihre Lösung gibt die bekannten Bilder der gedämpften Schwingung der federnd gelagerten Masse:

Die Eigenschwingung als Lösung der homogenen Gleichung

$$m\frac{d^2 y}{dt^2} + a_0 \frac{dy}{dt} + b_0\, y = 0, \tag{54}$$

worin zur Abkürzung

$$a_0 = \frac{f_n^2}{K\,q} + \vartheta, \quad b_0 = \frac{f_n\, r}{K\,q} + k.$$

gesetzt ist, hat die allgemeine Form

$$y = C_1 e^{\lambda_1 t} + C_2 e^{\lambda_2 t} \tag{55}$$

mit

$$\lambda_{1,2} = -\frac{1}{2m} a_0 \pm \sqrt{\frac{1}{4 m^2} a_0{}^2 - \frac{1}{m} b_0}.$$

Für die drei möglichen Schwingungsfälle gilt bekanntlich:

1. Beide Wurzeln reell; dann ist der Bewegungsvorgang aperiodisch.

2. Beide Wurzeln imaginär; die Bewegung ist eine periodisch gedämpfte Schwingung von der Form

$$y = e^{-dt} (A \sin \omega t + B \cos \omega t)$$

mit

$$\omega = \sqrt{\frac{1}{m} b_0 - \frac{1}{4 m^2} a_0{}^2} \tag{56}$$

und

$$d = \frac{1}{2m} a_0. \tag{57}$$

3. Beide Wurzeln reell und gleich groß; dieser Zustand trennt Fall 1 und 2 und besteht dann, wenn

$$\frac{1}{4 m^2} a_0{}^2 - \frac{1}{m} b_0 = 0$$

ist. Wenn man diese Beziehung nach q auflöst, so findet man für jedes Düsensystem einen positiven Wurzelwert. Daraus folgt, daß Bewegungszustand 1 und 2 tatsächlich möglich sind;[1] und zwar liegt der aperiodische Bewegungszustand vor, wenn der Leitungsquerschnitt q kleiner, und der periodische Bewegungszustand, wenn q größer als dieser Grenzquerschnitt ist.

Allgemein ergibt sich an Hand von Gleichung (54), daß die Schwingungsvorgänge in der Rohrleitung zweierlei Einfluß ausüben.

Einmal erscheinen sie im Dämpfungsglied a_0 und das andere Mal im Federglied b_0. Beide Male steht q im Nenner, d. h. mit zunehmendem Leitungsquerschnitt nimmt die Dämpfung und die resultierende Federkonstante des Systems ab. Die Verhältnisse werden anschaulicher aus Abb. 91, worin der für die Dämpfung maßgebende Faktor d und die Eigenkreisfrequenz ω für ein Beispiel mit den nachfolgenden Daten in ihrer Abhängigkeit vom Leitungsdurchmesser dargestellt sind.

$$m = 2{,}35 \cdot 10^{-5}\ \text{kg s}^2/\text{cm}.$$
$$k = 200\ \text{kg/cm}.$$
$$f_n = 0{,}282\ \text{cm}^2\ (6\varnothing).$$
$$r = 4{,}14 \cdot 10^2\ \text{cm}^2/\text{s}.$$
$$\vartheta = 0.$$
$$\gamma = 0{,}00085\ \text{kg/cm}^3.$$
$$a = 150\,000\ \text{cm/s}.$$

Somit $K = 7{,}7\ \text{cm}^3/\text{s kg}.$

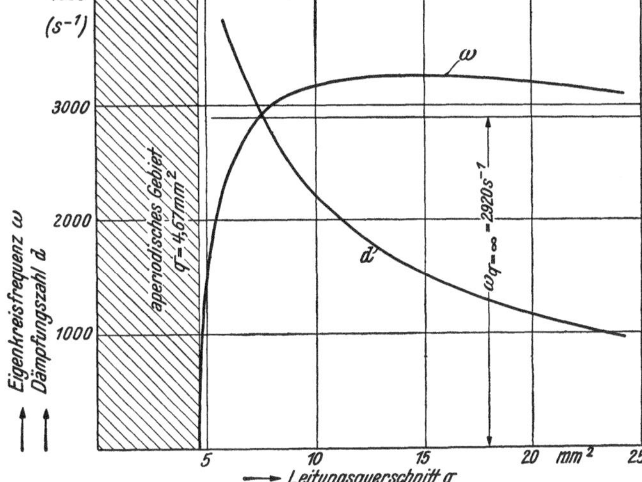

Abb. 91. Eigenkreisfrequenz und Dämpfungsfaktor in Abhängigkeit vom lichten Querschnitt der Einspritzleitung.

ϑ wurde Null gesetzt, d. h. als einzige dämpfende Wirkung der Einfluß der Rohrschwingung angenommen. Diese ist, wie man sieht, insbesondere für kleine Leitungsquerschnitte (einige Quadratmillimeter), wie sie für dieses gewählte System praktisch verwendet werden, ganz erheblich groß.

---

[1] Näheres siehe unter [38].

Es sei noch erwähnt, daß die Dämpfung nicht etwa in einer Energievernichtung besteht, sondern nur in einer Energieableitung in Form von Druck- und Geschwindigkeitswellen, welche durch die Nadelbewegung angeregt werden und von der Düse weglaufen. Bei endlich langer Einspritzleitung kommen diese, nachdem sie an der Pumpe irgendwie zurückgeworfen wurden, nach einem bestimmten Zeitintervall zur Düse zurück und wirken dann als erregende Kraft auf die Düsennadel ein. Diese Vorgänge aber schon jetzt in analytischer Form zu zerlegen, ist praktisch unmöglich. Wir werden später an einem graphischen Lösungsbeispiel von der allgemeinsten Form darauf zurückkommen (vgl. C, VI, 1).

Die allgemeine Lösung der Gleichung (53) setzt sich zusammen aus einer erzwungenen Schwingung, der sich die oben besprochenen Eigenschwingungen überlagern. Wir nehmen den einfachen Fall an, daß die auf der rechten Seite der Gleichung dargestellte Erregerkraft durch eine lineare Beziehung

$$-P_0 - R + f_n p_0 + \frac{2 f_n}{K} c_{IIv} = a_1 + b_1 t \qquad (58)$$

gegeben sei.

Dann läßt sich die erzwungene Schwingung ebenfalls als linearer Ausdruck ansetzen.

$$y_1 = a_2 + b_2 t, \qquad (59)$$

wobei sich die Konstanten a_2 und b_2 durch Koeffizientenvergleichung wie folgt ergeben:

$$a_2 = \frac{1}{b_0}\left(a_1 - \frac{a_0 b_1}{b_0}\right); \quad b_2 = \frac{b_1}{b_0}. \qquad (60)$$

Wie sich die Eigenschwingung über diese erzwungene Schwingung lagert, sei am besten im folgenden wieder an einem Beispiel erläutert.

Das Einspritzsystem habe nachstehende Daten:

m $= 2{,}35 \cdot 10^{-5}$ kg s²/m.
k $= 200$ kg/cm.
f_n $= 0{,}282$ (6 ⌀) cm².
f_s $= 0{,}049$ (2,5 ⌀) cm².
$f_n - f_s = f_0 = 0{,}233$ cm².
P_0 $= 23{,}3$ kg ($p_ö = 100$ at).
r $= 4{,}14 \cdot 10^2$ cm²/s.
K $= 7{,}7$ cm³/s kg.

Die Reibungszahlen R und ϑ seien auch diesmal mit Null in Rechnung gestellt. Der Standdruck p_0 in der Einspritzleitung zwischen zwei Einspritzungen betrage 70 at. (Er ist kleiner als der Schließdruck.)

Weiter nehmen wir eine unendlich lange Einspritzleitung an. Die Rechnung werde für die lichten Durchmesser der Leitung von 4 und 2 mm angestellt.

Für die Förderwelle sei (schematisch) ein vom Werte Null linear ansteigender Verlauf gewählt, der bei 4 mm Leitungsdurchmesser durch

$$c_{IIv} = 22\,500 \, t$$

und bei 2 mm Leitungsdurchmesser im Verhältnis $\left(\frac{4}{2}\right)^2$ höher durch

$$c_{IIv} = 90\,000 \, t$$

gegeben sei.[1]

1. 4 mm Einspritzleitung:
Mit obigen Zahlenwerten wird

$$a_0 = \frac{f_n{}^2}{K q} + \vartheta = 0{,}082; \qquad\qquad b_0 = \frac{f_n r}{K q} + k = 320;$$

$$a_1 = -P_0 - R + f_n p_0 = -3{,}6; \qquad b_1 = \frac{2 f_n}{K} 22\,500 = 1650;$$

$$a_2 = -0{,}01256; \qquad\qquad\qquad b_2 = 5{,}15.$$

<hr>

[1] Die Werte liegen in der Größenordnung von ausgeführten Pumpen mit Saugventil für Fahrzeugmotoren.

Nach den Kriterien für die Art der Eigenbewegung liegt der periodische Schwingungszustand vor. Es wird nach Gleichung (56) und Gleichung (57)

$$\omega = 3225\,\text{s}^{-1} \quad \text{und} \quad d = 1740\,\text{s}^{-1}.$$

Die erzwungene Bewegung

$$y_1 = a_2 + b_2 t = -0{,}01256 + 5{,}15\,t$$

ist in Abb. 39 als Gerade dargestellt. Für die Eigenschwingung ist der Zeitpunkt des Nadelöffnens maßgebend:

Solange das Ventil geschlossen bleibt, ist $c_{II} = 0$ und somit nach den Gleichungen (25) und (26)

$$p_{II} = p_0 + \frac{2}{K}\,c_{II}v. \tag{61}$$

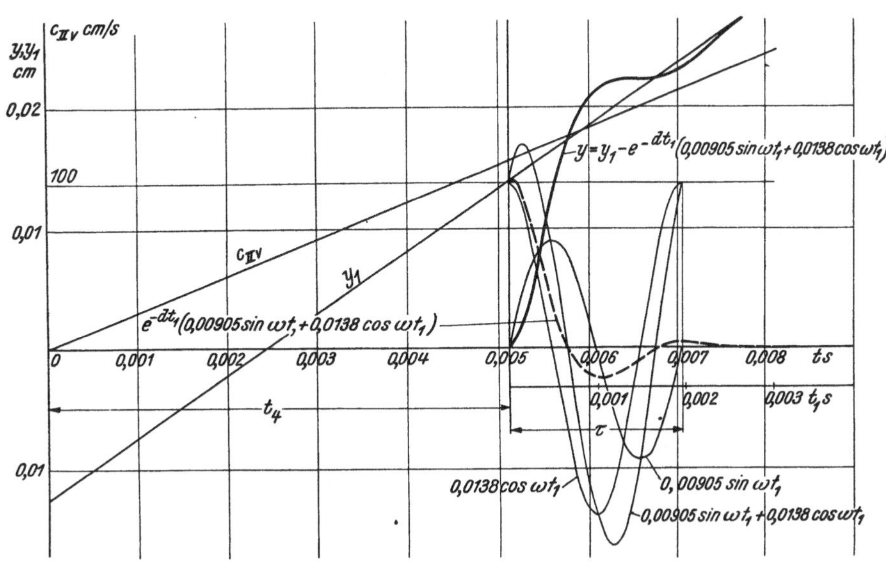

Abb. 92. Öffnungsbewegung der Ventilnadel einer „geschlossenen Düse" im periodischen Schwingungszustand.

Nach der Öffnungsbedingung $p_{II} = p_ö$ folgt daraus als Amplitudenwert der Förderwelle im Augenblick des Öffnens

$$c_{IIv} = (p_ö - p_0)\,\frac{K}{2}. \tag{62}$$

In vorliegendem Beispiel ist

$$c_{IIv} = (100 - 70)\,\frac{7{,}7}{2} = 115{,}3\,\text{cm/s}.$$

Aus der Beziehung für die Geschwindigkeitswelle folgt weiter als Zeitpunkt des Öffnens

$$t_4 = \frac{115{,}3}{22\,450} = 0{,}00514\,\text{s}.$$

Wir denken uns den Nullpunkt für die Zeitrechnung in den Öffnungsbeginn der Nadel verlegt. Dann hat die Störungsfunktion die Gleichung

$$y_1 = 0{,}0138 + t_1.$$

Für die allgemeine Bewegung

$$y = y_1 + e^{-dt_1}(A\sin\omega t_1 + B\cos\omega t_1) \tag{63}$$

gilt dann die Anfangsbedingung:

$$t_1 = 0, \quad y = 0 \quad \text{und} \quad \frac{dy}{dt_1} = 0,$$

womit sich in bekannter Weise aus (63) die Konstanten ergeben mit

$$A = -0{,}00905 \quad \text{und} \quad B = -0{,}0138.$$

Der Aufbau der Lösung ist in Abb. 92 dargestellt.

2. 2 mm Einspritzleitung:

Die Konstanten lauten nunmehr:

$$a_0 = 0{,}328; \quad b_0 = 680; \quad a_1 = -3{,}6; \quad b_1 = 6600;$$
$$a_2 = -0{,}00997; \qquad\qquad\qquad b_2 = 9{,}7.$$

Es liegt der aperiodische Schwingungszustand vor, d. h. ω ist nicht definiert. Der für die Dämpfung maßgebende Faktor ist wesentlich höher als bei 4 mm $\varnothing$, und zwar

$$d = 6980.$$

Die für die Öffnung der Nadel notwendige Geschwindigkeit $c_{II\,v} = 115{,}3\ \text{m/s}$ ist bei der engeren Leitung früher erreicht, und zwar schon nach 0,00128 s.

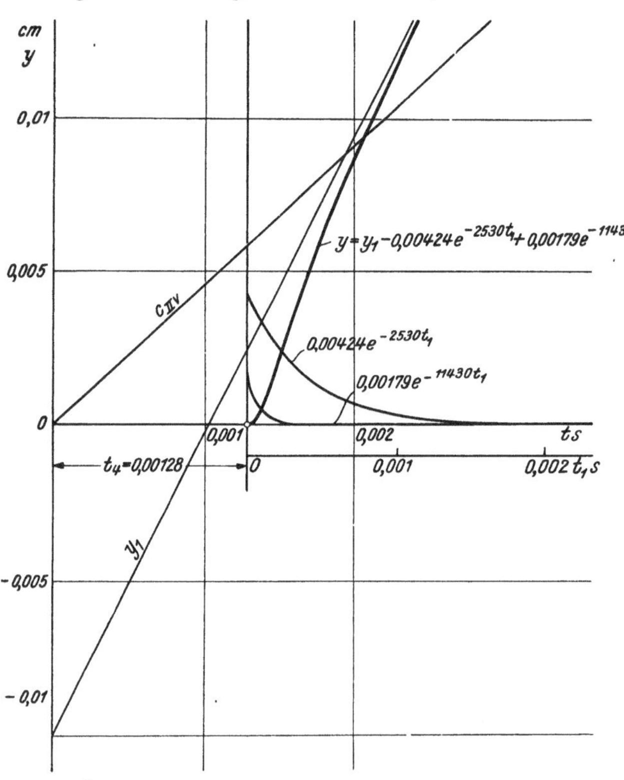

Abb. 93. Öffnungsbewegung der Ventilnadel einer „geschlossenen Düse" im aperiodischen Schwingungszustand.

Die allgemeine Lösung lautet für den aperiodischen Fall

$$y = y_1 + C_1 e^{\lambda_1 t} + C_2 e^{\lambda_2 t}. \tag{64}$$

Legen wir als neuen Nullpunkt wieder den Öffnungsbeginn der Nadel fest, so finden wir

$$C_1 = -0{,}00424; \quad C_2 = 0{,}00179;$$
$$\lambda_1 = -2530; \qquad \lambda_2 = -11\,430.$$

Damit ergibt sich der in Abb. 93 dargestellte Verlauf der Nadelöffnung.

Zusammenfassend für beide Beispiele wollen wir folgende wesentlichen Hauptmerkmale für die Öffnungsbewegung festhalten:

1. Der Öffnungsbeginn der Nadel ist gegenüber dem Zeitpunkt des Ankommens der von der Pumpe ausgesandten Förderwelle stets verspätet. Diese Verspätung kann mit Öffnungsverzug der Nadel bezeichnet werden.

2. Nach dem Öffnen folgt die Nadel nicht sogleich der Funktion y_1, welche durch die Gestalt der Förderwelle und somit durch die Wahl des Geschwindigkeitsgesetzes des Pumpenstempels beherrschbar und formbar ist, sondern sie schwingt erst in einer Eigenschwingung in diese ein.

3. Die Dämpfung der Eigenschwingung ist außerordentlich groß. Bei aperiodischer Bewegung schwingt die Nadel von unten in die Funktion y_1 ein. Im periodischen Falle schwingt sie um y_1. Nach etwa ein bis zwei Schwingungen jedoch verläuft in praktischen Fällen, der starken Dämpfung zufolge, die Bewegung nach y_1.

Von größter Bedeutung für die exakte Unterbrechung der Einspritzung ist der Nadelschluß. Er wird durch den Förderschluß der Pumpe eingeleitet. Über den Verlauf der Pumpenförderwelle nach Schluß des Pumpendruckventils wurde bereits im Kapitel III, 3, berichtet. Allgemein tritt bei Förderschluß eine Unstetigkeit im Verlauf der Förderwelle ein und diese Unstetigkeit muß natürlich das Entstehen einer neuen Eigenschwingung der Nadel, nach der diese in die neue erzwungene Bewegung einschwingt, zur Folge haben. Die mathematische Behandlung dieser Phase der Nadelbewegung ist grundsätzlich gleich wie bei der Nadelöffnung. Wir wollen uns daher darauf beschränken, für das schon behandelte Beispiel die Ergebnisse in Schaubildern zu besprechen und daraus wieder die wichtigsten Punkte zusammenstellen.

Wir nehmen an, daß das Einspritzventil mit einer Hubbegrenzung in der Höhe 0,5 mm versehen ist, die Nadel an dieser Hubbegrenzung bei Förderschluß der Pumpe anliege und der Wert der vorlaufenden Welle plötzlich auf Null absinke (unendlich kleiner Pumpenraum). Damit ergibt sich für die beiden Leitungsquerschnitte 4 ⌀ und 2 ⌀ der Verlauf nach Abb. 94. Bei 4 mm ⌀ erfolgt der Nadelschluß nach einer gedämpften Sinusfunktion (periodischer Schwingungsfall), während er bei 2 mm ⌀ nach einer zusammengesetzten Exponentialfunktion verläuft. Die Kurven gelten für einen Standdruck in der Einspritzleitung zwischen zwei Einspritzvorgängen von 70 at, wie er schon bisher für dieses Beispiel angenommen wurde. Im nächsten Bild (Abb. 95) sind die Nadelbahnen dargestellt bei 2 mm Leitungsdurchmesser, wie sie sich für verschiedene Standdrücke, also für verschiedene Leitungsentlastung ergeben. Die Bewegungsgleichungen für die Bahnen sind wieder zusammengesetzte Exponentialfunktionen. In Abb. 96

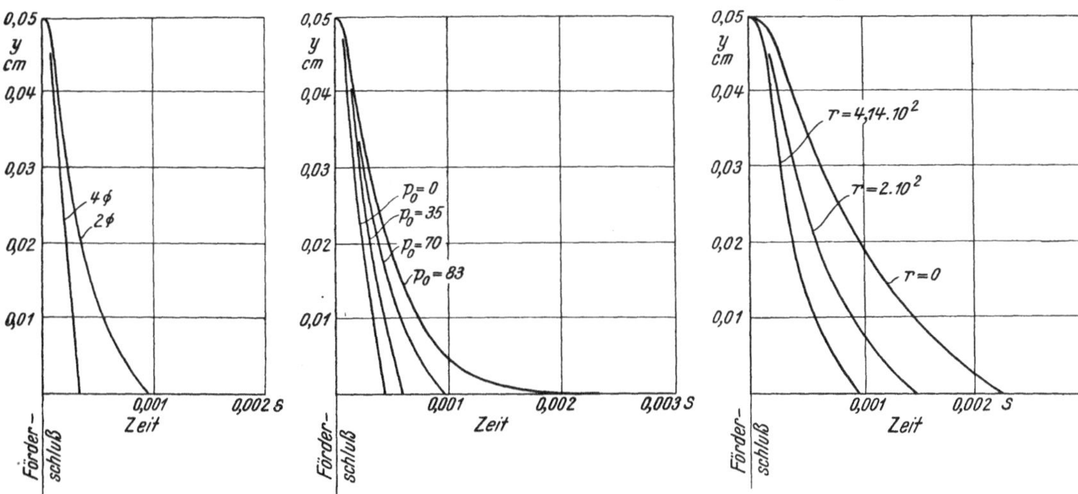

Abb 94. Schließbewegung der Ventilnadel einer „geschlossenen Düse" nach Förderschluß bei 2 und 4 mm Leitungsdurchmesser.

Abb. 95. Schließbewegung der Ventilnadel einer „geschlossenen Düse" bei verschiedenen Standdrücken p_0 in der Einspritzleitung und 2 mm Leitungsdurchmesser.

Abb. 96. Schließbewegung der Ventilnadel einer „geschlossenen Düse" bei verschiedenen Öffnungsquerschnitten sowie bei verschlossener Düsenbohrung (2 mm Leitungsdurchmesser).

wurde der Abfall der Nadel für verschiedene Öffnungsquerschnitte der Düse ($r = 4,14 \cdot 10^2$ und $2 \cdot 10^2$) sowie für den theoretischen Fall der verschlossenen Düse $r = 0$ untersucht.

Zusammenfassend halten wir für den Nadelschluß die folgenden Punkte fest:

1. Die Nadel schließt um so rascher, je größer die lichte Weite der Einspritzleitung ist.

2. Der Standdruck in der Einspritzleitung übt auf den Nadelschluß einen erheblichen Einfluß aus; je kleiner die Entlastung, um so mehr wird der Nadelschluß verschleppt. Ist der Standdruck gleich dem Schließdruck (keinerlei Entlastung), so setzt die Nadel theoretisch mit der Geschwindigkeit Null erst nach unendlich langer Zeit auf ihren Sitz auf (schwimmende Düsennadel).

3. Der Ventilschluß erfolgt um so schneller, je größer der Öffnungsquerschnitt der Düse ist.

4. Im allgemeinen Fall setzt die Düsennadel mit einer Geschwindigkeit, die größer als Null ist, auf den Sitz auf. Die Geschwindigkeit ist um so größer, je schneller der Nadelschluß erfolgt.

Damit kann die allgemeine Besprechung des Bewegungsvorganges einer hydraulisch gesteuerten Düse abgeschlossen werden. Im besonderen wird darauf noch später bei Besprechung von Einspritzsystemen eingegangen werden (vgl. VI, 1, c).

b) Graphische Näherungslösung der allgemeinen Bewegungsgleichungen (48 bis 51).

In der bisherigen Diskussion war für das Ausflußgesetz der Düse die LUTzsche Annahme getroffen. Sie ermöglichte eine geschlossene Lösung der Gleichungen und damit wenigstens ein qualitatives Erfassen der Vorgänge. Für praktische Rechnungen, bei denen die Vorgänge genauer quantitativ erfaßt werden sollen, ist es empfehlenswert, ein graphisches Verfahren anzuwenden, welches in folgendem noch kurz beschrieben ist.

Ähnlich wie dies für die graphische Lösung der Pumpengleichung geschah, unterteilen wir auch hier die Zeit in kleine Intervalle Δt. Weil es sich diesmal auch um zweite Ableitungen handelt, betrachten wir zwei aufeinanderfolgende Zeitteilchen (Abb. 97). Wir schreiben nun als Näherung

$$\frac{dy}{dt} = \frac{y_3 - y_2}{\Delta t}; \quad \frac{dp_{II}}{dt} = \frac{p_3 - p_2}{\Delta t}$$

$$\frac{d^2 y}{dt^2} = \frac{y_3 - 2y_2 + y_1}{\Delta t^2}.$$

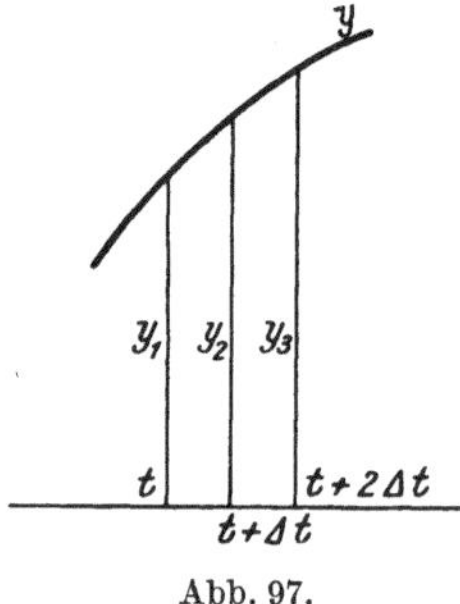

Abb. 97.

Nach Einführen dieser Ansätze in die Gleichungen (49) und (50) ergibt sich, nachdem die Geschwindigkeit c_{II} eliminiert wurde, eine lineare Beziehung

$$Q = -A_1 p_3 + B_1 - \frac{f_n}{\Delta t} y_3. \tag{65}$$

Ebenso durch Einführung dieser Näherungsansätze findet sich aus Gleichung (48) ein linearer Zusammenhang zwischen y_3 und p_3

$$\frac{y_3}{\Delta t} = \frac{1}{N} f_n z p_3 + \frac{1}{N}\left(\frac{2m}{\Delta t^2} + \frac{\vartheta}{\Delta t}\right) y_2 - \frac{1}{N}\frac{m}{\Delta t^2} y_1 - \frac{P_0 \pm R}{N}, \tag{48a}$$

der im Verein mit (65) eine Beziehung von der Form

$$Q = -A_2 p_3 + B_2 \tag{66}$$

ergibt. Die oben eingeführten Abkürzungen haben folgende Bedeutungen:

$$N = \frac{m}{\Delta t} + \vartheta + k\,\Delta t,$$

$$K\,q + \frac{V}{E\,\Delta t} = A_1; \quad A_1 + \frac{f_n^2 z}{N} = A_2, \tag{66a, b}$$

$$K\,q\,p_0 + 2\,q\,c_{IIv} + \frac{f_n}{\Delta t} y_2 + \frac{V}{E\,\Delta t} p_2 = B_1, \tag{67a}$$

$$B_1 - \frac{1}{N}\left(\frac{2m}{\Delta t^2} + \frac{\vartheta}{\Delta t}\right) f_n y_2 + \frac{1}{N}\frac{m}{\Delta t^2} f_n y_1 + \frac{P_0 \pm R}{N}\cdot f_n = B_2. \tag{67b}$$

Das ursprüngliche Gleichungssystem ist nun auf die drei Beziehungen (51), (65) und (66) reduziert mit den Unbekannten Q, p_3 und y_3. Zu ihrer Lösung ist das Nomogramm Abb. 98 entwickelt. Die Parabelschar bedeutet hierin das Ausflußgesetz der Düse. Es ist am besten durch den Versuch zu bestimmen, etwa so, daß bei verschieden eingestellten Nadelhüben (y_I, y_{II}, $y_{III} \ldots$) die ausfließende Brennstoffmenge in Abhängigkeit des Druckes p_3 gemessen wird. Die Gerade g_2 stellt die Beziehung (66) dar; sie schneidet im Abschnitt B_2 die Ordinate und hat die Steigung $-A_2$. Die Gleichung (65) bedeutet im Koordinatensystem (Q, p_3) eine einparametrige Geradenschar mit y_3 als Parameter. Denkt man sich diese Schar mit g_2 zum Schnitt gebracht, so entsteht durch die Reihe der Schnittpunkte eine lineare Funktionenskala, wobei jedem Schnittpunkt ein bestimmter Wert von y_3 zukommt. Der Nullpunkt dieser Skala ist der Schnittpunkt der Geraden g_1 mit der Gleichung

$$Q = -A_1 p_3 + B_1$$

mit g_2. Die Funktionenskala selbst findet man, wenn man auf der Ordinate die Skala $\frac{f_n}{\Delta t} y_3$ nach abwärts aufträgt und parallel zu g_1 auf g_2 projiziert. Auf der Geraden g_2 ist eine zweite Skala mit y_3 als Parameter definiert durch den Schnittpunkt der Kurvenschar für das Ausflußgesetz. Denn jedem Schnittpunkt entspricht ein Wert von y_3, für den sowohl die Gleichung (51) als auch die Gleichung (66) erfüllt ist.

Diese beiden Skalen sind gegenläufig und der Lösungspunkt der drei Bewegungs-gleichungen (51), (65) und (66) ist nun jener Punkt auf der Geraden g_2, an dem sich die Skalen überschneiden, d. h. denselben Parameter haben. Praktisch geht man am besten so vor, daß man die erste Skala, die in dem ganzen Lösungsweg ungeändert bleibt, auf einen Kartonstreifen aufträgt und vom Nullpunkt N ausgehend, an die Gerade g_2 anlegt. Dann läßt sich der Lösungspunkt recht genau abschätzen, wozu es genügt, die Parameter der Skala in Abständen, die etwa 10% des Nadelhubes betragen, zu wählen. Für ein

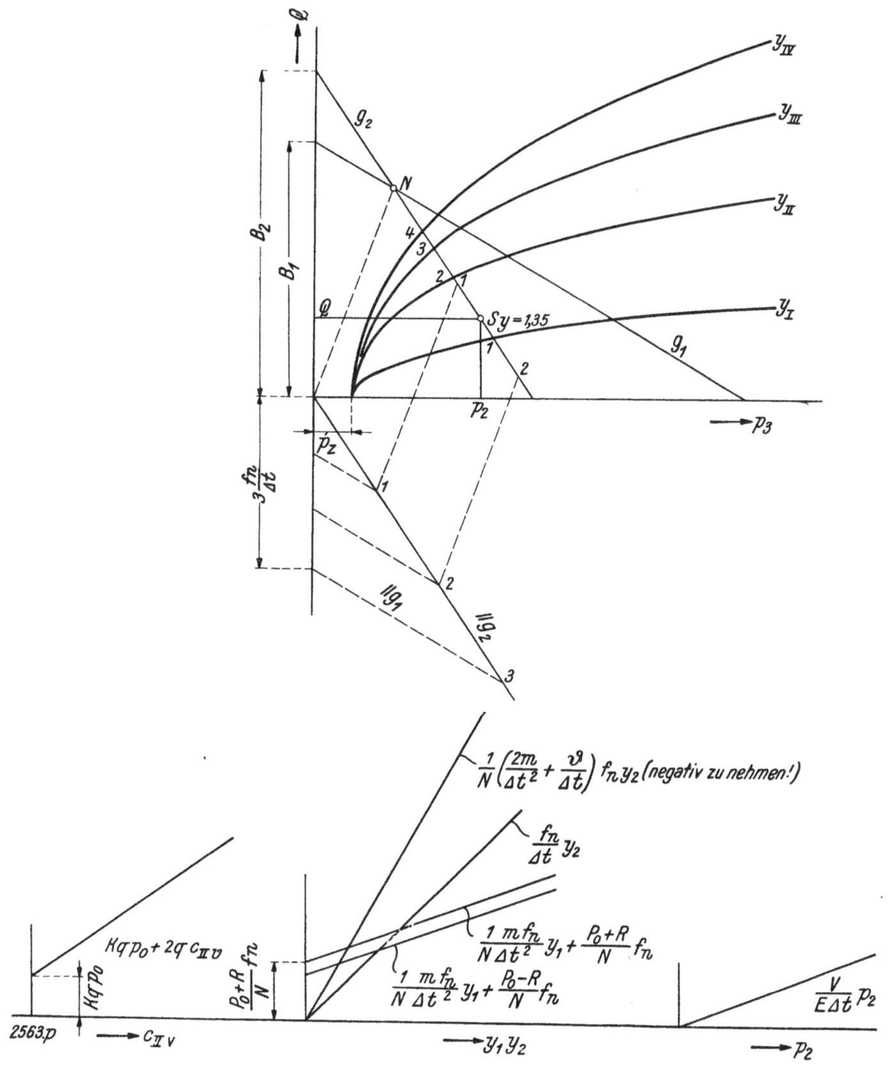

Abb. 98. Nomogramm für die Düsengleichungen.

Düsensystem sind die Steigungen A_1 und A_2 feste Größen und damit auch die eine Skala. Es brauchen daher für jeden Lösungspunkt die Geraden nur parallel verschoben zu werden. Die Abstände B_1 und B_2 auf der Ordinatenachse ändern sich von Punkt zu Punkt, weil sich c_{IIv}, y_2 und p_2 ändern. Die Bestimmung dieser Abschnitte geschieht jedoch rasch mit den in der Abbildung eingetragenen Hilfsgeraden durch Summenbildung im Sinne der Gleichungen (67a, b).

Für die Wahl der Größe Δt, welche für die Lösung der Pumpengleichung und der Düsengleichung vorzugsweise gleich angenommen wird, ist die Eigenschwingungsdauer τ der Düsennadel maßgebend. Durch diese ist die Schroffheit der Nadelbewegung, welche durch die Näherungslösung noch erfaßt werden soll, der Größenordnung nach bestimmt. Es genügt, die Zeitintervalle

$$\varDelta t = \frac{\tau}{12} \text{ bis } \frac{\tau}{16} \tag{68}$$

zu wählen. Dabei fallen in den Bereich einer Eigenschwingung 12 bis 16 Lösungspunkte. Ein weiteres Verkleinern der Zeitintervalle erhöht die Genauigkeit des Verfahrens nur unwesentlich, vergrößert jedoch den Zeitaufwand für die Rechnung. In dem besprochenen Lösungsnomogramm stellt die Strecke p_z den Zylinderdruck dar. Er kann während der Einspritzperiode hinreichend genau konstant angenommen werden. Die Berücksichtigung eines veränderlichen Verbrennungsdruckes kann aber auch ohne Schwierigkeit durch Verlegen der Ordinate entsprechend der Änderung p_z erfolgen.

Nachdem aus dem Nomogramm die sekundlich ausströmende Menge Q, der Einspritzdruck p_3 und y_3 bestimmt sind, ergibt sich nach Gleichung (25) der Amplitudenwert der rücklaufenden Welle wie folgt:

$$c_{IIr} = (p_0 - p_3) K + c_{IIv}. \tag{69}$$

Für den Sonderfall der *Düse mit Hubbegrenzung* vereinfacht sich die Lösung, solange die Nadel stillstehend an der Hubbegrenzung anliegt, wesentlich. Die Massengleichung (48) ist durch die einfache Bedingung

$$y = y_h = \text{konstant}$$

zu ersetzen. Ebenso fällt aus Gleichung (50) das der Nadelbewegung Rechnung tragende Glied weg. Damit ergibt sich statt der Beziehung (65) die vereinfachte Gleichung

$$Q = -A_1 p_3 + B_1, \tag{70}$$

worin A_1 unverändert wie früher ist und B_1 den verkürzten Ausdruck

$$B_1 = K q p_0 + 2 q c_{IIv} + \frac{V}{E \varDelta t} p_3 \tag{70a}$$

bedeutet. Als Ausflußgesetz gilt die einzige Kurve mit y_h als Parameter, so daß der Lösungspunkt einfach durch den Schnitt der Geraden g_1 nach Gleichung (70) gegeben ist.

Im übrigen liegen während der Zeit der Hubbegrenzung die Verhältnisse der offenen Düse mit Düsenvorraum vor, so daß das oben Angeführte unverändert auch dafür angewendet werden kann. Umgekehrt gelten für die geschlossene Düse bei Hubbegrenzung, wenn man die Wirkung des normal sehr kleinen Düsenvorraumes vernachlässigt, ungeändert die in Kapitel IV, 1, behandelten Gesetze für die offene Düse.

V. Vorgang bei der Untersuchung von Einspritzsystemen.

1. Untersuchung durch Rechnung.

a) Dynamisches Verfahren.

Die bisher im einzelnen beschriebenen Verfahren zur Untersuchung der Vorgänge in der Brennstoffleitung, Pumpe und Düse lassen sich zusammenhängend auch zur Untersuchung des gesamten Einspritzsystems verwenden:

Im Augenblick des Förderbeginns der Pumpe geht von dieser die vorlaufende Welle (Förderwelle) ab. An der Düse wird sie nach den beschriebenen Gesetzen zurückgeworfen und kommt nach

$$T_1 = \frac{2 L}{a}$$

Sekunden (L bedeutet die Leitungslänge) wieder zur Pumpe zurück. Es ist demnach in diesem Intervall $0 < t < \frac{2 L}{a}$ an der Pumpe der Amplitudenwert der rücklaufenden Welle noch Null und es kann nach dem Verfahren Abb. 84 die vorlaufende Welle in ihrem Verlauf ermittelt werden. Mit diesem für das erste Intervall so gefundenen Verlauf der vorlaufenden Welle ergibt sich weiter nach den Rückwurfgesetzen an der Düse (nach

Abb. 88 für die offene Düse und nach Abb. 98 für die geschlossene Düse) der Einspritzverlauf sowie die rücklaufende Welle. Damit ist aber auch für das nächste Intervall
$\dfrac{2\,L}{a} < t < \dfrac{4\,L}{a}$ die rücklaufende Welle an der Pumpe bekannt und es ist mit ihr über
dieses Intervall wieder nach Abb. 84 die vorlaufende Welle zu rechnen.

So ist fortlaufend in Intervallen $T = \dfrac{2\,L}{a}$ abwechselnd die vorlaufende Welle aus der
Pumpengleichung und die rücklaufende Welle sowie das Einspritzgesetz aus der Düsengleichung zu bestimmen.

b) Statisches Verfahren.

Dem statischen Rechenverfahren liegt die Annahme der Druckbildung durch rein
statische Deformation des gesamten im Einspritzsystem befindlichen Kraftstoffes zugrunde. Schwingungen in der Einspritzleitung sind dabei in keinerlei Weise berücksichtigt.
Dementsprechend gibt das Verfahren nur in allen jenen Fällen genaueren Einblick in

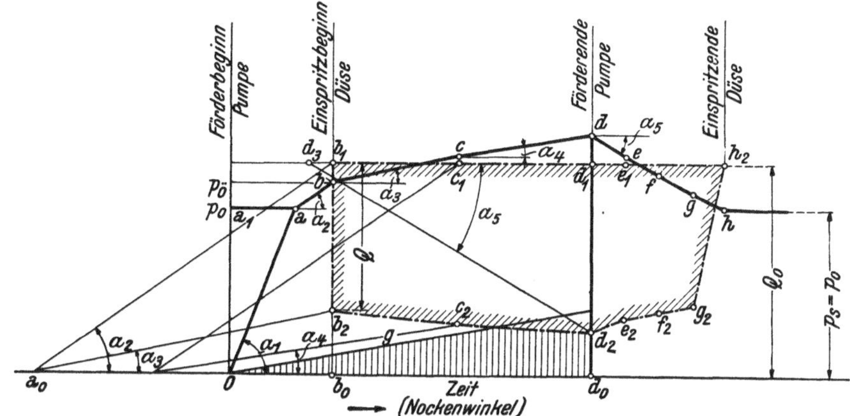

Abb. 99. Statisches Pumpen- und Düsendiagramm (nach Triebnigg).

das Geschehen, wo die Eigenschwingungsdauer (Laufzeit der Wellen) klein ist gegenüber
der Dauer der durch die Stempelbewegung ausgelösten Grundbewegung, also bei niedrigen
Drehzahlen oder bei kurzer Leitungslänge. Unter Verzicht auf genaue Wiedergabe
jedoch liefert das Verfahren allgemein ein einfaches Mittel zu vergleichender Betrachtung
verschiedener Einflüsse.

Das Verfahren wurde von Triebnigg [33] durch den Entwurf des statischen Pumpen-
und Düsendiagramms in eine anschauliche und für rasche Überlegungen brauchbare
Form gebracht, worauf im folgenden kurz eingegangen wird.

Bedeuten

Q_0 das sekundlich vom Pumpenplunger verdrängte Volumen [cm³/s],
Q das sekundlich aus der Düse fließende Brennstoffvolumen [cm³/s],
V den Gesamtinhalt des Systems [cm³],
p den Druck im Einspritzsystem [at] (an jeder Stelle gleich),

so besagt das Gesetz der Kontinuität für den brennstoffgefüllten Raum V

$$Q_0 - Q - \frac{\varDelta p}{\varDelta t}\,\frac{V}{E} = 0,$$

woraus allgemein

$$\frac{\varDelta p}{\varDelta t} = \frac{E}{V}\,(Q_0 - Q) \tag{71}$$

ist. Auf dieser Gleichung baut sich das Diagramm nach Abb. 99 auf:

Das Bewegungsgesetz des Pumpenstempels stelle die Linie g dar. Mit der ver-
einfachenden Annahme eines geradlinigen Verlaufes wird dann das sekundlich verdrängte

Volumen Q_0 eine horizontale Gerade. Zu Beginn der Bewegung sei der Druck im Pumpenraum V_1 gleich Null und in der Einspritzleitung p_0. Der Druckanstieg im Pumpenraum verläuft zunächst nach der Geraden $0\,a$ mit der Steigung

$$\operatorname{tg}\alpha_1 = \frac{\Delta p}{\Delta t} = \frac{E}{V_1}\,Q_0,$$

bis das Pumpendruckventil in a nach der Einspritzleitung öffnet.

Von nun ab verläuft der Druckanstieg nach $a\,b$ mit

$$\operatorname{tg}\alpha_2 = \frac{E}{V}\,Q_0,$$

bis im Punkte b der Öffnungsdruck des Einspritzventils erreicht ist. Nach dem Öffnen des Ventils spritzt die Menge Q aus, die durch den Abspritzdruck und den Ausflußquerschnitt bestimmt ist. Die Steigung α_3, nach der nun der Druck weiter ansteigt, ergibt sich durch einfache Konstruktion. Es ist $b_1\,a_0 \,//\, a\,b$ zu zeichnen. $b_1\,b_2$ wird gleich Q gemacht, dann ist $\sphericalangle\,b_2\,a_0\,b_0 = \alpha_3$. Denn es ist

$$a_0\,b_0 = b_1\,b_0\,\frac{1}{\operatorname{tg}\alpha_2} = Q_0\,\frac{1}{\operatorname{tg}\alpha_2} = \frac{V}{E}$$

und

$$\operatorname{tg}\alpha_3 = \frac{b_2\,b_0}{a_0\,b_0} = \frac{Q_0 - Q}{\dfrac{V}{E}} = \frac{E}{V}\,(Q_0 - Q) = \frac{\Delta p}{\Delta t},$$

was der Bedingung (71) entspricht.

Da sich mit dem Druck die ausfließende Menge Q ändert, verfährt man von b aus streckenweise, fortfahrend von $b \to c$. Hier ist die ausfließende Menge $Q = c_1\,c_2$. Damit ergibt sich ähnlich wie früher α_4 usw. Im Punkte d werde die Förderung unterbrochen. Der Druck in der Pumpe sinke von d nach d_0. Für den Fall, daß keinerlei Leitungsentlastung durch das Pumpenventil stattfindet, fällt der Leitungsdruck als Folge weiter ausfließenden Brennstoffes bis auf den Schließdruck, der bei fehlender Leitungsentlastung dem Standdruck p_0 gleich ist. Der Druckabfall $d\,e$ nach α_5 ergibt sich nun mit

$$\operatorname{tg}\alpha_5 = \frac{\Delta p}{\Delta t} = \frac{E}{V_0}\,(-Q),$$

worin nach Gleichung (71) $Q_0 = 0$ und $V = V_0$ dem Raum der Einspritzleitung $+$ Düse, jedoch ohne Pumpenraum V_1 gesetzt ist. Wir machen $d_1\,d_3 = \dfrac{V_0}{E}$ und ziehen $d\,e \,//\, d_3\,d_2$. In gleicher Weise fortfahrend sind die weiteren Punkte $f,\ g\ \ldots$ zu finden. Das Pumpendiagramm ist durch den Linienzug $0\,a\,b\,c\,d\,d_0$ und das Düsendiagramm durch $a_1\,a\,b\,c\,d\ldots h$ bestimmt. Über die Zeitstrecke $a\,b\,c\,d$ decken sich beide Diagramme (geöffnetes Druckventil).[1]

2. Untersuchung durch Messen.

Einen guten Einblick in die Einspritzverhältnisse gewährt das Messen wesentlicher Größen; das ist in erster Linie das Einspritzgesetz selbst, weiter der Verlauf der Drücke in Pumpe und Düse. Beide zusammen lassen, wenn auch noch Förderbeginn und Förderschluß festgehalten sind, alle wesentlichen Punkte des Vorganges erkennen. Bisweilen wird bei geschlossenen Düsen auch der Nadelhub gemessen. Seine Kenntnis gibt nur zum Teil einen Ersatz für das Einspritzgesetz selbst, weil daraus nur Einspritzbeginn und -ende hervorgehen.

Die Messungen erfolgen zweckmäßig auf eigens dazu eingerichteten Prüfständen. Das Einspritzgesetz wird durch Abspritzen auf ein am Umfang mit Zellen behaftetes Rad gemessen. Es genügt, die Zellen einen Grad breit auszuführen. Die Feststellung des Zelleninhaltes erfolgt durch Wiegen oder durch Ablesen der Füllhöhe, wozu die Zellen

---

[1] Näheres über die Anwendung des Diagramms siehe auch Literaturangabe [33].

zweckmäßig aus Glas hergestellt werden. Der Zellenmündung, die unmittelbar an der Düse vorbeistreicht, ist besondere Beachtung hinsichtlich des Verspritzens und Abschleuderns des Kraftstoffes zu schenken.

Die Messung des Druckverlaufes erfolgt durch Indizieren. Und zwar sind hierfür nur elektrische Indikatoren mit hohen Eigenschwingungszahlen brauchbar. Am meisten verwendet sind Halbleiterindikatoren und piezo-elektrische Meßgeräte. Die Entwicklung dieser Geräte kann, trotzdem in den letzten Jahren daran intensiv gearbeitet wurde, noch nicht als abgeschlossen gelten. Die Fehler in der Druckanzeige betragen selbst bei gut durchgebildeten Indikatoren bis zu $\pm 5\%$, so daß hinsichtlich der Genauigkeit noch keine zu hohen Anforderungen gestellt werden dürfen. Zur Feststellung von Zeiten (Laufzeit der Wellen, Schwingungsdauer u. dgl.) und zur Vergleichsmessung jedoch ist das Druckindizieren ebenso unentbehrlich wie das Messen des Einspritzverlaufs selbst.

Wenn es darauf ankommt, den Einspritzvorgang nebst dem damit verbundenen Bewegungsvorgang in der Einspritzleitung genauer zu erfassen, verbleibt nur der Weg der Rechnung nach dem dynamischen Verfahren. Dies setzt aber die Kenntnis des Anfangszustandes p_0 in der Einspritzleitung voraus. Auch hierfür liefert das Druckindizieren genügend genau die Unterlagen.

VI. Richtlinien zur Bemessung des Einspritzsystems.

1. Einspritzsystem mit geschlossener Düse.

Das Zusammenwirken von Düse und Pumpe sei zunächst am Ergebnis eines Zahlenbeispiels, Abb. 100, erläutert. Es handelt sich dabei um eine saugventillose Pumpe mit Schrägschlitzsteuerung und Entlastungsdruckventil, welche mit einer Einlochdüse zusammenarbeitet. Die Abmessungen sind

$$\begin{aligned}
&\text{Kolbendurchmesser} \ldots \quad 8 \text{ mm,} \\
&\text{Kolbenhub} \ldots \ldots \ldots \quad 10 \text{ mm,} \\
&\text{Drehzahl} \ldots \ldots \ldots \quad 900 \text{ min}^{-1}, \\
&\text{Pumpenraum} \ldots \ldots \ldots \quad V_3 = 2,1 \text{ cm}^3, \\
&\text{Einspritzleitung} \ldots \ldots \quad q \;\; = 0,0185 \text{ cm}^2, \\
&\hspace{4.2cm} L \;\; = 830 \text{ mm.}
\end{aligned}$$

Düse: Einlochdüse Bosch DLOS 178.

Der Anfangsdruck p_0 in der Einspritzleitung ist Null, so daß die Nullinien von c_{Iv} und c_{Ir} (Diagramm b) zusammenfallen.

Zwischen Beginn des Druckhubes der Pumpe (Überschleifen der Saugbohrung) und dem Abgang der vorlaufenden Welle liegt eine Zeit t_2, der Förderverzug der Pumpe. Er ist eine Folge der Leitungsentlastung und tritt dementsprechend nur bei Pumpen mit Entlastungsventilen auf. Vom Abgang der vorlaufenden Welle von der Pumpe bis zu ihrer Ankunft an der Düse, in welchem Augenblick die Drucksteigerung (Diagramm e) beginnt, liegt eine Zeit t_3, welche der Laufzeit der Druckwelle durch die Brennstoffleitung entspricht. Bis zum Öffnen der Nadel selbst verfließt eine weitere Zeit t_4 (Öffnungverzug der Nadel), während der der Druck von Null auf den Öffnungsdruck ansteigt. Die Förderwelle der Pumpe hat im ersten Rechnungsintervall, solange die rücklaufende Welle noch nicht zur Pumpe zurückgekommen ist, das ist zwischen 5 und 11°, die bekannte Form des exponentialen Anstieges. Durch diesen Teil der Welle sind die Vorgänge an der Düse während des um die Zeit $\dfrac{L}{a} = t_3$ später liegenden Intervalls 8 bis 14° bestimmt (sie sind nach dem Nomogramm, Abb. 98, zu ermitteln). Die dabei ausgelöste rücklaufende Welle an der Düse kommt im 11. Grad an die Pumpe zurück und hat den zwischen 11 und 17° eingezeichneten, von links oben nach rechts unten schraffierten Verlauf. Der erste Teil der rücklaufenden Welle ist negativ und ist bis zu seinem negativen

Größtwert während des Öffnungsverzuges der Nadel zurückgeworfen. Bei etwa 16° ist eine zweite Unstetigkeit im Verlauf der rücklaufenden Welle zu ersehen; diese rührt vom Anschlagen der Nadel an die Hubbegrenzung her. An der vorlaufenden Welle verursacht der erste negative Teil der rücklaufenden Welle eine leichte Abminderung, beginnend bei 11°, die jedoch nach kurzem infolge des raschen Ansteigens der rücklaufenden Welle nach Öffnen der Ventilnadel wieder ausgeglichen wird. Im Augenblick des Förderschlusses wird durch die Entlastung der Amplitudenwert der vorlaufenden Welle plötzlich gesenkt. Die Kurven c_v und c_r schneiden sich im Punkte s, d. h. von nun ab gilt nach dem unter Ziffer IV, 3c, Gesagten der Verlauf der rücklaufenden Welle selbst als Förderwelle. Zum Nadelschluß kommt es etwa nach 22 Graden als Folge einer plötzlichen Verminderung der Förderwelle (an der Pumpe bei etwa 19 Kurbelgraden), welche der ersten Reflexion des Förderendes entspricht. Die Bewegung in der Rohrleitung ist hierauf noch nicht zur Ruhe gekommen. Es geht von der Düse im Intervall 19 bis 25° eine weitere positive Welle ab, die jedoch nicht mehr imstande ist, das Einspritzventil aufzudrücken, sondern dortselbst zurückgeworfen wird. Sie schwingt schließlich infolge von Dämpfungserscheinungen nach mehreren Perioden aus.

Ein Vergleich des Bewegungsgesetzes für den Plunger und des sich daraus als letzte Folge ergebenden Einspritzgesetzes zeigt, wie sehr dieses von den Bewegungsvorgängen in Leitung und Düse beeinflußt ist. Es kann von einer zwangsläufigen

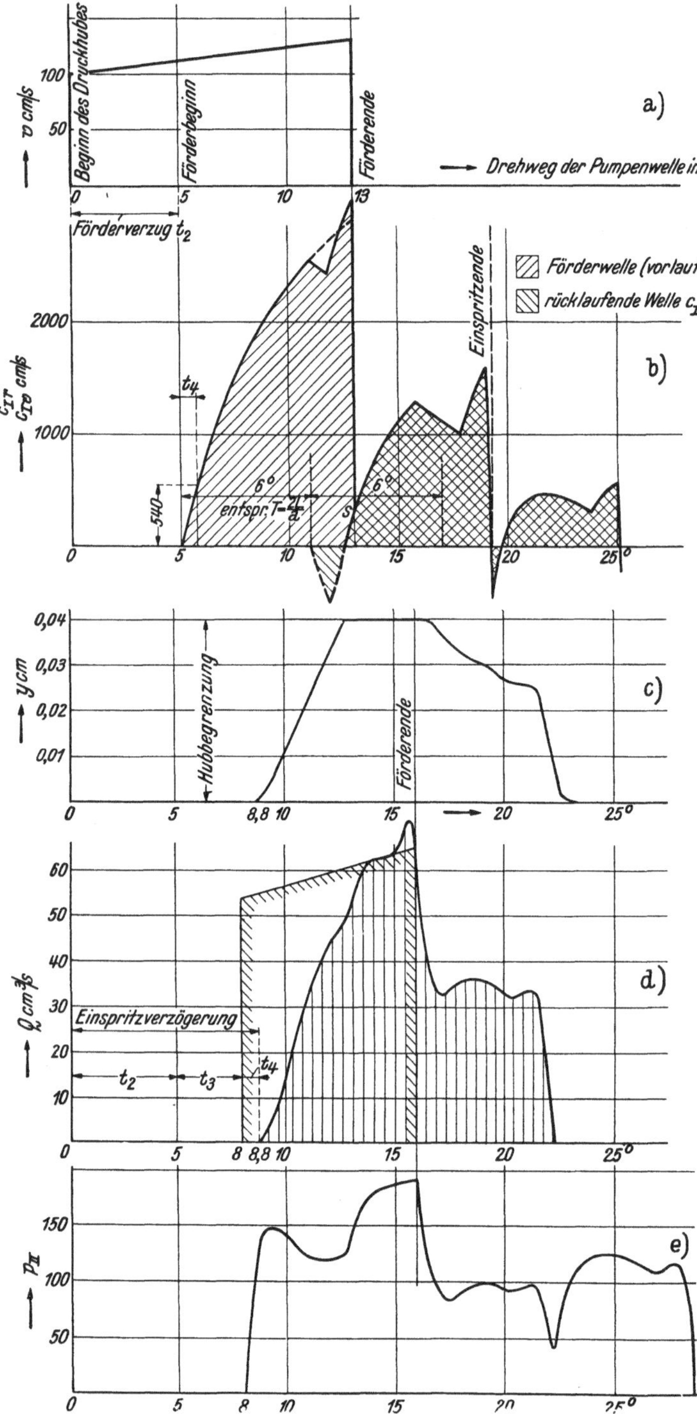

Abb. 100. Stempelgeschwindigkeit (a), vor- und rücklaufende Welle an der Pumpe (b), Nadelhub (c), sekundlich ausfließendes Brennstoffvolumen (d) und Düsendruck (e) in Abhängigkeit vom Drehweg. Boschpumpe PF 8 mm Kolbendurchmesser, $n = 900$ min⁻¹, Leitung 1,53 mm $\varnothing$, 830 mm lg; Bosch-Düse DLOS 178.

Steuerung des Einspritzvorganges dabei nicht mehr gesprochen werden und es ist nun die Hauptarbeit, bei der Bemessung eines Einspritzsystems trotzdem Mittel und Wege zu finden, um dieses Einspritzgesetz wenigstens in seinen wesentlichsten Teilen so zu gestalten, daß es den Anforderungen der Maschine entspricht.

Im besonderen ist erhöhte Beachtung zu schenken:

a) der Einspritzverzögerung und ihrer Veränderlichkeit mit der Drehzahl,
b) der Steuerung des zuerst in den Zylinder gelangenden Kraftstoffes,
c) der Dauer und dem Abschluß der Einspritzung,
d) der Fördermenge.

a) Einspritzverzögerung.

Es ist darunter die Zeit zu verstehen, die zwischen Beginn des Druckhubes der Pumpe und dem Aufgehen der Düse liegt. Sie setzt sich grundsätzlich aus 4 Teilen zusammen:

aus der Vorspannzeit t_1 im Pumpenraum,
aus dem Förderverzug t_2 der Pumpe,
aus der Laufzeit t_3 der Welle durch die Einspritzleitung,
aus dem Öffnungsverzug t_4 der Nadel.

Die Vorspannung des Öles im Pumpenraum erfolgt, da dieser im allgemeinen eine geringe Längenausdehnung hat, nach statischen Gesetzen, wie dies im statischen Pumpen-diagramm (Abb. 99) dargestellt ist. Die Zeit, bis das Druck-ventil der Pumpe öffnet, vom Förderbeginn an gerechnet, ist um so größer, je höher der Stand-druck in der Brennstoffleitung, das Volumen V_1 des Pumpenrau-mes und je kleiner die Stempel-geschwindigkeit ist. Im allgemei-nen ist dieser Teil der Einspritz-verzögerung sehr gering.

Unter Förderverzug der Pumpe ist jener Teil der Einspritzver-zögerung zu verstehen, welcher sich durch das Auffüllen von Hohlräumen, die durch zu große Leitungsentlastung entstehen kön-nen, ergibt. Daß es zu Hohlraum-bildung kommen kann, läßt sich durch exakte Untersuchungen und Beobachtungen bei Vergleich mit der Rechnung einwandfrei nach-weisen. Es ist ein Irrtum, anzu-

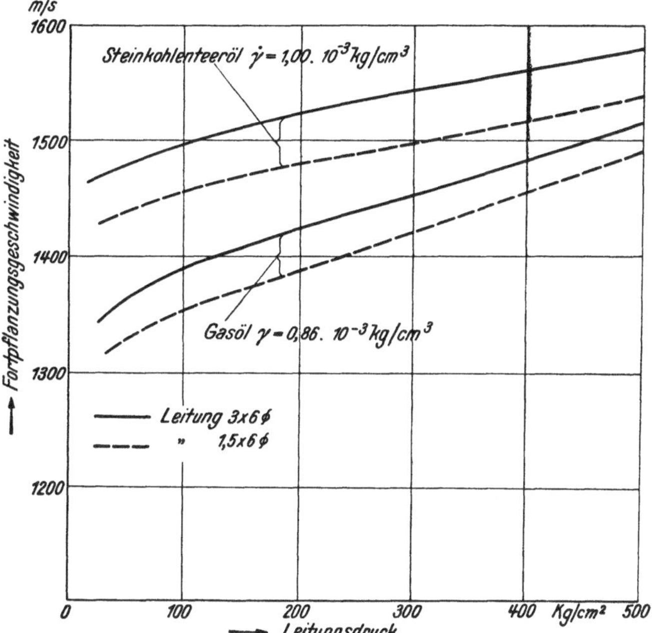

Abb. 101. Schallgeschwindigkeit in Abhängigkeit vom Leitungsdruck (nach E. BLAUM).

nehmen, daß bei zu großer Entlastung der Leitung etwa eine verringerte Schallgeschwin-digkeit jenen dem Förderverzug entsprechenden Teil der Einspritzverzögerung zur Folge habe. Auch die Verminderung der Schallgeschwindigkeit durch Bildung eines homogenen Schaumgemisches von Gasbläschen ist nicht stichhaltig, weil die Elastizität so eines Gasgemisches so gering ist, daß die Fortpflanzungsgeschwindigkeit wohl Werte annehmen müßte, die einen schnellen Ablauf der Vorgänge nicht ermöglichte.

Über die Größe des Förderverzuges der Pumpe läßt sich keine allgemeine Angabe machen, ebenso wie über die Lage des Hohlraumes im Einspritzsystem nichts Allgemeines ausgesagt werden kann. Wir wollen darauf in dem weiter unten beschriebenen Versuchs-beispiel noch näher eingehen.

Die Laufzeit der Wellen beträgt allgemein

$$t_3 = \frac{L}{a}.$$

Sie ist konstant, nimmt also, in Kurbelgraden ausgedrückt, mit der Drehzahl linear zu. Die Fortpflanzungsgeschwindigkeit a der Geschwindigkeits- und Druckwellen hat nach genaueren Messungen BLAUMS [39] einen über den Leitungsdruck veränderlichen Verlauf, wie er in Abb. 101 für Steinkohlenteeröl und Gasöl dargestellt ist. Nach Messungen des Bearbeiters kann diese Geschwindigkeit noch etwas geringere Werte annehmen, bis zu 1200 m pro Sekunde. Die Zunahme der Geschwindigkeit mit dem Druck läßt sich qualitativ auch theoretisch durch die Zunahme des Elastizitätsmoduls des Öles mit dem Druck erklären, wie sich dies aus den Versuchen von ALEXANDER [6] ergibt (Abb. 102).

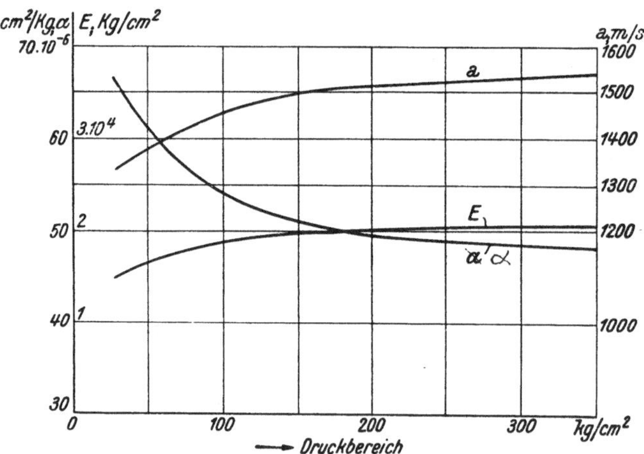

Abb. 102. Kompressibilität α und Elastizitätsmodul E von Gasöl bei verschiedenen Druckbereichen nach SASS (aus Versuchen ALEXANDERs). Daraus berechnet die Schallgeschwindigkeit a.

Der Öffnungsverzug der Düsennadel verstreicht zwischen der Ankunft der Druckwelle an der Düse und dem Erreichen des Abspritzdruckes. Im statischen Pumpendiagramm (Abb. 99) ist der Vorgang während des Öffnungsverzuges in der Strecke b—c dargestellt. Es wäre demnach der Öffnungsverzug um so größer, je geringer der Standdruck in der Leitung p_0, je höher der Öffnungsdruck $p_ö$ der Düse, je größer der Inhalt des Einspritzsystems und je geringer die Stempelgeschwindigkeit ist. Das gleiche besagt auch die dynamische Gleichung (62) für die Nadelöffnung. Der sich aus der statischen Betrachtung ergebende Öffnungsverzug stimmt im allgemeinen bei niedrigen Drehzahlen recht gut mit dem tatsächlich gemessenen überein; bei höheren Drehzahlen, wo sich das dynamische Gesetz immer mehr auswirkt, treten davon Abweichungen auf, und zwar ist der Öffnungsverzug stets geringer.

Einen praktischen Überblick über den Aufbau der Einspritzverzögerung aus den angeführten Teilzeiten sowie deren Veränderung mit der Drehzahl und dem Entlastungsgrad gibt das nachfolgend beschriebene Versuchsbeispiel.

Es handelt sich um eine Bosch-PF-Pumpe mit 6,5 mm Stempeldurchmesser in Verbindung mit einer Einlochdüse von 0,6 mm Durchmesser. Die Brennstoffleitung ist 1100 mm lang und hat einen lichten Durchmesser von 2 mm. Die Einspritzverzögerung wurde sowohl durch Aufnahme des Einspritzgesetzes als auch durch Indizieren der Druckleitung bestimmt.

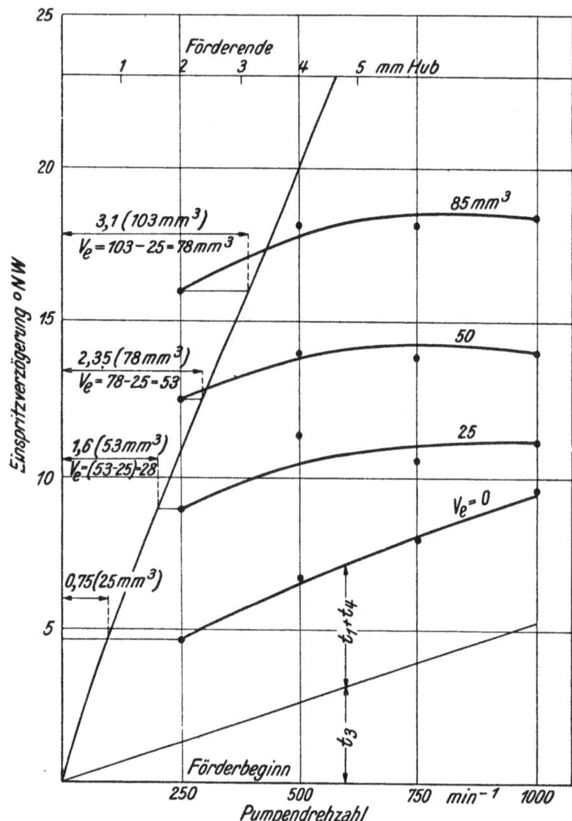

Abb. 103. Einspritzverzögerung in Abhängigkeit von der Drehzahl bei verschieden großen Entlastungsvolumina V_e. Boschpumpe PF 6,5 mm Kolbendurchmesser. Düsendurchmesser 0,6 mm. Leitung 1100 mm lang, 2 mm Durchmesser.

Als Druckventile der Pumpe war einmal ein solches ohne Entlastungskolben und weiter ein Satz von Ventilen nach Abb. 86 mit 25, 50 und 85 mm³ Entlastungsvolumen verwendet. Der Verlauf der Einspritzverzögerung über der Pumpendrehzahl ist in Abb. 103 dargestellt. Ebenso ist über der Ordinate (Nockenwinkel) das Gesetz des Stempelweges vom Förderbeginn bis zum Förderende aufgetragen.

Das allgemeine Bild ist das folgende:

Mit der Drehzahl und mit der Entlastung nimmt die Einspritzverzögerung zu.[1] Bei Vergrößerung des Entlastungsvolumens verzögert sich der Einspritzbeginn etwa um ein Maß, welches — wie dies für $n = 250$ auch aus dem Bilde zu ersehen ist — bei dem gegebenen Hubgesetz des Plungers einer Förderung des zusätzlichen Entlastungsvolumens entspricht.

Der Bewegungszustand während der Einspritzverzögerung selbst läßt sich an Hand des Druckverlaufes an Düse und Pumpe erörtern. Und zwar sind in Abb. 104 bis 107 die Druckdiagramme für jeden der Entlastungsfälle bei zwei Drehzahlen (etwa 1000 und 250 U/min) aufgenommen.

Im *unentlasteten* System ($V_e = 0$), Abb. 104, baut sich der Einspritzverzug aus den drei Teilen t_1 (Vorspannzeit), t_3 (Laufzeit) und t_4 (Öffnungsverzug) auf. Die Vorspannzeit gibt nur bei niedriger Drehzahl einen merklichen Anteil, weil bei den größeren Zeiten der Lecköltanteil mehr ins Gewicht fällt. Die Laufzeit t_3, in Kurbelwinkel ausgedrückt, nimmt linear mit der Drehzahl zu. Die aus t_3 bei $n = 1010$ ermittelte Schallgeschwindigkeit beträgt etwa 1300 m/s. Der Öffnungsverzug t_4 im Gegensatz zu früheren Feststellungen ist diesmal bei höherer Drehzahl größer, weil der Standdruck $p_0 = 130$ at gegen $p_0 = 85$ at bei $n = 250$ verringert ist. Die Abnahme des Standdruckes in der Leitung mit der Drehzahl ist die Folge einer größeren Entleerung durch die Düse und in geringem Maß auch einer erhöhten Entlastung durch das Pumpendruckventil. Trägt man im Schaubild 103 die Laufzeit t_3 (° NW) über der Drehzahl auf, so

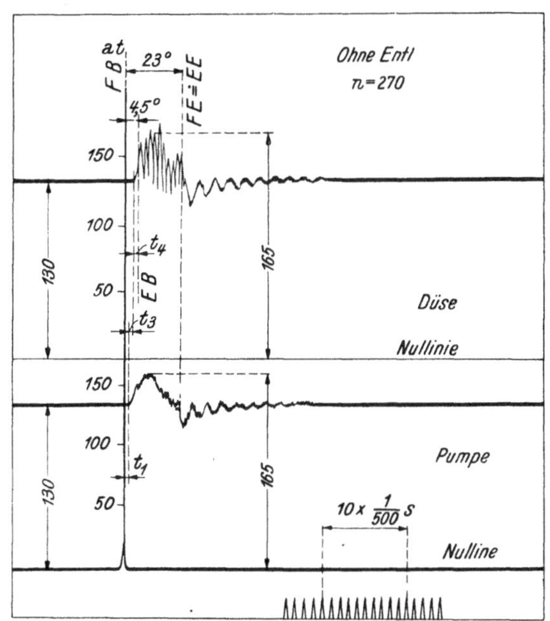

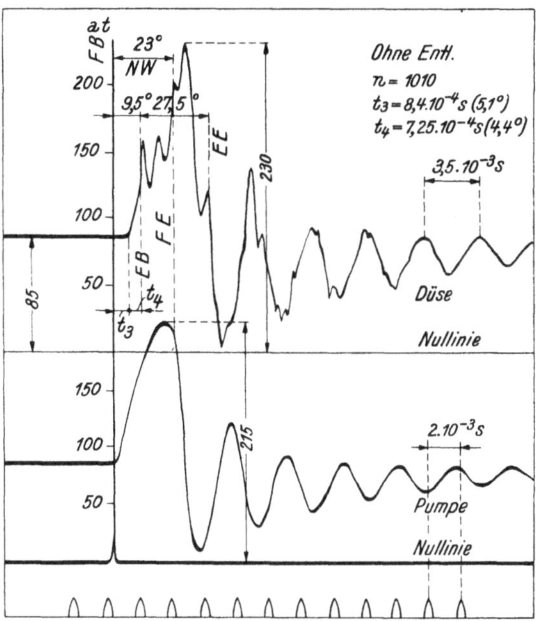

Abb. 104. Druckdiagramm an Düse und Pumpe. Für niedrige (oben) und hohe Drehzahlen (unten). Boschpumpe 6,5 mm Kolbendurchmesser, Düsendurchmesser 0,6 mm. Keine Entlastung (aufgenommen mit Halbleiterindikator).

FB Förderbeginn, *FE* Förderende, *EB* Einspritzbeginn, *EE* Einspritzende.

ergibt sich die Summe $t_1 + t_4$ als über alle Drehzahlen ungefähr gleichbleibender Wert. *Die Zunahme des Einspritzverzuges mit der Drehzahl ist also etwa dem Maß der Laufzeit gleich.* Dies läßt sich im allgemeinen an allen unentlasteten Systemen feststellen.

---

[1] Vgl. auch [35].

Mit der Entlastung ($V_e = 25$ mm³, Abb. 105, und $V_e = 50$ mm³, Abb. 106) nimmt der Standdruck ab. Bei $V_e = 50$ mm³ ist er Null. Hohlraumbildung und ein Förderverzug lassen sich dabei jedoch noch nicht feststellen. Die Vorspannzeit ist bei den niedrigen Standdrücken nicht mehr merkbar, so daß die Einspritzverzögerung im wesentlichen

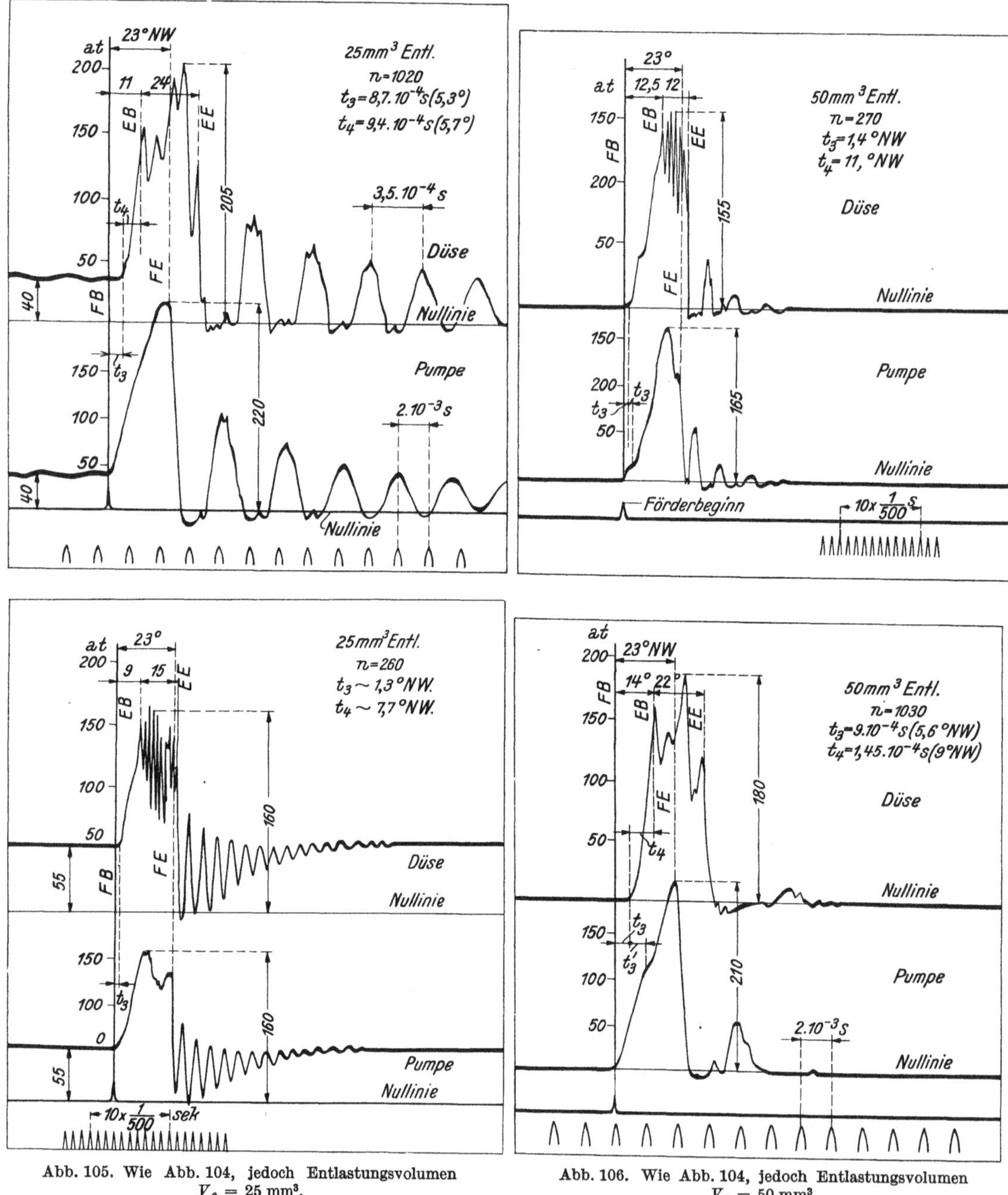

Abb. 105. Wie Abb. 104, jedoch Entlastungsvolumen
$V_e = 25$ mm³.

Abb. 106. Wie Abb. 104, jedoch Entlastungsvolumen
$V_e = 50$ mm³.

durch t_3 und t_4 gegeben ist. Die schon oben erwähnte Abnahme des Öffnungsverzuges t_4 mit der Drehzahl bestätigt sich in den Diagrammen. Sie ist um so größer, je niedriger der Standdruck, d. h. je größer die Entlastung ist. Der verringerte Öffnungsverzug gleicht zum Teil die zunehmende Laufzeit t_3 aus, so daß die Zunahme der Gesamtverzögerung mit der Drehzahl im entlasteten System geringer ist als beim unentlasteten. Die Verringerung des Öffnungsverzuges wird verständlich bei einem Vergleich des Druckanstieges bei hoher und niedriger Drehzahl in Abb. 106. Während bei der hohen Drehzahl im Düsendiagramm keinerlei Schwingungen im Druckanstieg bis zum Öffnungsdruck zu sehen sind, die Druckwelle also schon bei ihrem ersten Stoß die Nadel anhebt, erfolgt bei niedriger Drehzahl bis zum Öffnen der Nadel mehrfacher Rückwurf der Wellen,

der Druckanstieg erfolgt in Schwingungen, d. h. der Vorgang nähert sich schon dem statischen. Der dynamische Druckanstieg erfolgt jedoch stets rascher (theoretisch doppelt so steil) als der statische.

Ein Absinken des Standdruckes unter Null ist nicht möglich. Bei einer darüber hinausgehenden Leitungsentlastung tritt Hohlraumbildung auf. Genaue Untersuchungen zeigen, daß der Hohlraum in Form einer einzigen Blase am Entlastungsventil entsteht, daß er jedoch nicht immer daselbst bis zur nächsten Einspritzung erhalten bleibt. Er kann durch die Schwingung auch nach der Düse getragen werden oder an verschiedenen Stellen verteilt aufscheinen.

In unserem Beispiel ist Hohlraumbildung bei dem Entlastungsvolumen $V_e = 85\ \text{mm}^3$ zu beobachten (Abb. 107). Bei hoher Drehzahl steigt der Druck an der Pumpe erst nach dem Förderverzug $t_2 = 3{,}2°\text{NW}$ an. Während dieser Zeit fördert der Plunger 25 mm³, was der Größe des Hohlraumes entspricht. Nach t_2 s geht die Druckwelle von der Pumpe ab. Aus der Laufzeit t_3 folgt die Geschwindigkeit $a = 1240\ \text{m/s}$. Nach Ankunft der Druckwelle an der Düse erfolgt sofort der Druckanstieg, woraus zu schließen ist, daß daselbst kein Hohlraum entsteht. Anders ist dies bei niedriger Drehzahl der Fall. Die Strecke t_2 ist hier nicht so lang, d. h. der Hohlraum ist an der Pumpe kleiner als bei hoher Drehzahl. Das Vorhandensein eines zweiten Hohlraumes wird deutlich, wenn Druck an Düse und Pumpe verglichen werden. Das Druckdiagramm an der Pumpe zeigt nach τ sek die Abminderung durch eine positive rücklaufende Geschwindigkeitswelle. Bis dahin ist jedoch der Druck an der Düse Null, d. h. es muß an einer Stelle vorher der Rück-

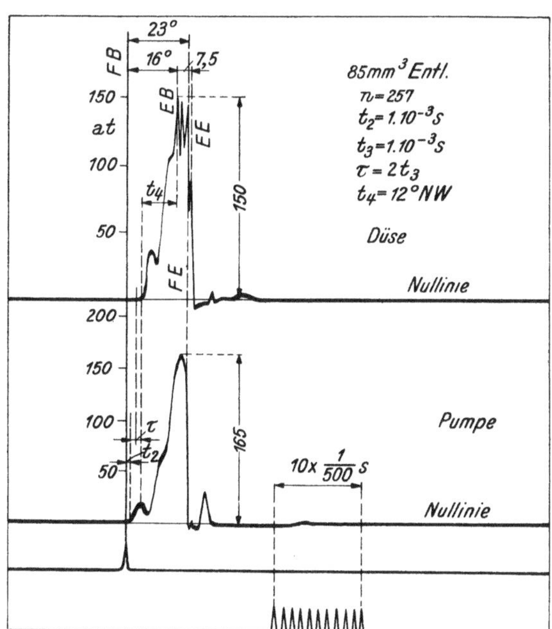

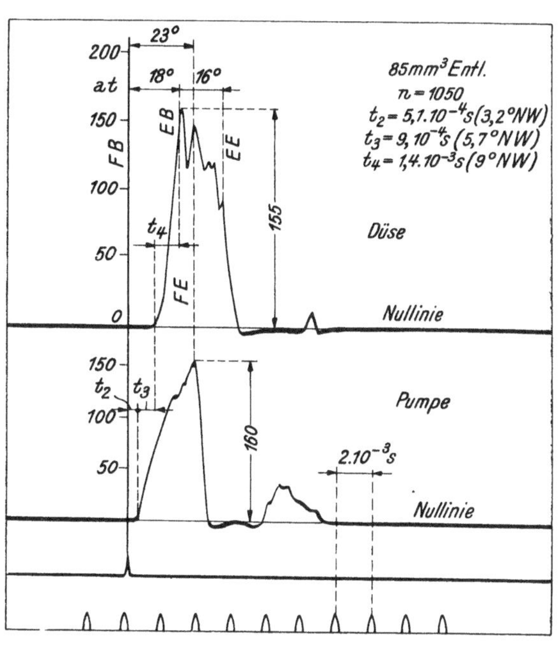

Abb. 107. Wie Abb. 104, jedoch Entlastungsvolumen $V_e = 85\ \text{mm}^3$.

wurf stattgefunden haben. Aus der Größe von τ läßt sich aussagen, daß der Hohlraum knapp an der Düse auftritt. Es ist demnach die zwischen zwei Einspritzungen zur Verfügung stehende Zeit, also somit die Drehzahl, von Einfluß auf die Verlagerung der Blasen. Hierin liegt eine gewisse Unstetigkeit, die zwar nicht die Stabilität der Vorgänge beeinflußt, aber eine Unsicherheit gelegentlich einer rechnerischen Vorausbestimmung des Ablaufes des vollständigen Einspritzvorganges mit sich bringt. Für die Größenordnung des Einspritzverzuges selbst gilt aber auch hierfür die allgemeine gültige Regel, nach der eine Vergrößerung des Entlastungsraumes eine Verlängerung des Einspritzverzuges zur Folge hat, welche ungefähr dem Auffüllen dieses Raumes durch die Plungerförderung entspricht.

Von allgemeiner praktischer Bedeutung ist weniger die absolute Größe der Einspritzverzögerung bei einer Drehzahl — sie wird durch Vorstellung des Brennstoffnockens ausgeglichen —, als ihre Änderung mit der Drehzahl. Sie soll möglichst gering sein. Das entlastete System ist in dieser Beziehung günstiger als das unentlastete, bei dem, falls die Betriebsdrehzahlen über einen größeren Bereich reichen (Fahrzeugmotor), die Verlagerung des Spritzbeginnes im allgemeinen schon so groß ist, daß ein Betrieb des Motors ohne Verwendung zusätzlicher Einrichtungen zur Korrektur des Spritzbeginns (Spritzversteller) nicht möglich ist. Bei Verwendung entlasteter Systeme war es hingegen immer mehr möglich, insbesondere unter Benutzung der in letzter Zeit häufiger verwendeten Drosselzapfendüse (vergleiche nächsten Abschnitt), auf solche Einrichtungen zur Spritzverstellung zu verzichten.

Eine genaue rechnerische Vorausbestimmung des Einspritzverzuges ist nicht möglich, weil die Entlastungsverhältnisse am Pumpendruckventil kaum erfaßbar sind. Zur Schätzung kann für rechnerische Untersuchungen am Einspritzgesetz folgendes gelten: Im unentlasteten System ist der Standdruck p_0 im Mittel etwa 70% des Schließdruckes der Nadel nach Gleichung (47). Bei Verwendung von Ventilen mit Rückholkolben erniedrigt sich dieser Druck nach Maßgabe des vom Rückholkolben freigegebenen Raumes V_e um den Betrag $p = \dfrac{V_e E}{V}$, worin V der Gesamtinhalt des Systems ist. Bei Entlastung bis auf die Nullinie wird $V_e = \dfrac{p_0 V}{E}$. Eine darüber hinausgehende Entlastung ergibt Hohlraumbildung.

Eine wesentliche Veränderung des Einspritzverzuges mit der Fördermenge ist nicht festzustellen. Dagegen nimmt er bei Erhöhung des Abspritzdruckes zu, weil der Öffnungsverzug der Nadel zunimmt.

Das Bild des Einspritzverzuges ist für sämtliche einleitend aufgezählten Pumpenarten grundsätzlich gleichbleibend, ausgenommen die Pumpe mit Drosselregelung (Abb. 76). Bei ihr ändern sich mit der Füllung (Drosselstellung) die Amplitudenwerte der zur Düse laufenden Geschwindigkeitswellen und damit auch der Öffnungsverzug derart, daß mit Füllungsverminderung auch eine Verspätung des Einspritzbeginnes Hand in Hand geht.

b) Steuerung der zuerst in den Brennraum gelangenden Menge.

Der Verlauf der Einspritzung gleich nach dem Öffnen des Einspritzventils, der — wie schon anläßlich der allgemeinen Besprechung des Verbrennungsablaufes (vgl. A, II, 2 u. 3) festgestellt wurde — allein maßgebend für die Verbrennungsgeräusche ist, kann auf zweierlei Arten gesteuert werden: entweder von der Pumpe aus durch entsprechende Bemessung der Nockengeschwindigkeit oder durch Druck- oder Querschnittssteuerung an der Düse. Letztere wird zweckmäßig in jenen Fällen verwendet, wo die Fördergeschwindigkeit der Pumpe schon zu Beginn höher ist als sie im Hinblick auf die Gangruhe tragbar wäre. Dies gilt vorwiegend für saugventillose Pumpen.

Zur Steuerung des Einspritzverlaufes durch die Verdrängergeschwindigkeit des Pumpenstempels eignen sich vorzugsweise alle Pumpen, die mit Saugventilen ausgestattet sind, weil bei ihnen die Förderung mit der Geschwindigkeit Null beginnt. Je nachdem die Auflaufflanke des Brennstoffnockens konkav, tangential oder konvex gekrümmt wird, läßt sich ein mehr oder weniger steiler Anstieg der Fördergeschwindigkeit erreichen.

Ein an und für sich richtig bemessener Nocken bringt nur dann den gewünschten Erfolg in der Laufruhe, wenn die nach dem Öffnen der Nadel aus der Einspritzleitung entspannende Kraftstoffmenge nicht so groß ist, daß schon durch sie ein harter Gang bedingt ist. Dies zu vermeiden, ist um so schwieriger, je kleiner der Motor ist, insbesondere dann, wenn der Motor mit verschiedenen Umlaufzahlen arbeiten muß.

Die größtmögliche, durch Entspannung frei werdende Kraftstoffmenge, welche zugleich die kleinste beherrschbare Menge darstellt, ist, wenn die Ventilnadel masselos gedacht ist, durch das zwischen Öffnungs- und Schließdruck des Ventils im Gesamtraum V des Einspritzsystems aufgespeicherte Volumen gegeben.

$$\Delta V = \frac{(p_ö - p_s)}{E} V = p_ö \frac{f_s}{f_n} \frac{V}{E}. \tag{72}$$

Unter dem Einfluß der Massenkräfte jedoch kann die Nadel auch über den Schließdruck hinaus offengehalten werden und dabei die entspannende Menge noch größer als obiger Wert werden. Maßgebend für die Auswirkung dieser Entspannung auf die Laufruhe ist ihre Zeitdauer und der Zündverzug. Bei Motoren, die nur mit einer Drehzahl arbeiten, sind die Düsenbohrungen im allgemeinen klein genug, um ein zu schnelles Entspannen zu verhindern. Dasselbe gilt für Fahrzeugmotoren bei höchster Betriebsdrehzahl. Bei ihnen läßt sich ein ruhiger Lauf durch ein mit der Geschwindigkeit Null beginnendes Fördergesetz der Pumpe ohne besondere Kniffe verwirklichen. Anders verhält es sich im niedrigen Drehzahlbereich des Fahrzeugmotors. Wenn auch die Zeit der Entspannung gleich bleibt, so sind bei den größeren Zündverzügen bei Beginn der Verbrennung wesentlich mehr Mengen im Brennraum und die Möglichkeit der stoßweisen Verbrennung ist erhöht. In solchen Fällen schafft nur die Verkleinerung von ΔV Abhilfe. Wie groß dieses Volumen bei noch ruhiger Verbrennung sein darf, kann nicht allgemein ausgesagt werden. Es hängt vom Verbrennungssystem (Zündverzug und Brenngeschwindigkeit) und von der Art des Kraftstoffes ab.

Es spielt auch hier jene Menge an Kraftstoff eine wesentliche Rolle, die, während des Zündverzuges eingebracht, noch stoßfrei verbrennt. In den meisten Fällen liegt die Zeitdauer einer Nadelschwingung und damit die der Entspannung in der Größenordnung des Zündverzuges. Dabei darf dann ΔV nicht größer als das noch stoßfrei verbrennbare Kraftstoffvolumen sein, für mittlere Verhältnisse etwa 0,006 cm³/l Hubvolumen.

Wir führen im folgenden zwei Beispiele an, an denen diese Bedingung erfüllt ist.

a) Fahrzeugmotor 1 l Zylinderinhalt:

Kleinste, bei plötzlicher Verbrennung detonationsfrei arbeitende Menge 0,006 cm³;

Leitung 2 ⌀, 700 mm lang
Pumpenraum 1,5 cm³ $\Big\}$ $V = 4,7$ cm³;
Düsenraum 1 cm³
Düse $p_ö = 130$ at.

$$\frac{f_s}{f_n} = \frac{1}{7}.$$

Damit ist

$$V_{min} = \frac{1}{7} \cdot \frac{130 \cdot 4,7}{2 \cdot 10^4} = 0,00435 \; cm^3 < 0,006 \; cm^3.$$

b) Großmotor 83 l Zylinderinhalt:

Kleinste detonationsfrei verbrennende Menge 0,006 · 83 = 0,5 cm³;

Leitung 4 ⌀, 4000 mm lang
Pumpenraum 10 cm³ $\Big\}$ $V = 65$ cm³;
Düsenraum 5 cm³
Düse $p_ö = 350$ at.

$$\frac{f_s}{f_n} = \frac{1}{5,5}.$$

Damit ist

$$V_{min} = \frac{1}{5,5} \cdot \frac{350 \cdot 65}{2 \cdot 10^4} = 0,206 \; cm^3 \ll 0,5 \; cm^3.$$

Beim Kleinmotor liegt die entspannende Menge schon wesentlich näher der für die Gangruhe erforderlichen Grenze als bei der Großmaschine. Dies bedingen ausschließlich die verhältnismäßig großen Räume des Einspritzsystems beim Kleinmotor, welche schon mit Rücksicht auf die erhöhten Einspritzgeschwindigkeiten (Leitungsquerschnitt) nicht unter einer bestimmten Grenze zu halten sind. Während in obigen Beispielen, die sich auf praktisch ausgeführte Maschinen beziehen, die Hubvolumina (und damit auch die je Hub bei gleichem Mitteldruck eingespritzte Kraftstoffmenge) im Verhältnis 1:83 stehen, verhalten sich die Räume der Einspritzsysteme nur wie 4,7:65 = 1:13,8. Die einzige Möglichkeit, diese Verhältnisse in ihrer Auswirkung auszugleichen, liegt in einem niedrigen Öffnungsdruck sowie einem kleinen Sitzverhältnis $\frac{f_s}{f_n}$ (vgl. Gl. 72). Beide Maßnahmen sind in den behandelten Beispielen bereits verwirklicht. Das Sitz-

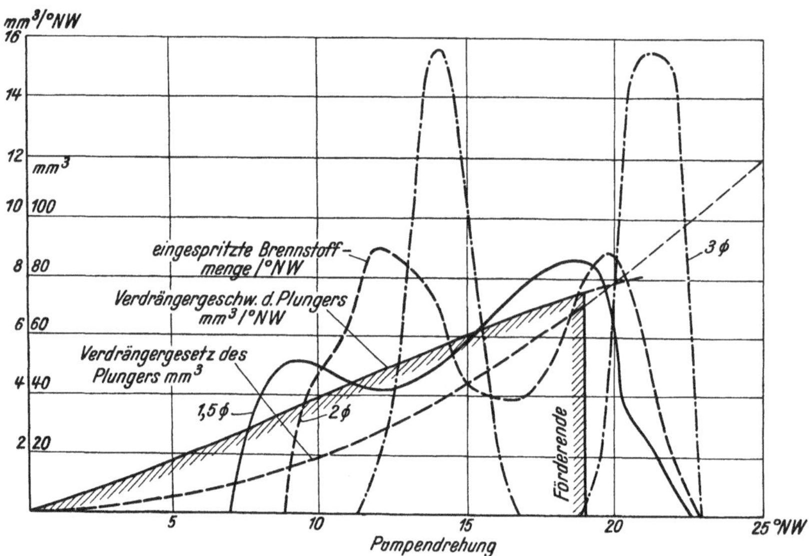

Abb. 108. Einspritzgesetz einer mit der Geschwindigkeit Null zu fördern beginnenden Pumpe eines Fahrzeugmotors (1 l/Zyl.) bei verschieden weiten Einspritzleitungen. (7 mm Kolbendurchmesser, Düsendurchmesser 0,6 mm, 140 atü Öffnungsdruck, Leitung 700 mm lang, Pumpendrehzahl 200 min⁻¹ Vollastfüllung).

verhältnis kann natürlich nur soweit verkleinert werden, wie es die Festigkeit des Sitzes zuläßt. Bei niedrigen Einspritzdrücken bis etwa 150 at läßt sich ein Sitzverhältnis von $^1/_7$ noch dauerhaft herstellen, während bei höheren Drücken (etwa 300 at) eine Grenze von $^1/_5$ nicht unterschritten werden soll.

Außer auf die Entspannung der Leitung beim Öffnen des Einspritzventils ist bei der Steuerung durch einen mit der Geschwindigkeit Null allmählich beginnenden Nocken auch stets darauf zu achten, daß nicht etwa durch zu starke Leitungsentlastung bei Beginn der Förderung ein zu starker Vorhub zum Aufpumpen der Leitung bis zum Abspritzdruck erforderlich und dabei die Fördergeschwindigkeit schon zu groß wird. Ein gewisser Vorhub ist unvermeidlich schon zum Aufpumpen der Leitung vom Standdruck p_0 auf $p_\ddot{o}$. Dieser Anteil ist, wie rückblickend auf Abb. 92 und 93 zu ersehen ist, um so kleiner, je enger die Brennstoffleitung und je geringer die Differenz $p_\ddot{o} - p_0$ wird. Die Leitungsentlastung durch das Pumpendruckventil soll demnach nicht weiter getrieben werden als sie für ein Einspritzen ohne Nachspritzen notwendig ist.

Wie sehr das Einspritzgesetz bei zu weiter Einspritzleitung infolge der verstärkten Entspannung beim Öffnen einerseits, der bei verspätetem Einspritzbeginn höheren Einspritzgeschwindigkeiten anderseits verzerrt werden kann, zeigt Abb. 108. Die Einspritzung beginnt übereinstimmend mit der Theorie um so später, je weiter die Einspritzleitung ist. Die Zunahme der je Grad austretenden Menge ist ganz wesentlich höher als sie der gemäß der verspäteten Einspritzung erhöhten Geschwindigkeit des Kolbens entspricht, woraus der überwiegende Einfluß der Entspannung deutlich wird. Er ist so groß, daß es bei 3 mm Leitungsdurchmesser selbst zu einer unterbrochenen Einspritzung kommt. Daß dabei eine Steuerung des Einspritzgesetzes und damit eine Beherrschung der Geräuschfrage nicht mehr möglich ist, leuchtet ein. Bei 1,5 mm und 2 mm Durchmesser hingegen ist das Verbrennungsgeräusch in befriedigenden Grenzen.

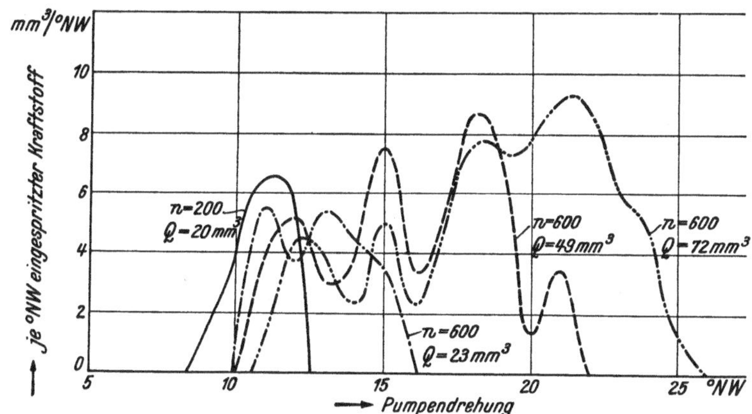

Abb. 109. Einspritzgesetz einer Fahrzeugpumpe (ruhiger Lauf im Leerlauf) bei mittlerer Drehzahl und Leerlauf. 7 mm Kolbendurchmesser, 1,5 mm Leitungsdurchmesser, Düsendurchmesser 0,6 mm, 140 atü Öffnungsdruck, Verdrängergesetz des Nockens wie in Abb. 108 (Deutz).

Zusammenfassend lassen sich für die Bemessung von Einspritzsystemen, bei denen eine geräuschlose Verbrennung durch ein mit der Geschwindigkeit Null beginnendes Verdrängergesetz des Plungers erzielt werden soll, nachstehende Richtlinien anführen:

1. Die Leitungsentlastung soll nicht größer als für einen raschen Abschluß der Einspritzung notwendig sein.

2. Die mit Kraftstoff erfüllten Räume sind möglichst klein zu halten, also auch kurze und enge Einspritzleitungen auszuführen. Der Leitungsdurchmesser richtet sich nach der höchsten Geschwindigkeit, die nicht mehr als 20 m/s betragen soll.

3. Das Verhältnis von Nadelsitz zu Führung soll möglichst klein sein.

4. Die Nadelmasse ist klein und die Feder hart auszuführen ($k = 300$ bis 400 kg/cm).

5. Der Öffnungsdruck sei möglichst niedrig, soweit dies die Güte der Verbrennung zuläßt.

Als Beispiel eines nach diesen Gesichtspunkten entwickelten Einspritzsystems zeigt Abb. 109 das Einspritzgesetz eines Fahrzeugmotors. Es war auch hierbei nicht zu vermeiden, daß die pro Grad Nockenwinkel austretende Menge über die vom Plunger verdrängte ansteigt;

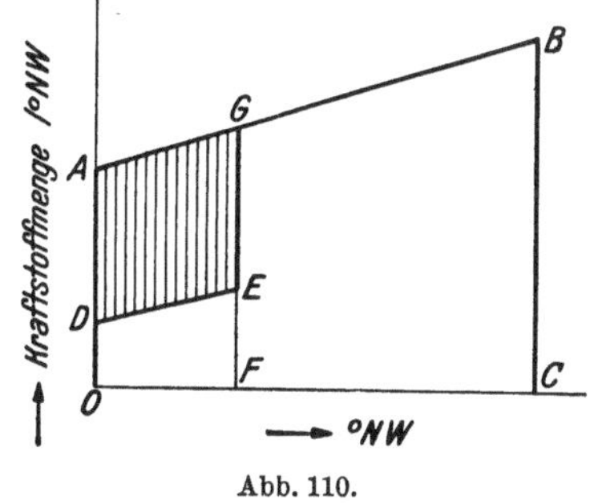

Abb. 110.

dies ist jedoch in Grenzen gehalten, die noch einen ruhigen Gang gewährleisten. Wenn die von der Pumpe während des Zündverzuges geförderte Kraftstoffmenge selbst schon größer ist als sie bei ruhigem Lauf sein darf, so bleiben obige Maßnahmen allein selbstverständlich ohne Erfolg. Es muß dann auch die Einrichtung so getroffen werden, daß während des Zündverzuges nur ein Teil des verdrängten Kraftstoffes eingespritzt wird. Ist im Schema, Abb. 110, $O\,A\,B\,C$ das Gesetz der Kraftstofförderung der Pumpe, $O\,D\,E\,F$ die bei noch ruhiger Verbrennung höchstzulässige, während des Zündverzuges eingespritzte Menge, so muß für die restliche Menge $D\,A\,G\,E$ die Möglichkeit einer Speicherung vorgesehen sein. Diese ist von Natur aus in der Raumerweiterung beim Anheben der Nadel gegeben, wenn die Düse selbst in Abhängigkeit vom Nadelhub die sekundlich ausspritzende Menge nach $D\,E\,G\,B$ steuert.

Diese Mengensteuerung an der Düse kann — da die sekundlich ausfließende Menge eine Funktion von Querschnitt und Druck ist — entweder durch Querschnitts- oder durch Drucksteuerung oder durch beide zusammen erfolgen.

Die Drucksteuerung läßt sich mit jeder Düsenbauart verwirklichen, bei der die Nadelbelastung in geeigneter Gesetzmäßigkeit mit dem Hub zunimmt. Voraussetzung ist dabei eine Düsenbohrung und ein Abspritzdruck im ersten Teil des Hubes, denen zufolge die sekundlich austretende Menge innerhalb der für Laufruhe nötigen Grenzen liegt. Als Beispiel hierfür gelte die Düse nach Abb. 111 mit Hubbegrenzung. Nach Öffnen teilt sich der Kraftstoff in einen durch die Bohrung μf unter der Federkraft P abfließenden und einen weiteren Teil, der im freigegebenen Raum $f_n h$ aufgespeichert wird. Schlägt die Nadel an ihrer Begrenzung an, so tritt unter plötzlicher Drucksteigerung der ganze zur Düse gelangende Kraftstoff aus. Man hat es dabei in der Hand, durch richtige Bemessung der Bohrung μf, der Federbelastung P, des Nadelhubes und Nadelquerschnittes die gewünschte Unterteilung zu erreichen.

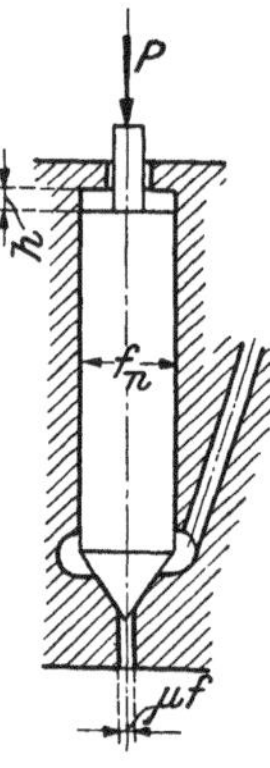

Abb. 111.

Die praktische Brauchbarkeit so eines Verfahrens wie aller Einrichtungen, bei denen die Mengensteuerung nur durch den Druck erfolgt, ist besonders bei kleineren Motoren mit größeren Zündverzügen in Frage gestellt, weil die Düsenbohrungen dabei so klein ausfallen, daß nach Eintritt der Hubbegrenzung allzu hohe Drücke auftreten, welche einerseits die Bauteile übermäßig beanspruchen, anderseits auch für die Strahlbildung und Verbrennung nicht immer günstig sind.

Die hohen Drücke lassen sich vermeiden, wenn parallel zu diesem Ventil ein zweites angeordnet wird, welches erst, nachdem das erste an der Hubbegrenzung anliegt, unter höherem Druck abspritzt und einen zusätzlichen Querschnitt zum Austritt freigibt. In dieser wiederholt vorgeschlagenen Anordnung von zwei Ventilen ist demnach außer von der Drucksteuerung auch von der Querschnittssteuerung Gebrauch gemacht. Dieses Verfahren ist praktisch durchaus brauchbar und gestattet es vor allem *in jedem Falle,* die gewünschte Steuerung zu Beginn der Einspritzung zu verwirklichen. Wenn von der Anordnung kein allgemeiner Gebrauch gemacht wird, so dies deshalb, weil einerseits die Baukosten und die Störungsmöglichkeit wesentlich erhöht werden, anderseits die beschränkten Raumverhältnisse am Zylinderkopf das Anbringen eines zweiten Ventils erschweren. Der Vorschlag, die beiden Ventilnadeln ineinanderzulegen, ist aus Gründen der Betriebsfähigkeit abzulehnen.

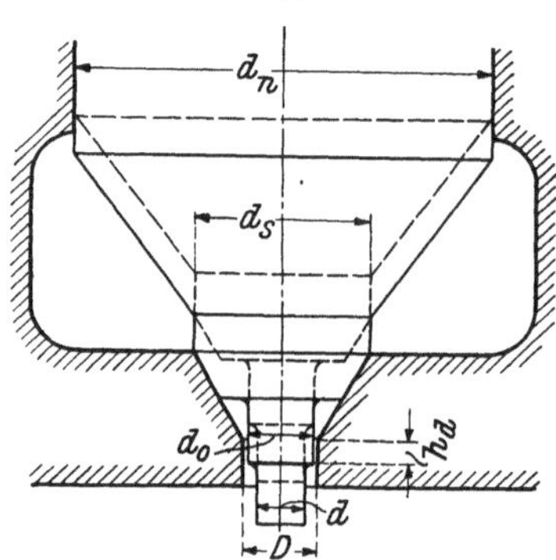

Abb. 112. Sitz und Querschnittsverhältnisse einer Drosselzapfendüse.

Die heute einzige brauchbare Verwirklichung der Querschnittssteuerung stellt die sogenannte *Drosselzapfendüse* dar. Die Düse wird von der Firma Bosch erzeugt und stellt in Anbetracht der großen Stückzahlen und der dabei geforderten Herstellungsgenauigkeit eine Spitzenleistung deutschen Werkstattkönnens dar. Die untere Partie der Düse sieht etwa so, wie in Abb. 112 dargestellt, aus. Wie der Name schon sagt, handelt es sich um eine Zapfendüse. Das Charakteristische daran ist der mit geringem Spiel $D - d_0$ in die Bohrung D über den Hub h_d ragende Drosselzapfen, der weiter nach unten hin auf den Zapfen d abgesetzt ist, wobei der Ringspalt $D - d$ den vollen für die betreffende Maschine nötigen Düsenquerschnitt darstellt. Der Zapfen d (Formzapfen) kann konisch nach innen oder außen geschliffen sein, wodurch es möglich ist, dem Strahlkegel verschiedene Winkel zu geben. Wenn die Düse öffnet, ist zunächst der Austrittsquerschnitt gedrosselt. Die Raumerweiterung durch die Nadel nimmt dabei die überschüssig der Düse zugeführte Menge auf. Erst wenn der Drosselzapfen nach dem Drosselhub aus der Düsenbohrung austaucht, geht der volle Querschnitt auf.

Die gemessenen Ausflußquerschnitte einer handelsüblichen Drosselzapfendüse zeigt Abb. 113. Im Vergleich dazu ist das Querschnittsgesetz einer Einlochdüse ohne Drosselhub mit gleicher größter Öffnungsweite wiedergegeben.

Die Verwirklichung des angestrebten Einspritzgesetzes, wobei während des Zündverzuges nur verminderte Mengen eingespritzt werden sollen, setzt voraus, daß der Drosselzapfen während dieser Zeit nicht aus der Bohrung austritt; d. h. der Nadelhub darf während dieser Zeit nicht über den Drosselhub h_d ansteigen. Rückblickend auf die allgemeine Diskussion des Nadelöffnens unter Ziffer IV, 2, welche ungeändert auch auf die Drosselzapfendüse angewandt werden kann, ergeben sich daraus folgende zwei Forderungen:

1. Die der Pumpenförderung entsprechende erzwungene Bewegung der Nadel muß innerhalb des Zündverzuges oder noch länger in ihrer Amplitude kleiner als der Drosselhub h_d sein.

2. Die durch den Öffnungsstoß angeregte Eigenbewegung darf nicht so heftig sein, daß schon dadurch die Nadel über den Drosselhub hinausschwingt.

Der Ringspalt $D - d_0$ ist aus den für die Gangruhe erforderlichen Größen bestimmt: Sein

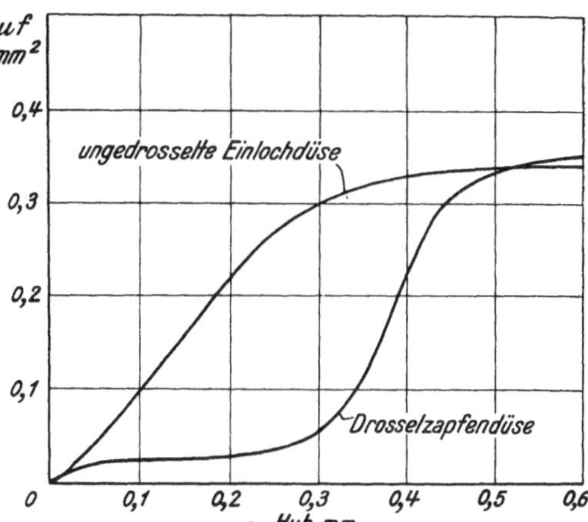

Abb. 113. Wirksamer Ausflußquerschnitt einer Drosselzapfendüse in Vergleich mit einer Einlochdüse mit gleichem größten Öffnungsquerschnitt.

größter noch zulässiger Wert ergibt sich aus dem Einspritzdruck, der Zündverzugszeit und der während dieser Zeit noch zulässigen größten Einspritzmenge. Dazu fordert nun Punkt 1 die richtige Bemessung von Drosselhub mal Nadelquerschnitt als Speichervolumen, welches etwa gleich dem Differenzvolumen aus dem vom Pumpenstempel während des Zündverzuges verdrängten und dem eingespritzten sein muß. Nach

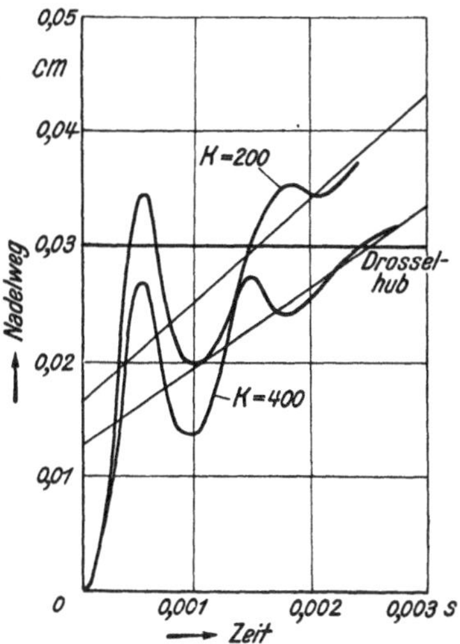

Abb. 114. Öffnungsbewegung einer Drosselzapfendüse bei zwei verschiedenen Federhärten.

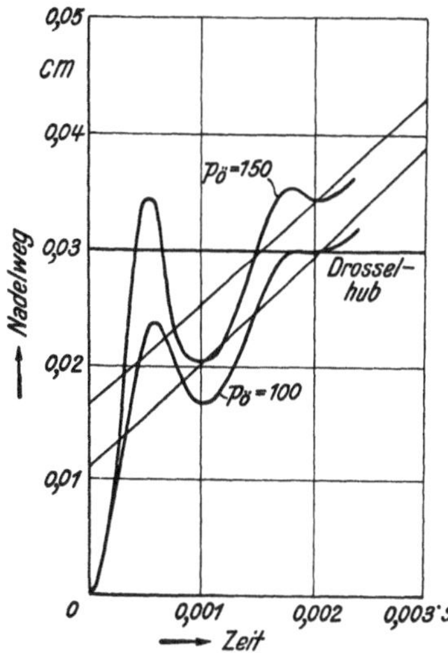

Abb. 115. Öffnungsbewegung einer Drosselzapfendüse bei verschiedenen Öffnungsdrücken. Federhärte $k = 200$ kg/cm.

Punkt 2 besteht die Forderung, das „Nadelspringen" in engsten Grenzen zu halten. Wie schon öfter besagt, ist hierzu das Verhältnis des Durchmessers vom Nadelsitz zur Nadelführung möglichst klein, der Öffnungsdruck der Nadel möglichst niedrig und die Feder möglichst steif zu halten. In welchem Maß die einzelnen Faktoren das Einspritzgesetz beeinflussen, läßt sich theoretisch mit genügender Genauigkeit erfassen. Wir begnügen uns in den Abb. 114 und 115, das Ergebnis solcher Untersuchungen anzugeben.

Es handelt sich dabei um eine für einen Fahrzeugmotor von etwa 1,5 l Zylinderinhalt passende Drosselzapfendüse mit den Abmessungen: Nadelführung 6,5 ∅, Sitzdurchmesser 3,3 mm, Drosselzapfen $D_1 = 0,98$ mm, Düsenbohrung 1 ∅, Drosselhub 0,3 mm. Die Bedingung der Gangruhe ist in erster Linie für Leerlauf ($n = 200$) zu erfüllen (dies

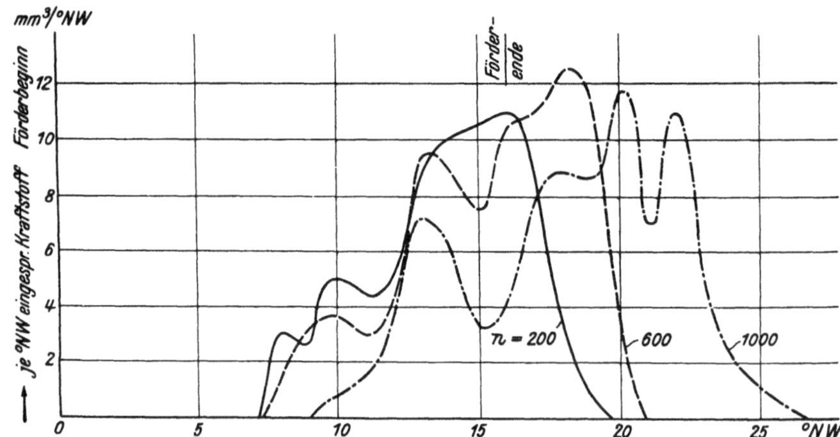

Abb. 116. Einspritzgesetz eines Fahrzeugmotors bei Vollast und verschiedenen Drehzahlen. Bosch-Pumpe: Pumpenkolben 7,5 mm Durchmesser, Leitung 2 × 6 × 800 mm. Drosselzapfendüse. Gute Leistung. Ruhiger Lauf auch bei niedrigen Drehzahlen.

schließt die Gangruhe bei höheren Drehzahlen selbst ein). Die sekundlich dabei von der Pumpe geförderten Brennstoffvolumina seien gleichbleibend 7,7 cm³/s. Die Einspritzleitung sei kurz und die Schwingungen darinnen bei der niedrigen Drehzahl vernachlässigt. Der Brennstoffinhalt des Systems ist 4 cm³. Die Nadelmasse $2,5 \cdot 10^{-5}$ kg s² m⁻¹.

In Abb. 114 ist die Öffnungsbewegung für die verschiedenen Federhärten $k = 200$ und 400 kg/cm der Ventilfeder gegenübergestellt bei einem Öffnungsdruck von 150 at.

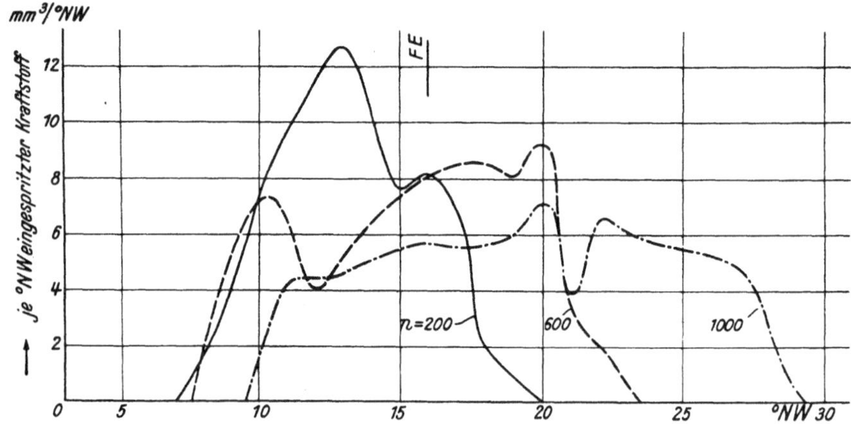

Abb. 117. Einspritzgesetz eines Fahrzeugmotors wie in Abb. 116, jedoch bei Verwendung einer ungedrosselten Einlochdüse. Leistung ungefähr wie zu Abb. 116, jedoch harter Gang bei Pumpendrehzahlen unter 500 min⁻¹.

Während bei der weichen Feder der Drosselhub bereits nach etwa 0,6° NW durchlaufen ist, trifft dies bei der harten Feder erst nach etwa 2,7° NW oder 0,0024 s zu, welche Zeit schon größer als der übliche Zündverzug ist und als Drosselzeit demnach für ruhigen Gang ausreicht. Der Einfluß des Öffnungsdruckes ist in Abb. 115 aufgezeigt. Die bei 150 at unbrauchbare Zusammenstellung gibt bei 100 at Öffnungsdruck die brauchbare Drosselzeit 2,3° NW entsprechend 0,002 s. Das Herabsetzen des Öffnungsdruckes verbessert die Gangruhe stets auch deshalb, weil die während der Drosselung eingespritzte Menge pro Zeiteinheit geringer wird.

Die praktische Auswirkung auf das Einspritzgesetz zeigt Abb. 116, welche das Einspritzgesetz eines Fahrzeugmotors mit 1,5 l Hubraum darstellt. Zum Vergleich ist das Einspritzgesetz des gleichen Systems jedoch bei Verwendung einer für den Verbrauch des Motors gleichwertigen Einlochdüse in Abb. 117 wiedergegeben. Das plötzliche

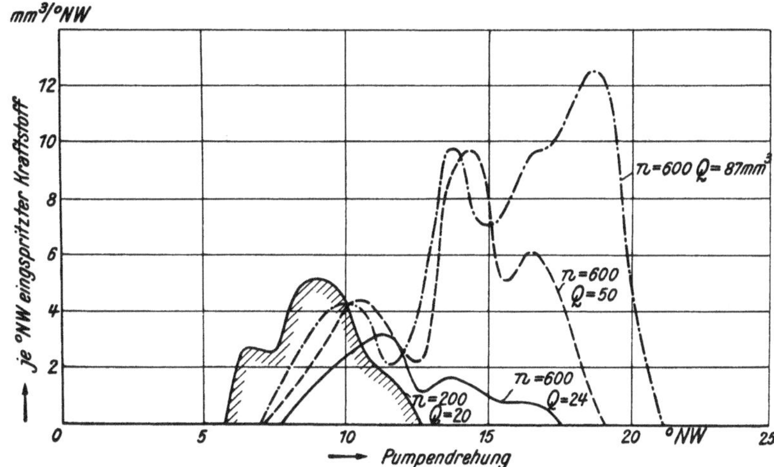

Abb. 118. Einspritzgesetz eines Fahrzeugmotors bei mittlerer Drehzahl und verschiedenen Füllungen und für niedrigen Leerlauf. Mit Drosselzapfendüse. Ruhiger Leerlauf. Daten wie in Abb. 117.

Ansteigen der eingespritzten Menge nach dem Öffnen der Nadel bei der ungedrosselten Einlochdüse gibt einen außerordentlichen harten Gang, insbesondere bei niedrigen Drehzahlen. Die Drosselzapfendüse hingegen unterbindet dies, wodurch ein angenehm ruhiger Gang bei allen Drehzahlen gesichert ist. Die Unterschiedlichkeit beider Düsensysteme wird auch deutlich aus den Abb. 118 und 119, worin für eine mittlere Drehzahl von 600 U/min und verschiedene Füllungen und außerdem für niedrigen Leerlauf das Einspritz-

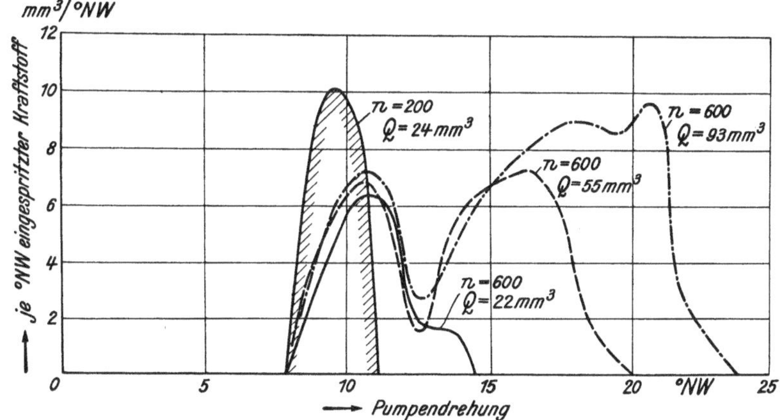

Abb. 119. Wie Abb. 118, jedoch mit ungedrosselter Einlochdüse. Rauher Leerlauf.

gesetz zusammengestellt ist. Die Einspritzdauer für die Leerlaufmenge verhält sich bei $n = 600$ U/min bei beiden Düsenarten wie etwa 10° zu 6° NW und bei $n = 200$ U/min wie 7° zu 3°. Der Zündverzug des Motors beträgt bei 200 U/min etwa 2,5° NW. Während dieser Zeit spritzt die ungedrosselte Düse 12 mm³ ab, die Drosseldüse hingegen nur 7 mm³. Das zulässige Größtmaß für ruhigen Gang beträgt bei dieser Maschine etwa 8 mm³ und liegt noch über dem Wert der Drosseldüse.

Eine Gegenüberstellung der Druckdiagramme an Düse und Pumpe zeigt Abb. 120a, b für $n = 200$ U/min. Bei der gedrosselten Düse steigt meist der Einspritzdruck wesentlich stärker über den Öffnungsdruck an als bei der ungedrosselten, weil einerseits der Nadelhub um etwa den Drosselhub größer und anderseits die Feder steifer ist. Charakteristisch an den Pumpendiagrammen der ungedrosselten Düse ist bei niedriger Drehzahl der Druckabfall in A, welcher eine Folge zu großer austretender Mengen beim Eröffnen der Nadel

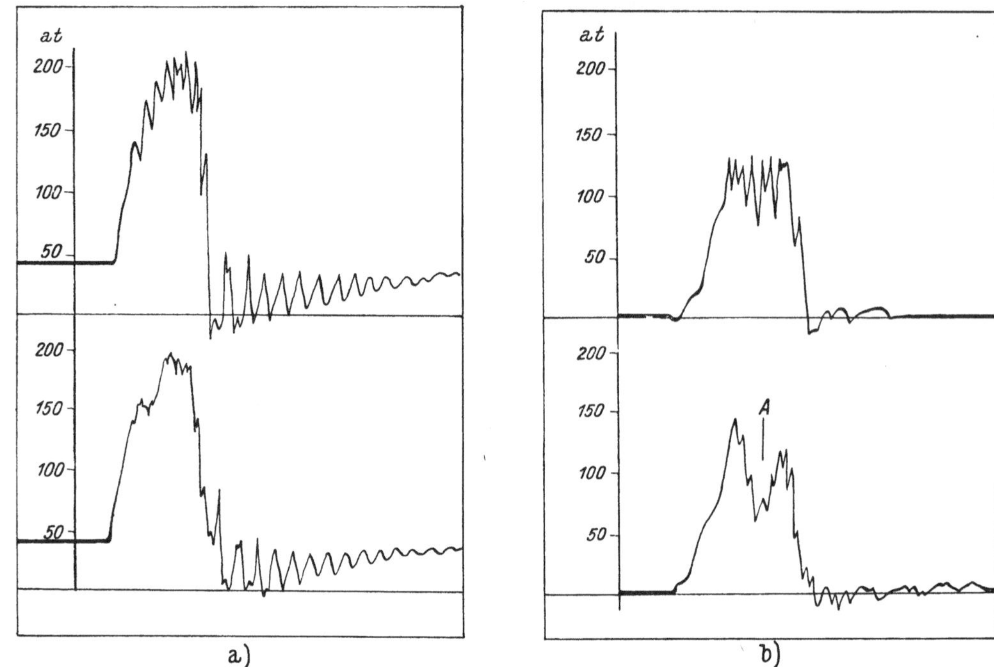

Abb. 120. a) Druckdiagramm an Düse und Pumpe eines Einspritzsystems mit Drosseldüse für einen Fahrzeugmotor. Zu Abb. 116. $n = 200\ \text{min}^{-1}$. b) Mit ungedrosselter Einlochdüse zu Abb. 117. $n = 200\ \text{min}^{-1}$.

ist und somit auch regelmäßig einen harten Gang der Maschine mit sich bringt. Im Diagramm der gedrosselten Düse ist dieser unvergleichlich geringer und rührt überdies vorwiegend nur von der Raumerweiterung durch die stärker anhebende Nadel her.

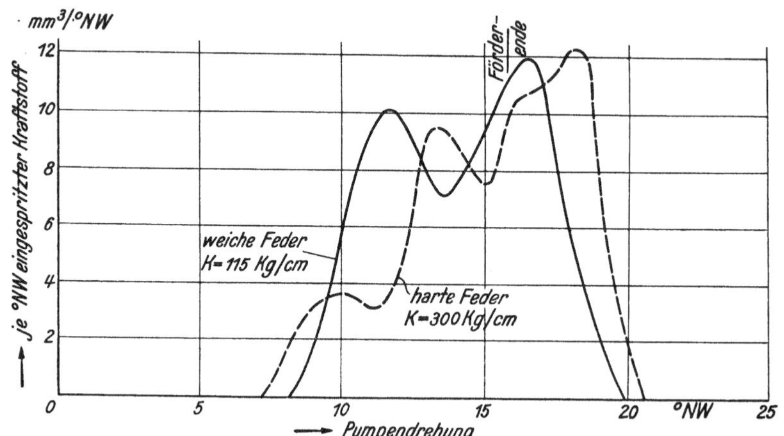

Abb. 121. Einspritzgesetz eines Systems mit Drosselzapfendüse wie Abb. 116, gemessen bei zwei verschiedenen Federhärten der Ventilfeder. $n = 200\ \text{min}^{-1}$.

Wie sehr das Einspritzgesetz einer Drosselzapfendüse von der Federhärte beeinflußt ist, zeigt Abb. 121 in einer Gegenüberstellung der Ergebnisse für das gleiche System wie in Abb. 116, und zwei Federhärten. Neben dem Einspritzgesetz mit der normalen Feder von etwa $k = 300\ \text{kg/cm}$ zeigt das bei Verwendung einer weicheren Feder ($k = 115\ \text{kg/cm}$) mehr den Charakter einer ungedrosselten Düse. Dasselbe zeigt auch das Druckdiagramm,

Abb. 122. Bei der weichen Feder ist die Amplitude der Öffnungsschwingung so heftig, daß die Ventilnadel nach raschem Durchlaufen des Drosselhubes gleich zu Beginn den vollen Querschnitt aufmacht. Im übrigen erfolgt dann, wie bei der Einlochdüse, die Entspannung der Leitung. Das äußert sich am Motor im harten Gang.

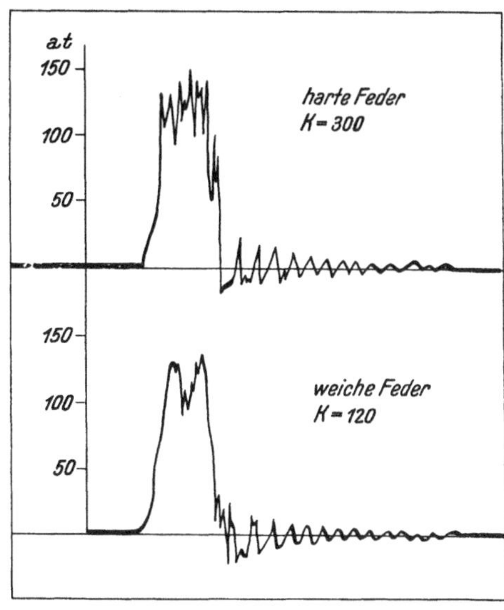

Abb. 122. Druckverlauf an der Pumpe. Einspritzsystem wie Abb. 116. $n = 200$ min^{-1}. Härte der Einspritzventilfeder wahlweise 300 und 120 kg/cm.

Wesentlich an den in der Praxis verwendeten Düsen mit Querschnittssteuerung ist, daß der im Drosselspalt auf hohe Geschwindigkeit gebrachte Brennstoff unmittelbar ohne wesentliche Behinderung in den Brennraum tritt. Dadurch ist eine gute Zerstäubung auch während der Drosselung sichergestellt. Es ist demnach nicht so günstig, den Gedanken der Drosselung in ähnlicher Weise auf die Mehrlochdüse nach Abb. 123 anzuwenden, weil sich die Querschnittsdrosselung im Mittelkanal am Austrittsquerschnitt als reine Geschwindigkeitsdrosselung äußert. Es wird dabei während des Drosselhubes bei der verminderten Austrittsgeschwindigkeit der Brennstoff schlecht zerstäuben, was einerseits den Zündverzug erhöht, anderseits die Gefahr des Verkokens vergrößert.

Aus diesen Gründen hat sich bisher nur die Drosselzapfendüse verbreitet. Sie ist insbesondere zur Verwendung in Motoren mit unterteilten Brennräumen als Ersatz für die früher verwendete Einlochdüse geeignet und hat dort in den letzten Jahren wesentlich zur Erhöhung der Gangruhe der Fahrzeugmotoren beigetragen.

c) Dauer und Abschluß der Einspritzung.

Spritzwinkel und Förderwinkel der Pumpe stehen zwar in mittelbarem funktionellem Zusammenhang, sind aber im allgemeinen nicht gleich groß. Darüber hinaus bestehen dynamische Einflüsse, durch die der Einspritzwinkel an der Düse bei gleichbleibendem Förderwinkel der Pumpe mit zunehmender Drehzahl zunimmt. Die Verhältnisse, wie sie grundsätzlich an allen praktisch verwendeten Einspritzsystemen mit geschlossener Düse vorherrschen, seien an den Meßergebnissen einer Bosch-Fahrzeugpumpe an Hand der Abb. 124 und 125 geklärt. Über der Pumpendrehung in Graden ist für Drehzahlen bis 1000 min^{-1} Einspritzbeginn und -ende aufgetragen. Die dem Förderbeginn und Förderende der Pumpe entsprechenden Punkte an der Düse liegen um die Laufzeit der Wellen verspätet und sind über der Drehzahl durch die Geraden a_1 und a_2 gezeichnet. Abb. 124 stellt die Verhältnisse, wie sie sich mit und ohne Entlastung der Einspritzleitung ergeben, gegenüber. Die Verschiebung des

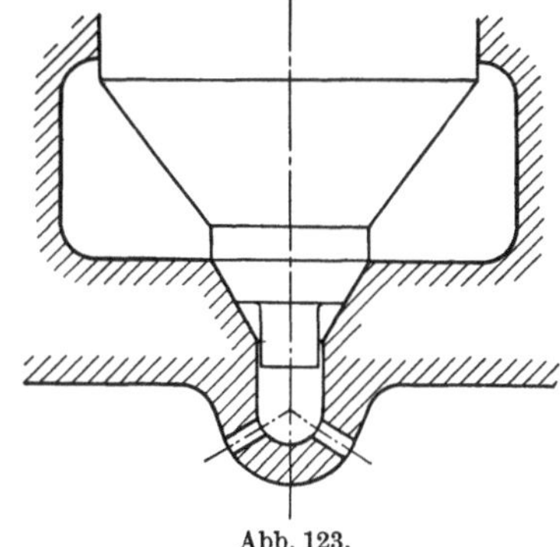

Abb. 123.

Spritzbeginnes durch die Einspritzverzögerung wurde schon unter Ziffer VI, a, eingehend erörtert. Darnach erfolgt im entlasteten System die Einspritzung später. Die Verschiebung des Spritzbeginnes mit der Drehzahl ist hingegen geringer als im unentlasteten System, was durch Abnahme des Eröffnungsverzuges der Ventilnadel bei höheren Geschwindigkeiten bedingt ist.

Stärker als die Verschiebung des Spritzbeginnes ist die des Einspritzschlusses mit der Drehzahl. Sie ist für das entlastete System nahezu gleich groß wie für das unentlastete. Beim letzteren jedoch zeigt sich im vorliegenden Beispiel von der Drehzahlgrenze 700 U/min ab ein Nachspritzen, welches mit zunehmender Drehzahl länger wird. Diese Verschleppung des Einspritzschlusses über die durch die Gerade a_2 gegebene Linie des

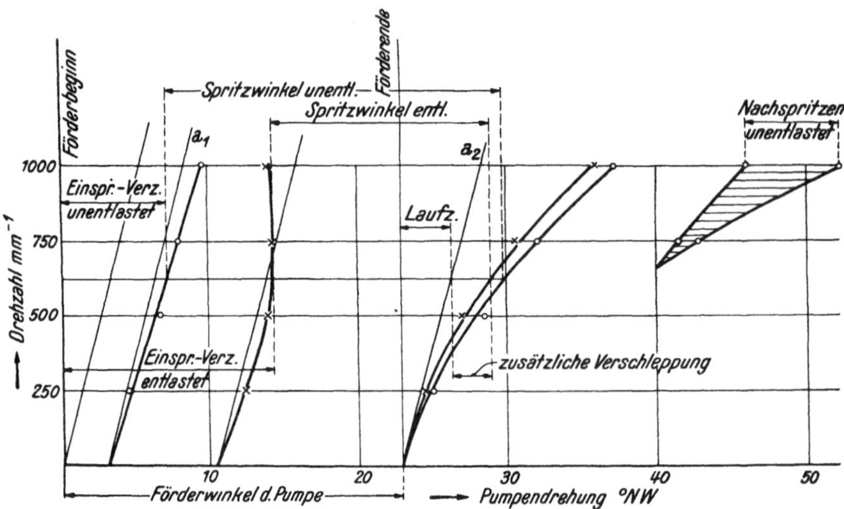

Abb. 124. Spritzwinkel einer Bosch-Pumpe PEB, 6,5 mm Kolbendurchmesser in Verbindung mit Einlochdüse von 0,6 mm Durchmesser, Leitung 6 × 2 × 1150 mm. Mit und ohne Entlastung der Leitung.

Förderschlusses hinaus kann in zweierlei Umständen seine Ursache haben. Einmal kann die Versperrung der Düse selbst eine Verlängerung des Spritzwinkels mit sich bringen, das andere Mal kann das Nachfördern eine Folge der noch über den Förderschluß der Pumpe hinaus bestehenden Bewegung in der Einspritzleitung sein. Den Einfluß des Düsenquerschnittes auf den Spritzwinkel zeigt Abb. 125 für das unentlastete

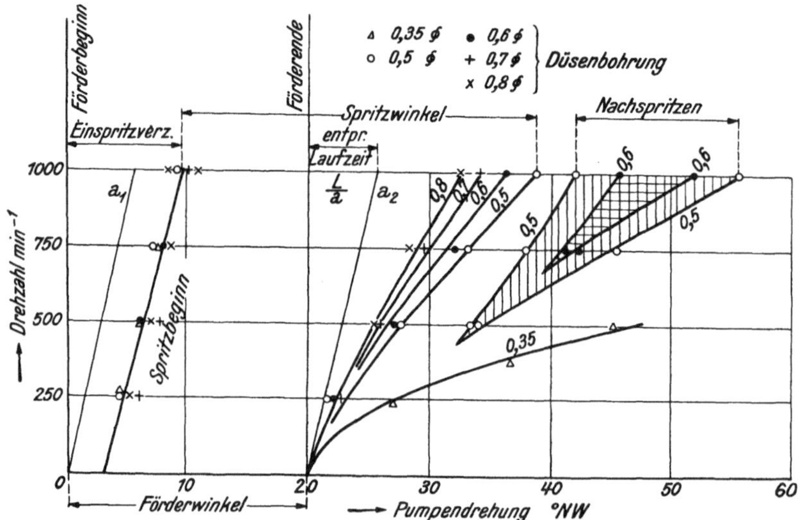

Abb. 125. Spritzwinkel in Abhängigkeit von der Drehzahl bei verschiedenen Düsenbohrungen. Einspritzsystem unentlastet wie in Abb. 124.

System wie in Abb. 124. Es ist hierin der gemessene Spritzwinkel für Düsenbohrungen 0,35, 0,5, 0,6, 0,7 und 0,8 mm in gleicher Weise wie im vorhergehenden Bilde dargestellt. Das Wesentliche und Allgemeingültige an diesem Ergebnis ist kurz zusammengefaßt:

Der Spritzbeginn ist vom Düsenquerschnitt nur gering beeinflußt.

Mit kleiner werdendem Düsenquerschnitt nimmt der Spritzwinkel zu. Von einer gewissen Größe ab (hier 0,6 ⌀) setzt das Nachspritzen ein, welches sich bei abnorm

kleinen Querschnitten mehrmals wiederholen und im Extremfalle mit dem Hauptspritzen
zu einer einzigen zusammenhängenden Einspritzung verschmelzen kann (vgl. 0,35 ⌀).

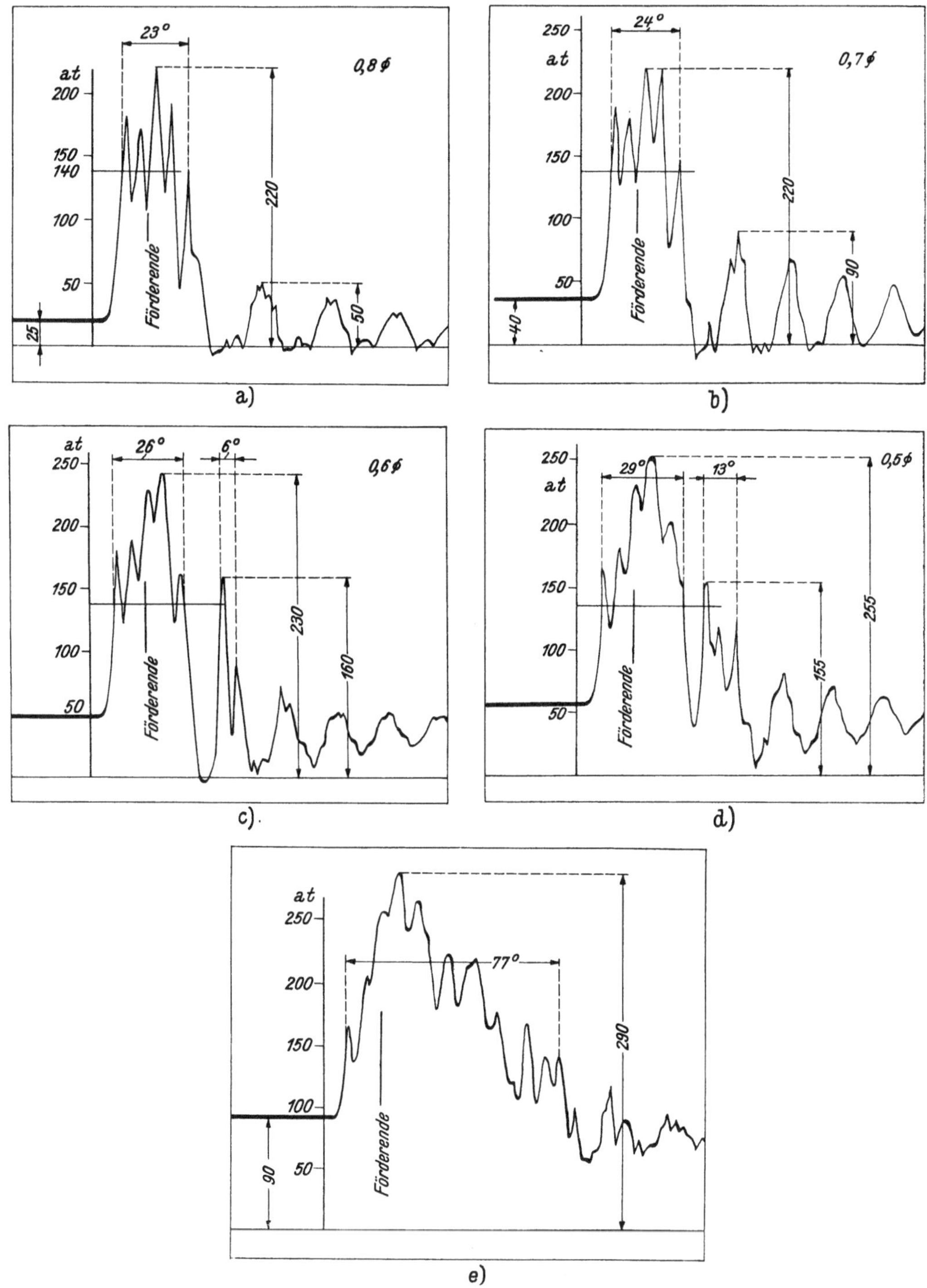

Abb. 126a bis e. Druckverlauf an der Düse bei $n = 1000\ \text{min}^{-1}$. Düsenbohrung 0,8; 0,7; 0,6; 0,5 und 0,35 mm Durchmesser.
Einspritzsystem wie in Abb. 125.

Die Zusammenhänge werden noch klarer aus der Abb.126 a—e, welche das Druckdiagramm an der Düse bei 1000 U/min für die verschiedenen Düsenquerschnitte zeigt.
Bei 0,8 ⌀ (Abb. 126 a) schwingt der Düsendruck um den Abspritzdruck von 140 at,

d. h. es tanzt die Nadel gewissermaßen auf ihrem Sitze. Dieses fortwährende Öffnen und Schließen ist deutlich an einem vermehrten „Schnarren" der Nadel zu merken. Wenn es zu einem Nadelschluß unter der Einspritzung kommen kann, so heißt dies, daß aus der Düse nicht nur die zugeförderte Menge ausfließen, sondern überdies auch dabei eine Entspannung auf den Schließdruck erfolgen kann. Demnach ist der Düsenquerschnitt 0,8 reichlich groß. Bei Verkleinerung des Querschnittes steigt der Einspritzdruck, und zwar gegen das Einspritzende mehr an. (Das Ansteigen gegen Ende entspricht dem Fördergesetz der Bosch-Pumpe, wobei die Förderung mit 0,7 m/s Kolbengeschwindigkeit beginnt und in diesem Falle mit etwa 1,4 m/s endet.) Schon bei 0,7 Düsenbohrung hebt sich die Schwingungsmittellage des Druckes gegen Spritzende über den Öffnungsdruck der Nadel, während bei den kleinen Bohrungen dieser über den ganzen Spritzbereich sehr wesentlich überschritten wird. Der Höchstdruck steigt dabei von 220 atü bei 0,8 auf 290 atü bei 0,35 ⌀. Dies entspricht einem vermehrten Nadelhub von etwa 1,4 mm bei der verwendeten Düse. Die dabei aufgespeicherte Brennstoffmenge wird von der Nadel bei ihrem Niedergang wieder verdrängt, wobei sie sich in einen aus der Düse ausfließenden Teil und einen zweiten nach der Pumpe zurückgeförderten Teil spaltet. Genauere theoretische Untersuchungen zeigen so wie die Diagramme, daß dadurch die Rückwurfbedingungen an der Nadel im Sinne einer Verstärkung der nach Einspritzschluß weiter verlaufenden Schwingung in der Einspritzleitung verändert werden. Der Fall des Nachspritzens ist gegeben, wenn der erste oder noch weitere Schwingungsberge imstande sind, ein zweites oder weitere Male zu öffnen oder im extremen Fall offenzuhalten.

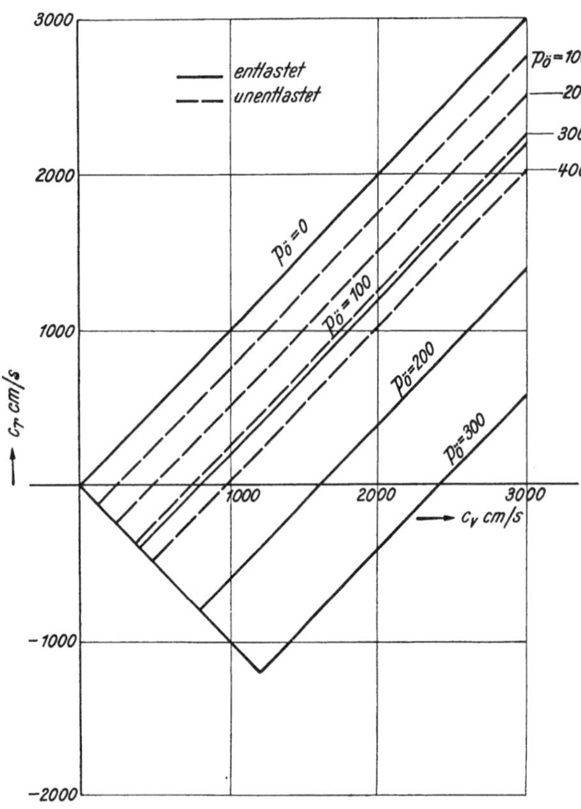

Abb. 127. Rückwurfgesetz an der Ventilnadel bei Vernachlässigung der Massenkräfte für verschiedene Einspritzdrücke.

Die Schwingungsdauer in der Einspritzleitung nach Schluß der Einspritzung liegt in der Größenordnung $\frac{4L}{a}$. Bei den großen Pumpenräumen (Federraum nach dem Druckventil), wie sie in der Bosch-Pumpe vorhanden sind, wirkt demnach die Einspritzleitung schon ähnlich wie eine einseitig offene Rohrleitung.

Die Verschleppung des Einspritzendes gegehüber dem Förderende der Pumpe gibt in der Praxis zu keinerlei Schwierigkeiten Anlaß. Selbst bei Fahrzeugmotoren mit großem Drehzahlbereich treten bei der Wahl einer genügend großen Düsenbohrung keine zu nachteiligen Wirkungen im Kraftstoffverbrauch auf. Als einziger Nachteil kann mitunter eine erhöhte Ganghärte bei niedrigen Drehzahlen festgestellt werden, falls bei zu großen Düsenbohrungen die Zerstäubung leidet und somit der Zündverzug zu groß wird.

Dem „Nachspritzen" hingegen und den Mitteln zu dessen Vermeidung ist ganz besondere Aufmerksamkeit zu widmen. Der nachgespritzte Kraftstoff kommt für eine thermisch günstige Verbrennung nicht nur im allgemeinen viel zu spät, sondern auch in meist ungenügend zerstäubter Form in den Zylinder. Letzteres deshalb, weil die Nadel nur gering angehoben wird und die Drosselung im Sitz eine Verminderung der Austrittsgeschwindigkeit aus der Düsenbohrung verursacht.

Dies bedingt neben der thermisch ungünstigen auch noch eine mangelhafte Verbrennung. Erhöhter Kraftstoffverbrauch und bläulichgrau getrübter,[1] stechend riechender Auspuff sind die äußeren Zeichen des Nachspritzens am Motor.

Die Mittel zur Vermeidung des Nachspritzens gehen aus den bisher angeführten Versuchsergebnissen deutlich hervor. Darnach ist der Nadelhub durch Verwendung möglichst großer Düsenquerschnitte klein zu halten. Das Anordnen einer Hubbegrenzung wirkt gleichwertig günstig. Das weitaus günstigste Mittel ist jedoch das Entlasten der Leitung bei Förderschluß. Dadurch wird nicht nur das Niveau der Schwingungsmittellinie gesenkt, sondern darüber hinaus auch noch die Amplitude der Schwingung vermindert. Man vergleiche nochmals die Abb. 104 bis 107, woraus dies deutlich wird. Dasselbe besagen die Rückwurfgesetze an der Einspritzdüse nach Abb. 127. Es ist hierin unter Vernachlässigung der Massenkräfte der Ventilnadel der Zusammenhang zwischen

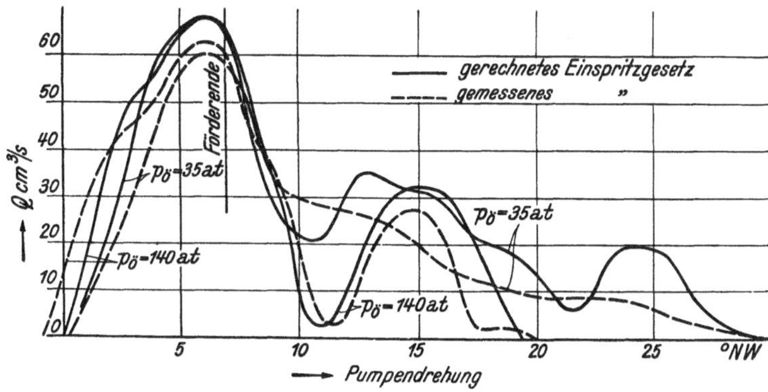

Abb. 128. Einspritzgesetz einer Bosch-Pumpe ohne Entlastungsventil bei zwei verschiedenen Abspritzdrücken. Kolben 8 mm Durchmesser. Drehzahl $n = 900\ \mathrm{min^{-1}}$, Boschdüse DLOS 178, Leitung 1,5 × 6 × 1400 mm.

der zur Düse vorlaufenden Welle und der durch sie ausgelösten rücklaufenden Welle bei verschiedenen Einspritzdrücken nach der Gleichung (25) dargestellt, und zwar ist darnach

$$c_r = c_v - (p - p_0)\,K.$$

Im entlasteten System ist $p_0 = 0$, während für das unentlastete $p_0 = 0,7\,p_ö$ ($p_ö$ Öffnungsdruck) gelten kann. Wenn wir zur weiteren Vereinfachung den Öffnungsdruck gleich dem Einspritzdruck setzen, was bei genügend großer Düse in guter Annäherung stimmt, und für $K = 8,2$ ($a = 1400$, $\gamma = 0,00085$), so gilt während der Einspritzdauer

$$c_r = c_v - 2,46\,p_ö \tag{73}$$

für das unentlastete System und

$$c_r = c_v - 8,2\,p_ö \tag{74}$$

für das entlastete System. Diese geradlinigen Beziehungen sind für verschiedene Drücke gezeichnet. Für den Öffnungspunkt muß nach der Öffnungsbedingung $c_r = (p - p_ö)\,\dfrac{K}{2}$ sein. Dieser Wert ist, wie einiges Überlegen ohne weiteres klarmacht, gleich der Abszisse der Schnittpunkte der Geraden mit der negativen Winkelhalbierenden.

Der wesentliche Unterschied beider Systeme wird aus einem Vergleich des Amplitudenwertes c_r für irgendeine Fördergeschwindigkeit klar. Für die normale Geschwindigkeit von 1500 cm/s beträgt sie bei einem Abspritzdruck von 100 at im unentlasteten System 1250 cm/s gegenüber nur 700 cm/s im entlasteten System. Der Unterschied wird mit dem Abspritzdruck noch wesentlich größer, wie überhaupt für beide Systeme allgemein mit Erhöhung des Abspritzdruckes eine Abminderung der rücklaufenden Welle und damit auch der Gefahr des Nachspritzens verbunden ist (vgl. auch Abb. 128 und [34]). Im

---

[1] Nicht zu verwechseln mit dem hellblau gefärbten Auspuff bei überölter Maschine.

entlasteten System wird schon bei etwa 150 bis 200 at und Fördergeschwindigkeit $0 < c_v < 1500$ cm/s die rücklaufende Welle negativ. Dieser Fall des Rückwurfes, wobei die von der Düse abgehenden Amplitudenwerte der rücklaufenden Welle über den ganzen Einspritzbereich negativ sind, gibt die wirksamste Möglichkeit zur Verhinderung des Nachspritzens, falls bei Förderschluß an der Pumpe durch Überentlasten ein so großer Hohlraum gebildet wird, daß dieser für die von der Düse her ankommende Welle die Rückwurfbedingung der offenen Leitung bildet und dabei eine negative Förderwelle ausgelöst wird, die an der Düse dann einen raschen Nadelschluß bewirkt und in der weiteren Folge auch das Nachspritzen verhindert.

Eine möglichst kräftige Entlastung der Leitung ist überall dort unerläßlich, wo es nicht möglich ist, den Nadelhub klein zu halten; das gilt besonders für die Drosselzapfendüse.

Mittel zur Entlastung: Das am häufigsten verwendete Entlastungsventil der Firma Bosch, Abb. 86, verwirklicht die Gedankengänge eines Patentes der Atlas-Diesel-Gesellschaft, wonach bei Pumpen mit Überströmregelung ein mit dem Druckventil verbundener oder ein dazu parallel geschalteter Kolben vorgesehen ist, der zu Beginn der Förderung eine bestimmte Strecke h angehoben wird, bevor noch Brennstoff durch das Ventil durchtritt. Bei Schluß der Förderung (Entlastung des Pumpenraumes) wird beim Niedergehen des Ventils oder des parallel dazu liegenden Kölbchens ein Raum von der Größe

$$V_e = F \cdot h$$

auf der Seite der Brennstoffleitung frei, wodurch dem hochgespannten Brennstoff Möglichkeit zur Entspannung gegeben ist. Das Wesentliche dieser Entlastungsart ist, daß die Zeit des Anhebens als auch des Schlusses des Ventils außerhalb der Förderzeit durch das Druckventil liegt und überdies das Entlastungsvolumen bei allen Drehzahlen gleichbleibt. Aus letztem Grund kann diese Entlastungsart auch als Gleichraumentlastung bezeichnet werden.

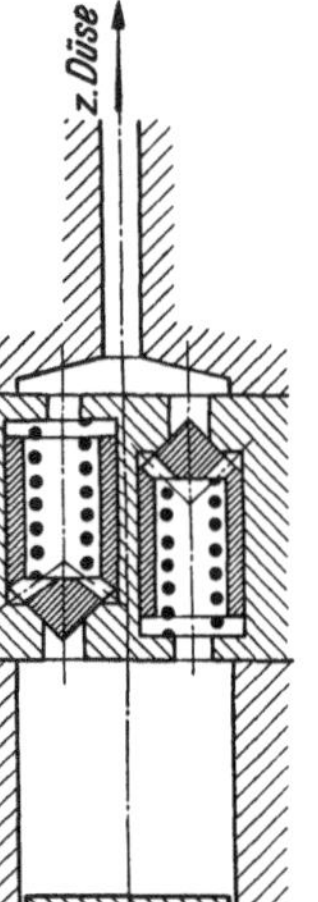

Abb. 129. Schema einer Gleichdruckentlastung.

Im Gegensatz hierzu zeigt Abb. 129 schematisch die Einrichtung einer Gleichdruckentlastung, deren Gedanke ebenso alt wie der der Gleichraumentlastung ist. Hierbei ist parallel zu einem normalen Druckventil ein von der Brennstoffleitung zum Pumpenraum öffnendes Ventil geschaltet, welches nach Abschluß der Förderung durch Entlasten des Pumpenraumes so lange ein Rückfließen des Brennstoffes aus der Leitung ermöglicht, bis der Standdruck in der Leitung auf den durch Ventilquerschnitt und Federdruck bestimmten Druck gesunken ist. Im Gegensatz zur Gleichraumentlastung ergibt die Gleichdruckentlastung, auch wenn sich mit der Drehzahl der Leitungsdruck während der Einspritzung ändern sollte, einen stets gleichbleibenden Standdruck. Die Gleichdruckentlastung hat sich im praktischen Betrieb bewährt (DEUTZ). Es ist zu empfehlen, den Entlastungsdruck höher als den Zünddruck im Motor zu legen, weil es bei Versagen des Einspritzventils oder auch schon bei Undichtwerden vermieden sein soll, daß Gase vom Zylinder in die Pumpe gelangen, was sogleich einen vollständigen Ausfall des Betriebes zur Folge haben kann.

In gewissem Maße wirkt jedes normale Pumpenventil entlastend, und zwar ist auch hierbei das Entlastungsvolumen, ungefähr durch die Größe $V_e = F \cdot h$ gegeben, weil die während des Ventilschlusses durch den Ventilsitz rückströmende Ölmenge bei den kurzen Schlußzeiten des Ventils praktisch klein ist. Diese Entlastungswirkung hingegen ist sehr stark drehzahlabhängig, weil der Ventilhub, der sich aus dem Gleichgewicht zwischen der vom Brennstoff auf den Ventilkegel beim Durchfluten ausgeübten Kraft und der Federbelastung ergibt, von der Strömungsgeschwindigkeit stärkstens abhängig ist. Mit steigender Drehzahl nimmt der Hub und damit auch die Entlastung zu. Für eine feste Drehzahl fällt es nicht schwer, den Durchgangsquerschnitt des Ventilkegels sowie die Feder so abzustimmen, daß eine zur Vermeidung von Nachspritzen genügende Entlastung gewährleistet ist. Es empfiehlt sich dabei durch Anordnen einer Hubbegrenzung, den Hub des Ventils sicher in den gewünschten Grenzen zu halten und dabei für ein sicheres Anliegen des Ventilkegels Sorge zu tragen.

Allgemeine Angaben über die erforderliche Größe der Leitungsentlastung zu geben, ist nicht möglich. Sie richtet sich nach der Neigung des Systems zum Nachspritzen. Einspritzdruck, Düsenbauart, Düsenbohrung, Leitungsquerschnitt, Fördergeschwindigkeit sowie die Raumverhältnisse in der Pumpe und Düse sind dafür maßgebend.

Die Verwendungsmöglichkeit der besprochenen Entlastungseinrichtungen ist bei allen Pumpen gegeben, bei denen nach Förderschluß der Pumpenraum mit dem Saugraum oder einem anderen Aufnahmeraum für das entspannende Volumen in Verbindung steht. Es sind dies alle Pumpen mit Überströmregelung und mit Drosselregelung, sofern bei letzteren die Regeldrossel nicht geschlossen ist. Im blockierten Zustand, wo dies der Fall ist, kann bei der Drosselregelung sowie bei Schrägnockenpumpen durch ein geeignetes Nockengesetz nach Förderschluß der Plunger etwas zurückgezogen und so die Möglichkeit geschaffen werden, auch dabei eine Gleichraum- oder Gleichdruckentlastung anzubringen.

d) Die Fördermenge.

α) *Fördercharakteristik.* Es trifft für alle Pumpensysteme gemeinsam zu, daß die aus dem Einspritzventil abgespritzte Kraftstoffmenge im allgemeinen nicht gleich der vom Pumpenstempel während des Förderhubes verdrängten ist. Verschieden jedoch sind bei den Systemen die Größe des Unterschiedes und die Umstände, die ihn bedingen. Diese seien im folgenden für die wichtigsten Pumpenarten kurz besprochen:

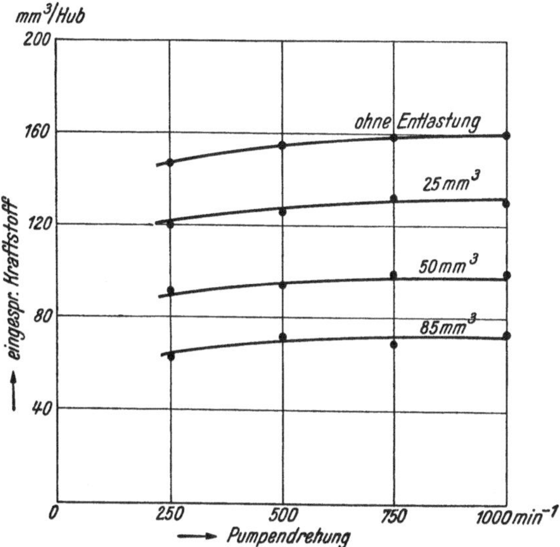

Abb. 130. Abhängigkeit der Fördermenge einer schlitzgesteuerten Boschpumpe (ohne Saugventil) von der Drehzahl bei verschiedenen Entlastungsgraden und gleichem Förderhub.

Pumpe mit Überströmregelung ohne Saugventil (Abb. 77): Als Förderhub der Pumpe bezeichnen wir die zwischen Abschluß der Saugbohrung (Förderbeginn) und Beginn des Überströmens (Förderende) liegende Hubstrecke. Bis zum Ausfluß aus dem Einspritzventil erfährt die dabei verdrängte Menge eine Verminderung:

a) durch die am Plunger und der Düsennadel vorbeifließende LecköImenge. Sie ist abhängig von der Weite und Länge der Spalte, dem Einspritzdruck und der Zeitdauer einer Einspritzung. Mit zunehmender Drehzahl werden die Zeiten und damit auch die Lecköimengen kleiner;

b) durch die Entspannung des Pumpenraumes im Augenblick des Überströmens. Weil die Pumpendrücke mit der Drehzahl meist zunehmen, steigt damit auch dieser Anteil in gleichem Maße;

c) durch die Entspannung des Ölraumes nach dem Druckventil der Pumpe, wofür die Größe der Leitungsentlastung durch das Druckventil der Pumpe maßgebend ist. Dieser Anteil ist, wenn das Ventil nicht besonders durchgebildet ist (siehe weiter unten zu Abb. 138), von der Drehzahl praktisch unabhängig.

Auf Vermehrung der Fördermenge wirkt hingegen der Umstand hin, daß die Saugbohrung nicht plötzlich von der vordersten Steuerkante des Plungers abgedeckt wird und ebenso auch nicht plötzlich von der Überströmkante geöffnet wird, sondern dieses erst allmählich erfolgt. Es wird daher infolge der Drosselung auch schon vor Abschluß der Bohrung ein Teil des Kraftstoffes nach dem Pumpeninnern verdrängt und ebenso bei Überströmbeginn, solange der Querschnitt noch stark gedrosselt ist, noch teilweise weiter gefördert. Mit zunehmender Drehzahl verstärkt sich diese Wirkung, weil bei den höheren Geschwindigkeiten auch die Drosselung erhöht wird.

Bezüglich des Verlaufes der Fördermenge über der Drehzahl bei gleichbleibendem Förderhub, was besonders beim Fahrzeugmotor interessiert, wirkt nur der Anteil b auf Abnahme mit steigender Drehzahl hin. Bei der Kleinheit der Pumpenräume jedoch ist sein Einfluß gering. Er wird vom Anteil a und der Drosselwirkung im Ansaug- und Überströmkanal überwogen, so daß eine normale schlitzgesteuerte Pumpe ohne Saugventil stets einen mit der Drehzahl ansteigenden Verlauf der Fördermenge gibt, wie er in Abb. 130 für eine Bosch-Pumpe mit verschieden stark entlastenden Druckventilen dargestellt ist. Für die verschiedenen Entlastungen ist die Fördermenge bei allen Drehzahlen um das Entlastungsvolumen gegenüber der Fördermenge ohne Entlastung verringert, was aus dem angenähert parallelen Verlauf der Kurven und deren Entfernungen hervorgeht. Genaue Messungen zeigen, daß im unentlasteten Fall bei hoher Drehzahl die abgespritzte Kraftstoffmenge etwas höher

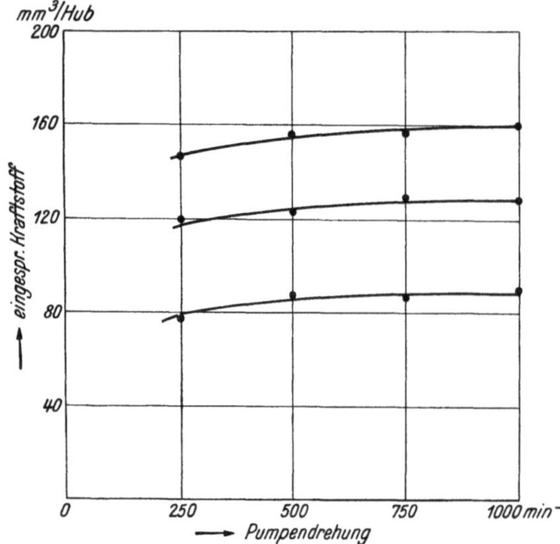

Abb. 131. Abhängigkeit der Fördermenge einer Bosch-Pumpe von der Drehzahl bei verschiedenen Füllungsstellungen.

ist, als sie dem Förderhub der Pumpe entspräche. Es überwiegt also dabei die Wirkung der Drosselung in der Steuerbohrung die Einflüsse a bis c.

Der Charakter der Förderkurve über der Drehzahl ändert sich im wesentlichen nicht, wenn die Füllungsstellung der Pumpe verändert wird (Abb. 131).

Pumpe mit Überströmregelung und Saugventil (Abb. 75). Außer den unter a bis c angeführten Faktoren wirkt hier noch zusätzlich die Trägheit des Saugventils auf Verminderung der Fördermenge hin. Diese nimmt mit zunehmender Drehzahl ebenfalls zu, weil die Beschleunigungen des Ventils größer werden. Die Vermehrung der Fördermenge durch Drosselwirkung in der Steuerbohrung wirkt sich bei diesem Pumpentyp nur etwa halb so stark aus wie bei der saugventillosen Pumpe, weil sie nur beim Überströmen in Erscheinung tritt. Das Zusammenwirken der einzelnen Faktoren verleiht der Saugventilpumpe mit Überströmregelung einen mit zunehmender Drehzahl abfallenden Verlauf der Fördermenge, gegensätzlich zum Pumpentyp ohne Saugventil.

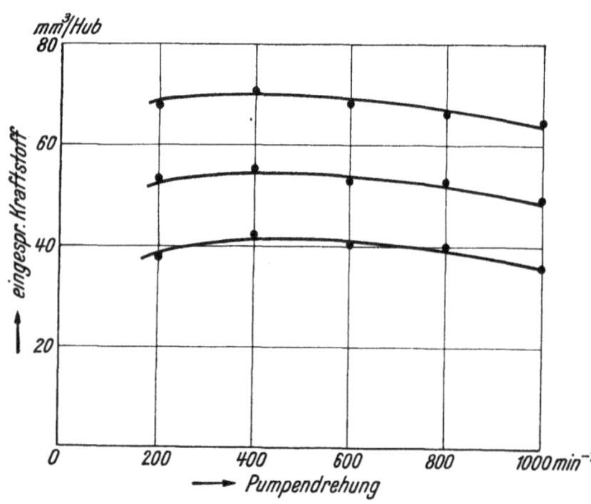

Abb. 132. Abhängigkeit der Fördermenge einer Fahrzeugpumpe mit Saugventil und Überströmregelung von der Drehzahl bei verschiedenen Füllungsstellungen (Deutz).

Auch hierbei ändert sich der Charakter der Kurve nicht, wenn die Füllungsstellung der Pumpe verändert wird (Abb. 132).

Schrägnockenpumpe (Abb. 74). Hier tritt füllungsvermindernd nur das Lecköl und die Saugventilträgheit in Erscheinung. Wie schon besprochen, nimmt die Leckölmenge mit der Drehzahl ab, während die Saugventilträgheit dabei zunimmt. Also beide Faktoren heben sich demnach zum Teile auf, so daß sich bei Schrägnockenpumpen in der Regel eine nahezu horizontal verlaufende Förderkurve über der Drehzahl feststellen läßt (Abb. 133).

Pumpe mit Drosselregelung (Abb. 76). Hierbei sind zwei Betriebsstellungen zu unterscheiden:

Bei geschlossener Drossel sind die Verhältnisse der Schrägnockenpumpe gegeben und damit ist auch der Förderverlauf über der Drehzahl ähnlich wie bei dieser (Abb. 134).

Bei offener Drosselstellung (Teillastfüllung) wird ein Teil des Brennstoffes durch die Drossel nach dem Saugraum zurückgeführt und gewissermaßen die Leckölmenge künstlich vergrößert. Bei ein und derselben Drosselstellung wird natürlich gleich dem Lecköl die durch die Drossel abströmende Brennstoffmenge geringer, wenn die Drehzahl erhöht wird. Dementsprechend nimmt die eingespritzte Kraftstoffmenge mit der Drehzahl zu, wie dies in der Abbildung für verschiedene Drosselöffnungen dargestellt ist. Je größer die Drossel ist, um so steiler werden die Kurven.

Mittel zur Veränderung der Fördercharakteristik: Bei Motoren, die in einem größeren Drehzahlbereich arbeiten, wird man stets trachten, die Förderkurve der Pumpe so zu verlegen, daß ein stabiler Betrieb erzielt wird. Beim Fahrzeugmotor z. B. ist dies der Fall, wenn das Drehmoment der Maschine bei festgehaltener größter Pumpenfüllung mit abnehmender Drehzahl nicht nur möglichst stark ansteigt, sondern auch bis zu möglichst tiefer Drehzahl erhalten bleibt. Dadurch wird nicht nur das Anfahrvermögen des Fahrzeuges wesentlich verbessert, sondern auch die Notwendigkeit des Schaltens bei Verminderung der Geschwindigkeit weitgehendst herabgesetzt.

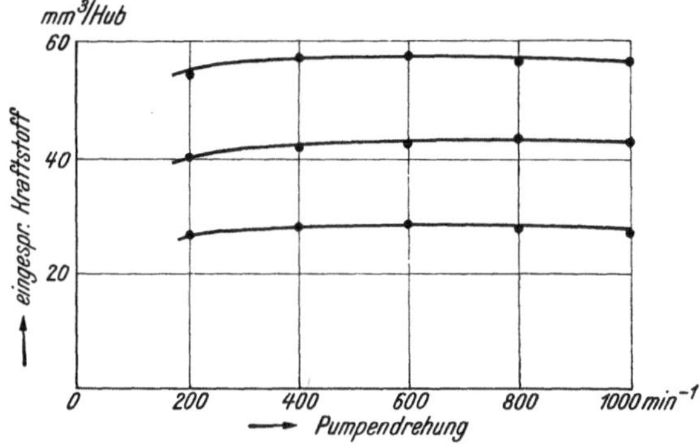

Abb. 133. Abhängigkeit der Fördermenge einer Schrägnockenpumpe von der Drehzahl bei verschiedenen Füllungsstellungen (Deutz).

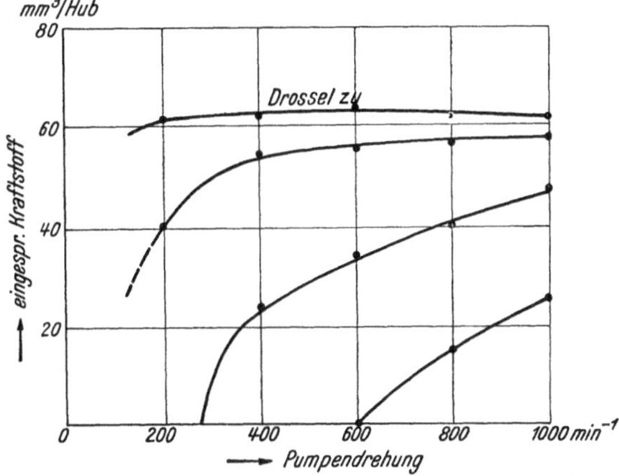

Abb. 134. Abhängigkeit der Fördermenge einer Pumpe mit Drosselregelung (Deckel) von der Drehzahl bei geschlossener und verschieden stark geöffneter Drossel.

Das Motordrehmoment ist von zwei Seiten her begrenzt: von der Verbrennungsmöglichkeit und von der Pumpenförderung. Die zur Verbrennung zur Verfügung stehende Luftmenge nimmt stets mit zunehmender Drehzahl ab, d. h. die dadurch gegebene Grenze gibt einen für das Fahrzeug günstigen Verlauf des Drehmoments. Die Möglichkeit der Luftausnutzung erfordert einmal eine der Luftmenge entsprechende Fördercharakteristik der Pumpe und dazu ein Verbrennungsverfahren, welches bei allen Drehzahlen Luft und Brennstoff in richtige Reaktion bringt. In Abb. 135 sind für einen Fahrzeugmotor die Teillastverbrauchskurven für verschiedene Drehzahl wiedergegeben. Die Grenze der Verbrennungsmöglichkeit ist durch die Rauchgrenze (Abb. 136) gegeben. Tatsächlich wird man die Mitteldruckkurve bei blockierter Pumpe schon mit Rücksicht auf eine ge-

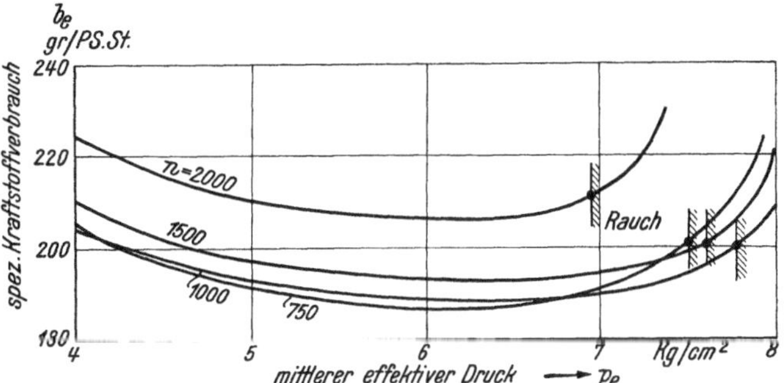

Abb. 135. Teillastverbrauchskurven eines Fahrzeugmotors (Deutz) bei verschiedenen Drehzahlen.

wisse Reserve bei mechanischer Verschlechterung der Maschine etwas unter diese Rauchgrenze legen. Die notwendige Fördercharakteristik der Pumpe ergibt sich nun so, daß

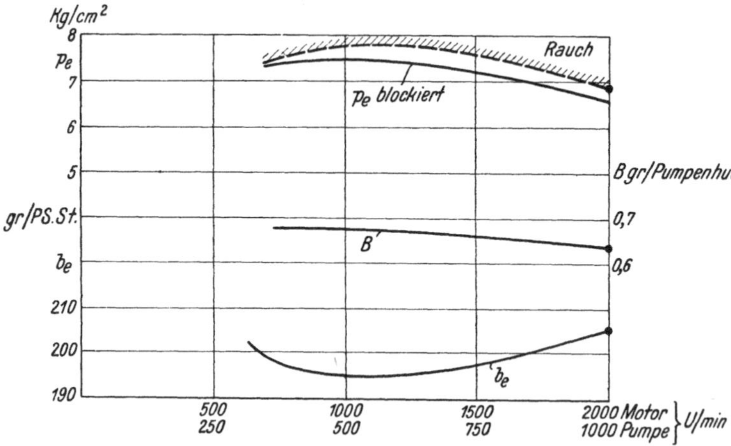

Abb. 136. Rauchgrenze, Mitteldruckverlauf bei blockierter Pumpe (max. Füllung) und dazu nötige Fördermenge der Pumpe in Abhängigkeit von der Drehzahl.

man zu jeder Drehzahl für den betreffenden mittleren effektiven Druck und den aus der Teillastkurve abgelesenen Verbrauch die pro Hub einzuspritzende Brennstoffmenge in Gramm nach der Gleichung

$$B_{\text{g/Hub}} = \frac{V_h^{\text{lit}} \, b_e \, p_e}{27\,000}$$

bestimmt (Abb. 136). Es ergibt sich demnach für den Fahrzeugmotor die mit abnehmender Drehzahl ansteigende Fördercharakteristik der Pumpe, wie sie im allgemeinen nur bei der Schrägschlitzpumpe mit Saugventil normal ist. Um auch bei anderen Pumpentypen die erwünschte Fördercharakteristik zu verwirklichen, wurden in den letzten Jahren in steigendem Maße Einrichtungen verwendet, die man als Mitteldruckregelung oder Angleichmittel bezeichnet und deren wichtigste Vertreter im folgenden kurz geschildert sind.

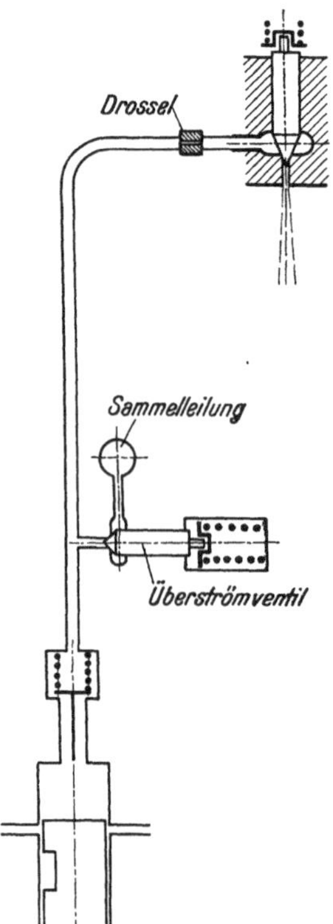

Abb. 137. Schema der HENSCHEL-Mitteldruckregelung.

Henschel-Mitteldruckregelung. Dabei ist an irgendeiner Stelle, vorzugsweise am Einspritzventil in der Brennstoffleitung eine Verengung in Form einer Drosselbohrung vorgesehen (Abb. 137). Die Drosselbohrung bewirkt, daß der Druck in der Einspritzleitung bei steigender Drehzahl stärker zunimmt, als dies normalerweise der Fall ist. Vor der Drossel, also in der Brennstoffleitung selbst, ist ein federbelastetes Ventil eingeschaltet, welches nach einer Sammelleitung hin öffnet. Die Federbelastung dieses Ventils und die Drossel sind so gegeneinander abgestimmt, daß unter der Druckzunahme mit steigender Drehzahl durch das Ventil zunehmend Brennstoff entweicht und damit die Einspritzmenge der Pumpe abnimmt. Ein Vorteil dieser Mitteldruckregelung liegt darin, daß mit ihr keine Verstellung des Spritzbeginnes Hand in Hand geht. Sie wurde für die Bosch-Pumpe entwickelt, ihre Wirkungsweise gestattet jedoch ihre Verwendung auch an *allen* übrigen Pumpenarten.

Das Bosch-Angleichventil. Die Fördermenge einer Pumpe mit Überströmregelung nimmt mit zunehmender Leitungsentlastung ab. Von diesem Umstand ist im Angleichventil (Abb. 138), wie es von der Firma Bosch entwickelt wurde, Gebrauch gemacht: Die am Ventil eingefrästen Durchströmnuten weisen einen allmählichen Auslauf nach dem Entlastungskolben hin auf, so daß der Öffnungsquerschnitt des Ventils beim Anheben nach Durchlaufen des Entlastungshubes nicht plötzlich aufmacht, wie dies bei normalen Entlastungsventilen nach Abb. 86 geschieht, sondern erst allmählich. Bei einer bestimmten Drehzahl wird sich der Hub des Ventils so einstellen, daß die Federkraft dem Strömungsdruck das Gleichgewicht hält. Weil nun mit steigender Drehzahl die Geschwindigkeiten zunehmen, die Federkraft in Abhängigkeit des Hubes jedoch gleich bleibt, hebt das Ventil höher an, wodurch der Durchtrittsquerschnitt so lange vergrößert und die Geschwindigkeit dadurch wieder verkleinert wird, bis Gleichgewicht herrscht. Der Hub des Ventils und damit das Entlastungsvolumen nimmt daher mit der Drehzahl zu und dementsprechend die Fördermenge ab. Die Einrichtung ist wesentlich einfacher als die vorhin besprochene Mitteldruckregelung. Sie ist jedoch nur an Pumpen mit einer Entlastungsmöglichkeit verwendbar. Ein Nachteil liegt auch darin, daß mit der Veränderung des Entlastungshubes auch eine Spritzverstellung Hand in Hand geht, wie dies aus Abb. 103 nochmals ersehen werden kann. Diese Spritzverstellung ist gerade im verkehrten Sinn als dies erwünscht wäre, denn bei der kleineren Entlastung im niederen Drehzahlgebiet schiebt sich der Spritzbeginn vor. Dieser Umstand kann sich mitunter bei Motoren, die nicht mit einem mechanischen Spritzversteller ausgestattet sind, unangenehm in einem härteren Gang äußern.

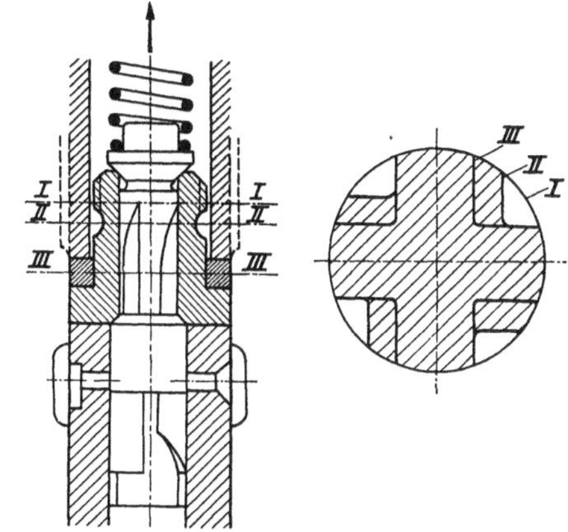

Abb. 138. Angleichventil der Firma Bosch.

Bei der Schrägschlitzpumpe mit Saugventil ist der von Natur aus richtige Verlauf der Förderkurve zu seinem großen Teil durch das Expandieren des gespannten Ölinhalts aus dem verhältnismäßig großen Pumpenraum bedingt. Der Verlauf der Förderkurve läßt sich demnach bei diesem Pumpentyp durch einfache Mittel, wie Abstimmen von Querschnitts- und Raumverhältnissen, weitgehendst beeinflussen (Abb. 139). Selbstverständlich muß dabei geachtet werden, daß die Drücke nicht zu hoch ansteigen und zu große Pumpenräume das Einspritzgesetz nicht zu sehr verschleppen.

Außer diesen bisher genannten Mitteln, welche die Förderkurve der Pumpe über der Drehzahl bei gleichbleibendem Förderhub beeinflussen sollen, kann der Mitteldruck auch durch sinngemäße Änderung des maximalen Förderhubes erfolgen. Hierfür sind in der Patentliteratur verschiedene Vorschläge zu finden, wonach dieses Verschieben der „Blockierung" automatisch entweder von einem besonderen oder einem schon vorhandenen Regler verstellt wird. In der Praxis ist jedoch von solchen Einrichtungen kein nennenswerter Gebrauch gemacht, weil das gewünschte Ziel mit den einfacheren Mitteln zu erreichen ist.

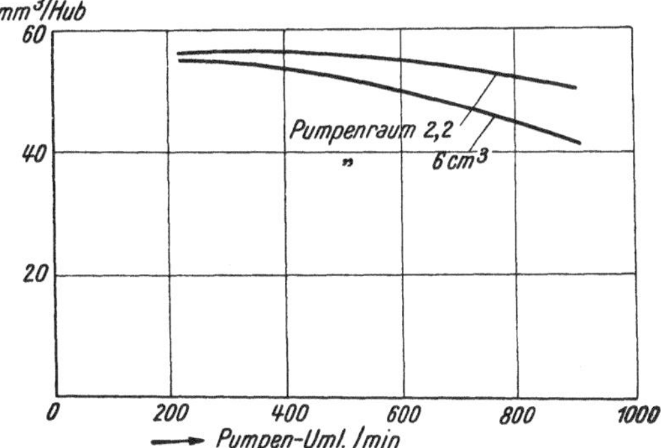

Abb. 139. Fördermenge in Abhängigkeit von der Drehzahl bei verschiedenem, großen Pumpenraum (Schrägschlitz-Überströmpumpe mit Saugventil).

β) *Kleinste Fördermengen.* Die kleinste in regelmäßig aufeinanderfolgenden Einspritzungen abspritzbare Fördermenge eines Einspritzsystems ist von der Fördergeschwindigkeit der Pumpe abhängig: Solange die Fördergeschwindigkeit des Pumpenplungers so groß ist, daß die ihr entsprechende Druckwelle imstande ist, daß Einspritzventil anzuheben, gelten vorwiegend dynamische Gesetze. Die von der Pumpe in die Einspritzleitung geförderte Kraftstoffmenge wird in Form einer Druck- und Geschwindigkeitswelle zur Düse getragen und fließt dort ab. Wenn in der Einspritzleitung ein Standdruck p_0 ist, der kleiner als der Schließdruck p_s ist, so ist die Bedingung für das Offensein der Nadel so lange gegeben, wie diese Druckwelle am Ventil andauert. Die Druckwelle stellt einen stoßweisen Impuls auf die Ventilnadel dar und die Mengenregelung der Pumpe erfolgt durch die Regelung der Zeitdauer dieses Impulses. Da letztere durch die Dauer des Förderhubes zwischen Nullfüllung und Vollast stetig veränderbar ist, können bei diesem Betriebszustand im allgemeinen noch Mengen, die ein Bruchteil der Leerlaufmenge betragen, in regelmäßigen, aufeinanderfolgenden Einspritzungen beherrscht werden.

Im Gegensatz hierzu treten leichter Schwierigkeiten auf, wenn bei verringerter Einspritzgeschwindigkeit der erste Teil der Druckwelle nicht mehr imstande ist, das Einspritzventil unmittelbar aufzustoßen, sondern erst nach ein oder mehreren Schwingungen den Druck in der Leitung bis zum Öffnungsdruck des Einspritzventils steigert. Im Grenzfall bei sehr niedriger Drehzahl erfolgt dieser Druckanstieg nach den bekannten statischen Gesetzen. Für diesen Betriebszustand ergibt sich die kleinste in regelmäßigen Einspritzungen beherrschbare Menge als elastisches Volumen, welches im Gesamtraum des Einspritzsystems zwischen den durch den Öffnungs- und Schließdruck gegebenen Grenzen aufgespeichert ist nach Gleichung (72) auf S. 79.

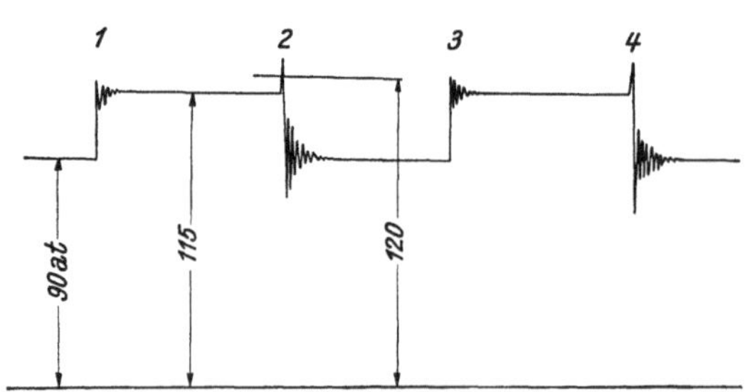

Abb. 140. Druckdiagramm der Einspritzleitung bei teilweisem Aussetzen der Einspritzung im Leerlauf. Schrägnockenpumpe kleiner Bauart. $n = 300 \text{ min}^{-1}$.

Dabei war angenommen, daß auch die Entspannung nach statischen Gesetzen erfolgt und außerdem die Massenkräfte der Nadel keine Rolle spielen. Im tatsächlichen Betrieb sind diese Verhältnisse nicht gegeben; sie ähneln ihnen aber weitgehendst bei niedrigen Pumpendrehzahlen (langsamer Leerlauf 100 bis 400 U/min), so daß das oben angegebene kleinste Fördervolumen auch als unterste Grenze der Brennstoffmenge, die im langsamen Leerlauf noch zu beherrschen ist, gelten kann.

Ist die zur Aufrechterhaltung des Leerlaufes erforderliche Einspritzmenge kleiner als die durch das Einspritzsystem beherrschbare, so äußert sich das an einem regelmäßig aufeinanderfolgenden Aussetzen des Einspritzens. Als Beispiel eines solchen Betriebszustandes gibt Abb. 140 den Druckverlauf für einen Leerlauf mit Aussetzen („Einspritzen im Achttakt") einer Schrägnockenpumpe kleiner Bauart. Der Schließdruck beträgt 90 at, der Öffnungsdruck 120 at. Die Leerlaufmenge der Maschine beträgt 14 mm³ je Einspritzung. Die kleinste beherrschbare Menge ergibt sich bei einem Gesamtraum von $V = 11 \text{ cm}^3$ mit 16,5 mm³, ist also größer als die Leerlaufmenge. Der Leitungsdruck erhöht sich durch die Leerlaufmenge von 14 mm³ um

$$\Delta p = \frac{\Delta V E}{V} = \frac{0,014 \cdot 2 \cdot 10^4}{11} = 25 \text{ at,}$$

also von 90 auf 115 at, wie dies durch die nicht zum Abspritzen gelangenden Pumpenförderungen (1,3 ... usw.) erfolgt. Nachdem der Leitungsdruck auf 115 at gestiegen ist, reicht die nach-

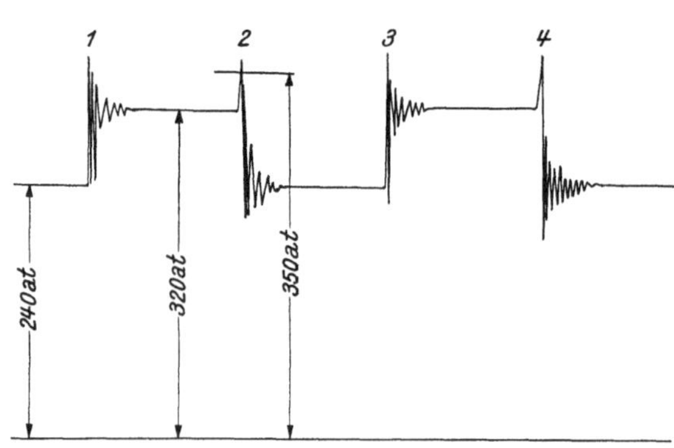

Abb. 141. Druckdiagramm einer Pumpe mit Schrägschlitzregelung bei regelmäßig aufeinander folgenden Schwankungen der Einspritzmenge. Leerlauf $n = 100 \text{ min}^{-1}$.

folgende Pumpenförderung aus, um das Ventil anzuheben. Dabei entspannt sich der Ölinhalt wieder auf den Schließdruck, wobei die doppelte Leerlaufmenge abspritzt.

Eine Abhilfe gegen das Aussetzen im Leerlauf gibt die Verkleinerung der Ölräume, soweit dies möglich ist, ebenso ein Verkleinern des Druckintervalls zwischen Öffnungs- und Schließdruck durch Vergrößerung des Verhältnisses Nadelführung zu Sitzfläche oder durch weitmögliches Herabsetzen des Einspritzdruckes.

Bisweilen ist ein Aussetzen auch noch dann festzustellen, wenn die Leerlaufmenge größer ist als die kleinste beherrschbare Menge. Dabei spielen schon die Massenkräfte der Ventilnadel eine Rolle. Bei zu träger Nadel kann das einmalige Aufspringen solange dauern, daß während dieser Zeit der Schließdruck unterschritten wird. Ein Versteifen der Ventilfeder vermindert die Eigenschwingungszahl der Nadel, damit die Dauer der Wurfschwingung und schafft in diesem Falle in der Regel Abhilfe.

Einen häufig zu beobachtenden Betriebszustand kennzeichnet Abb. 141. Es treten dabei zwar keine Aussetzer ein; aber die einzelnen Einspritzungen sind in gleichmäßiger Aufeinanderfolge voneinander verschieden. Im gegebenen Beispiel einer Maschine mit direkter Einspritzung beträgt die Leerlaufmenge 75 mm³. Das Querschnittsverhältnis von Nadelsitz zu Nadelführung beträgt $\left(\frac{3}{6}\right)^2 = \frac{1}{4}$. Mit $p_\delta = 350$ und $V = 12$ cm³ folgt aus Gleichung (72)

$$\varDelta V_{\min} = 350 \cdot \frac{1}{4} \cdot 12 \frac{1}{2 \cdot 10^4} = 0{,}0053 \text{ cm}^3 = 53 \text{ mm}^3.$$

Somit ist die Leerlaufmenge um etwa 50% höher als die Mindestmenge. An den Unregelmäßigkeiten sind auch hier vorwiegend die Massenkräfte der Ventilnadel beteiligt. Wenn bei einmaligem Aufspringen der Nadel etwa das Volumen bis zum Schließdruck entspannt, so kann bei nicht genügend raschem Nachfördern durch den Plunger die Nadel schließen, bevor noch die ganze Leerlaufmenge eingespritzt ist. Der nach dem Nadelschluß nachgeförderte restliche Teil reicht nicht zu einem zweiten Öffnen aus, sondern erhöht nur den Standdruck auf 320 at. Die nächste Pumpenförderung erfolgt in die schon nahe auf Abspritzdruck vorgespannte Einspritzleitung und ist imstande, die Ventilnadel zweimal anzuheben.

Derartige Ungleichmäßigkeiten äußern sich nach außen nicht so sehr in einem stoßweisen Gang der Maschine, wie dies beim Aussetzen der Fall ist. Sie sind meist nur von einem geübten Ohr festzustellen. Auch gegen sie schafft in der Regel eine Veränderung der Massen- oder Federkräfte sowie ein Verringern des kleinsten beherrschbaren Volumens $\varDelta V_{\min}$ wirksame Abhilfe.

Im Hinblick auf einen ruhigen, nach außen hin stoßfreien Ablauf der Verbrennung soll, wie schon früher erörtert (vgl. VI, 1, b), dieses kleinste Volumen bei mittleren Verhältnissen den Betrag

$$\varDelta V_{\min} \leqq 0{,}006 \cdot \gamma \cdot V_h = 0{,}006 \cdot 0{,}85 \, V_h \doteq 0{,}005 \, V_h$$

nicht überschreiten. Hierin ist $\varDelta V_{\min}$ in Gramm, das Hubvolumen des Motorzylinders in Litern einzusetzen.

Als Leerlaufmenge kann man für Viertaktmotoren folgende, aus mehreren Messungen gewonnene Mittelwerte gelten lassen:

Großmotoren mit unmittelbarer Strahleinspritzung und
etwa 100 l Zylinderinhalt . . . .   0,008 g/l Hubraum
Motoren mittlerer Größe mit unmittelbarer Strahleinspritzung und etwa 20 l Zylinderinhalt . . . .   0,009 „
Kleinmotoren mit unmittelbarer Strahleinspritzung und
etwa 1,5 l Zylinderinhalt . . . .   0,012 „
Kleinmotoren mit unterteiltem Brennraum und 1 bis
2,5 l Zylinderinhalt . . . . 0,015 bis 0,012 „

Für Zweitaktmotoren sind bei der verdoppelten Zahl der Einspritzungen die Mengen etwa halb so groß.

Aus obigen Zahlen folgt, daß bei Viertaktmaschinen, die die Bedingung für stoßfreien Gang erfüllen, stets auch ein regelmäßiger Leerlauf wahrzunehmen ist, weil das bei ruhigem Lauf höchstzulässige Expansionsvolumen $\varDelta V_{\min}$ etwa nur die Hälfte bis ein Drittel der Leerlaufmenge beträgt. Bei Zweitaktmotoren ist $\varDelta V_{\min}$ ungefähr der Leerlaufmenge gleich, so daß dabei die Bedingung für ruhigen Lauf auch die für regelmäßigen Leerlauf ist.

2. Einspritzsystem mit offener Düse.

Die Bemühungen, an Stelle eines geschlossenen Einspritzventils eine einfache offene Düse zu setzen, sind ebenso alt wie das Verfahren der Druckzerstäubung selbst. Die Erfolge, welche dabei erzielt wurden, waren an die ursprünglich niedrigen Drehzahlen gebunden. Bei höheren Umlaufzahlen ist es nicht möglich, die in der Einspritzleitung über den Förderschluß der Pumpe hinaus andauernden Bewegungsvorgänge so zu beherrschen, daß ein exakter Schluß der Einspritzung gewährleistet ist. Somit kann die offene Düse nur dort erfolgreiche Verwendung finden, wo die Einspritzleitung kurz (mehrere Zentimeter) ist. Dabei ist die Frequenz der Leitungsschwingung so hoch, daß selbst bei höchsten Drehzahlen deren Einfluß ohne störende Wirkung bleibt und der Einspritzvorgang praktisch nach statischen Gesetzen verläuft.

Wie die theoretischen Untersuchungen des Abschnittes IV, 1, zeigen, gibt es für eine Düsenbohrung bei gegebenem lichten Durchmesser der Einspritzleitung nur einen Amplitudenwert der Förderwelle, welcher keinerlei rücklaufende Welle an der Düse

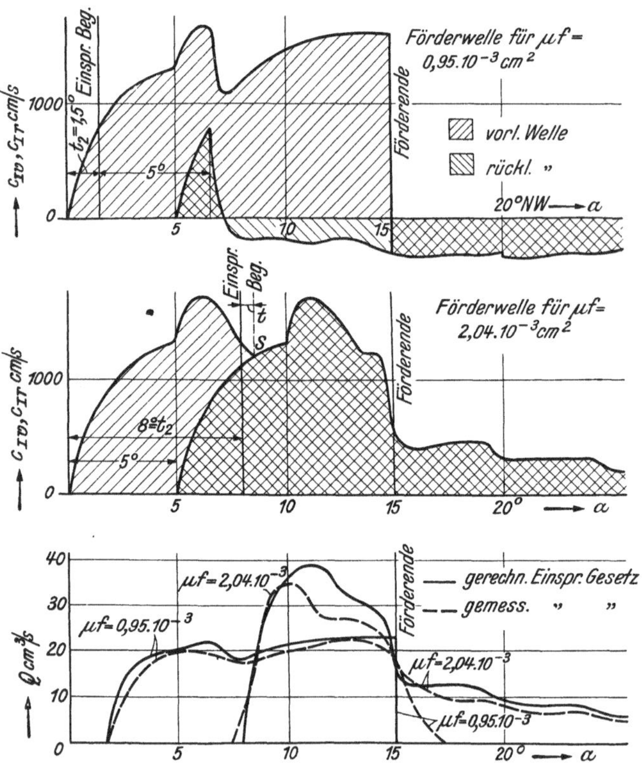

Abb. 142. Förderwelle und Einspritzgesetz einer Bosch-Pumpe mit Entlastungsventil in Verbindung mit offenen Düsen verschiedener Bohrungen μ für Kolben 8 mm Durchmesser, Drehzahl 450 min⁻¹. Leitung 1,5 × 6 × × 1400 mm.

auslöst. Bei kleineren Amplitudenwerten entsteht durch Rückwurf an der Düse eine positive, bei größeren Werten eine negative rücklaufende Geschwindigkeitswelle, welche die Bewegungsvorgänge nach Förderschluß je nach der Art des Rückwurfes an der Pumpe bestimmen. Es sind dabei vier Fälle auseinanderzuhalten:

1. Bei genügend starker Leitungsentlastung durch das Druckventil der Pumpe löst eine negative rücklaufende eine ebenso große negative vorlaufende Welle aus, welche, an der Düse angelangt, den Einspritzvorgang abbricht, womit auch ein Nachspritzen vermieden ist.

2. Eine positive rücklaufende Welle löst auch am entlastenden Druckventil eine positive Förderwelle aus, welche nach ihrer Ankunft an der Düse nachspritzt.

3. An der Pumpe ohne Entlastungsventil wird eine negative rücklaufende Welle umgelenkt und führt an der Düse ein Nachspritzen herbei.

4. Die positive rücklaufende Welle senkt an der Pumpe ohne Entlastungsventil den Druck auf Null, womit die Rückwurfgesetze gleich wie im Entlastungsfall sind und eine ebenso große positive vorlaufende Welle ausgelöst wird, die ein Nachspritzen bedingt.

In den Abb. 142 und 143 sind diese vier Fälle an einem Beispiel näher erklärt. Es handelt sich um eine Bosch-PF-Pumpe mit 8 mm Plungerdurchmesser. Die Drehzahl betrug in allen Fällen 450 min⁻¹. Die Kolbengeschwindigkeit war über die ganze Einspritzdauer gleichbleibend 54 cm/s. Die Düsenquerschnitte am Ende der 1400 mm langen und 0,0185 cm² lichten Einspritzleitung betragen

$$\mu f = 0,95 \cdot 10^{-3} \text{ bzw. } 2,04 \cdot 10^{-3} \text{ cm}^2.$$

Der erste Fall ist am entlasteten System bei $\mu f = 0,95 \cdot 10^{-3}$ cm² gegeben (Abb. 142). Es sind hierfür die Verhältnisse auch rechnerisch bestimmt, um den Verlauf der Förderwelle sowie der rücklaufenden Welle deutlich zu machen. Das gemessene Einspritzgesetz ist frei von Nachspritzern, der Abschluß der Einspritzung bemerkenswert scharf. Eine bei der offenen Düse häufig auftretende Erscheinung ist der Förderverzug t_2, der zwischen der Ankunft der Förderwelle und Einspritzbeginn liegt. Während dieser Zeit wird ein Hohlraum aufgefüllt, der sich unter der Einwirkung der von außen eindringenden Luft (Gase) an die Düse verlagert. An diesem Hohlraum herrscht im vorliegendem Beispiel bei Abspritzen in die Atmosphäre die Randbedingung p_{II} = konstant = 1 at, d. h. es findet vollständig positiver Rückwurf statt, bis der Raum aufgefüllt ist, von welchem Zeitpunkt an die Rückwurfgesetze an der Düse gelten.

Ein vollständig anderes Bild zeigt das Einspritzgesetz, wenn die Düsenbohrung auf $2{,}04 \cdot 10^{-4}$ cm² vergrößert wird. Der Rückwurf an dieser vergrößerten Düse hat das Entstehen einer positiven rücklaufenden Welle zur Folge, die an der Pumpe wieder eine positive Förderwelle auslöst, welche stark nachspritzt. Es liegt also Fall 2 vor. Durch das Nachspritzen wird der Förderverzug t_2 so sehr vergrößert, daß ein direktes Einspritzen nur noch über die kurze Zeitstrecke t stattfindet. Im Punkte S schneiden sich vor- und rücklaufende Welle, d. h. der Pumpendruck wird zu Null. Von hier ab stellt die rücklaufende Welle zugleich Förderwelle dar und das Einspritzgesetz ist im weiteren Verlauf nicht mehr durch die Verdrängerwirkung des Kolbens direkt, sondern nur in-

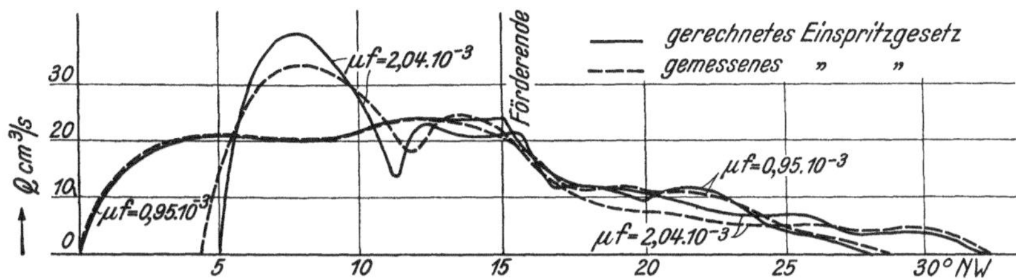

Abb. 143. Einspritzgesetz einer Bosch-Pumpe ohne Entlastungsventil in Verbindung mit offenen Düsen verschiedener Bohrungen μ für Kolben 8 mm Durchmesser, Drehzahl 450 min⁻¹, Leitung 1,5 × 6 × 1400 mm.

direkt über die rücklaufende Welle bestimmt. Das vom Kolben verdrängte Volumen füllt zum Teil die aus dem Pumpenraum abströmende Menge wieder auf, ohne im vorliegenden Fall jedoch den Zustand $p = 0$ noch vor Förderschluß beenden zu können. Der zurückbleibende Hohlraum verlagert sich wieder zur Düse und verursacht den starken Förderverzug.

Das nächste Bild, Abb. 143, zeigt die Verhältnisse am unentlasteten System bei Verwendung derselben Düsen. Sowohl im Falle 3 (negativer Rückwurf $\mu f = 0{,}95 \cdot 10^{-3}$) als auch im Falle 4 (positiver Rückwurf $\mu f = 2{,}04 \cdot 10^{-3}$ cm²) tritt starkes Nachspritzen auf, wie es der Theorie entspricht. Im Falle 3 ist kein Förderverzug festzustellen. Dies kann immer angenommen werden, wenn die rücklaufenden Wellen negativ sind und kein Entlastungsventil vorhanden ist.

Im Hinblick auf eine gute motorische Verbrennung kann nur ein Einspritzgesetz nach Fall 1 ohne Nachspritzen in Frage stehen. Es ist möglich, mit einem solchen Einspritzverlauf brauchbare Leistungen und Verbrauchszahlen zu verwirklichen. Wenn in der Praxis jedoch davon kein Gebrauch gemacht wurde, so geschah dies wegen zahlreicher anderer Mängel, welche der „klassischen" offenen Düse anhaften. In erster Linie ist dies die mangelnde Zerstäubung zu Beginn und am Abschluß der Einspritzung. Sie verhindert ein scharfes Abreißen des Strahles von der Düse, wodurch die Gefahr des Verkokens der stets an der Düse zurückbleibenden Tröpfchen gegeben ist. Außerdem ist die Verbrennung der schlecht zerstäubten Tröpfchen mangelhaft. Sie äußert sich an einem stets bläulich gefärbten Auspuff. Ein weiterer Nachteil liegt in der verringerten Möglichkeit, die Einspritzmenge zu Beginn des Einspritzvorganges richtig zu steuern. Dies wäre nur durch verminderte Fördergeschwindigkeit der Pumpe zu Beginn möglich, was jedoch eine weitere Druckabnahme und Verschlechterung der Zerstäubung mit sich brächte.

Wenn die verminderte Zerstäubung zu Beginn und am Ende der Einspritzung sowie bei verringerter Einspritzgeschwindigkeit in praktisch unschädlichen Grenzen bleiben soll, müssen die Düsenquerschnitte klein und damit die Einspritzdrücke hoch gewählt werden. Große Pumpenräume sowie lange Leitungen sind in allen Fällen zu vermeiden, weil bei großen elastischen Fassungsräumen das Entlastungsvolumen außerordentlich groß sein müßte und bei der dabei möglichen Hohlraumbildung ein Verkoken der Düse durch eindringende Verbrennungsgase zu erwarten ist.

Unter Vermeidung all dieser Mängel hat JUNKERS Düse und Pumpe nahe zusammengelegt und damit ein brauchbares System mit offener Düse geschaffen, welches sich im Gegensatz zu den schon früher von anderen Firmen bei langsam laufenden Großmaschinen verwendeten offenen Düsen auch heute noch im schnellaufenden Motor bewährt.

VII. Überblick über die Konstruktion der Pumpen und Düsen.

1. Vorausbestimmung der Abmessungen.

Es ist dabei vom Einspritzgesetz auszugehen, welches im Hinblick auf Leistung, guten thermischen Wirkungsgrad und ruhigen Lauf bestimmt ist. Das Verdrängergesetz des Pumpenstempels wird zunächst nach rein statischen Gesichtspunkten festgelegt. Erfolgt die Steuerung des Einspritzgesetzes nur durch die Pumpe, so ist das Verdrängergesetz gleich dem erwünschten Einspritzgesetz zu machen. Erfolgt die Steuerung auch durch hierzu geeignete Düsen, so kann bei Berücksichtigung dieser Wirkung die Fördergeschwindigkeit im Drosselbereich der Düse auch größer sein, was besonders bei Pumpen mit schiebergesteuertem Förderbeginn vergrößerte Überschleifgeschwindigkeiten ermöglicht, wodurch u. a. die Pumpe gegen Verschleiß unempfindlicher wird.

Bei Verwirklichung eines bestimmten Verdrängergesetzes verbleibt in weiten Grenzen wählbar das Verhältnis von Plungerdurchmesser und Plungergeschwindigkeit. Für die Wahl desselben sind verschiedene Gesichtspunkte maßgebend, die im folgenden kurz aufgezählt seien:

Mit größer werdendem Plungerdurchmesser nimmt die Länge des Dichtespaltes zu und im selben Maße auch der Lecköverlust. Dadurch ist auch eine erhöhte Verschleißempfindlichkeit gegeben, welche bei Mehrzylinderpumpen schon nach kürzerer Betriebsdauer zu Streuungen in Fördermenge und Förderbeginn Anlaß geben kann. Ein weiterer Nachteil, der bei großen Plungerdurchmessern erwächst, sind die erhöhten Kolbenkräfte. Sie erfordern einen schwereren Antriebsmechanismus in und außerhalb der Pumpe. Demgegenüber sind bei großen Plungerdurchmessern die kleinen Hübe und damit geringere Bauhöhen der Pumpen von Vorteil, wodurch jedoch die übrigen Nachteile nicht annähernd aufgewogen werden. Es erscheint demnach als zweckmäßig, den Pumpenplunger bei möglichst hoher Geschwindigkeit klein zu halten. Der Geschwindigkeit ist nach oben eine Grenze gesetzt, einerseits durch den möglichen Gesamthub des Plungers, dessen Vergrößerung sich in der Bauhöhe der Pumpe in vervielfachtem Maße äußert, andererseits durch einen Größtwert, bei dem noch ein einwandfreier Lauf des Plungers in seiner Führung ohne ein durch Erwärmung verursachtes Klemmen gewährleistet ist.

Für Pumpen größerer Bauart (bis etwa 30 mm Stempeldurchmesser) können noch Geschwindigkeiten von 1 bis 1,2 m/s, für kleinere Pumpen (bis etwa 10 mm $\varnothing$) 1,5 bis 2 m/s zugelassen werden, ohne daß dabei das Spiel zwischen Plunger und Führung in Hinblick auf Leckverluste unzulässig groß sein muß.

Als untere Grenze für den Gesamthub der Pumpen kann bei Überströmregelung für Pumpen mit Saugventil das 0,6fache, für schiebergesteuerte Pumpen (ohne Saugventil) etwa das 0,8- bis 1fache des Plungerdurchmessers gelten. Als obere Grenze findet man noch Hübe etwa doppelt so groß wie der Durchmesser ausgeführt. Vom Gesamthub werden dabei ungefähr 50 bis 70% bei Pumpen mit Saugventilen, 30 bis 50% bei schiebergesteuerten Pumpen (ohne Saugventil) ausgenützt, während der restliche Teil zurückströmt.

Bei Pumpen mit Schrägnocken und Drosselregelung sind Hübe in der Größenordnung des 0,3 fachen des Kolbendurchmessers gebräuchlich.

Nach der Wahl des Plungerdurchmessers folgt aus dem erwünschten Verdrängergesetz das Geschwindigkeitsgesetz der Plungerbewegung und daraus durch Integration die notwendige Zeit-Weg-Linie, welche der Ermittlung des Nockens selbst zugrunde zu legen ist. Auch hierbei gibt es Variationsmöglichkeiten je nach der Wahl des Grundkreis- und Rollendurchmessers sowie der Flankenform. Es ist üblich, letztere nur aus geraden Linien und Kreisbögen zusammenzusetzen, wobei Hohlnocken (konkav gekrümmt) aus Gründen der Herstellung möglichst vermieden werden. Einen Anhaltspunkt für die Wahl des Rollen- und Nockenwellendurchmessers gibt Abb. 144. Es sind hierin die Mittelwerte aus einer größeren Zahl ausgeführter Pumpen zusammengestellt.

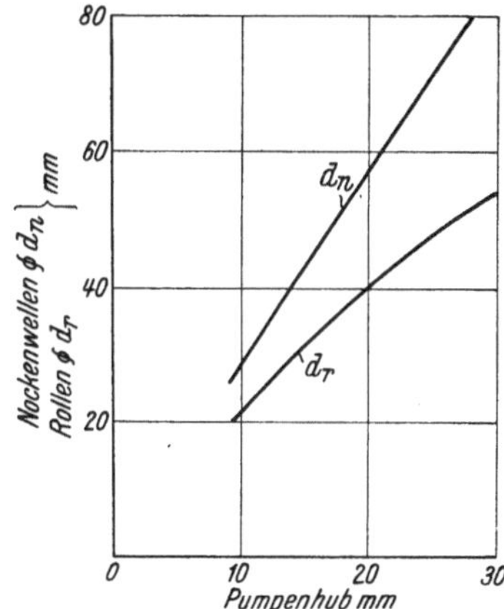

Abb. 144. Nockenwellen- und Rollendurchmesser bei Einspritzpumpen in Abhängigkeit des Nockenhubes (mittlere Werte).

Bei dem häufig angestrebten, mit der Geschwindigkeit Null beginnenden und dann ungefähr geradlinig ansteigenden Verdrängergesetz geht man zweckmäßig von der einfachsten, tangential vom Grundkreis anlaufenden Nockenform selbst aus und bestimmt daraus den Plungerdurchmesser.

Für die Durchführung der nach Festlegung der Hauptabmessungen üblichen Festigkeitsrechnungen ist ein Pumpendruck mindestens doppelt so hoch als der Abspritzdruck des Einspritzventils zugrunde zu legen. Daß mit derartiger Drucksteigerung auch bei normalen Leitungsquerschnitten als Folge der Drosselwiderstände und insbesondere des dynamischen Stoßes zu rechnen ist, zeigt Abb. 145 für ein Bosch-Einspritzsystem eines Fahrzeugmotors. Die Nockenwelle ist auf kombinierte Beanspruchung (Biegung und Verdrehung) nachzurechnen. Die Rollen- und Nockenbreite ist keiner rechnerischen Vorausbestimmung zugänglich. Sie ist nach bewährten Ausführungen zu bestimmen und im Dauerversuch zu erproben.

Die *Düsenbohrung* ist im wesentlichen durch die Verdrängergeschwindigkeit der Pumpe und den Einspritzdruck festgelegt. Bei ihrer Bestimmung geht man in erster Annäherung wieder nach statischen Gesichtspunkten vor, und zwar wählt man die wirksame Weite der Düsenbohrung so groß, daß unter dem Schließdruck der Nadel selbst im Zeitpunkt der größten Plungergeschwindigkeit die verdrängte Brennstoffmenge durchfließen kann. Die Durchflußzahlen μ der Düsen schwanken je nach Glätte der Bohrungen, deren Längen und der Beschaffenheit des Bohrungsrandes am Zulauf. Letzterer soll sorgfältig abgerundet sein, schon deshalb, damit der Strahl nicht zersplittert. Für eine ordnungsgemäß gebohrte Düse kann als mittlerer Wert $\mu = 0,7$ gesetzt werden.

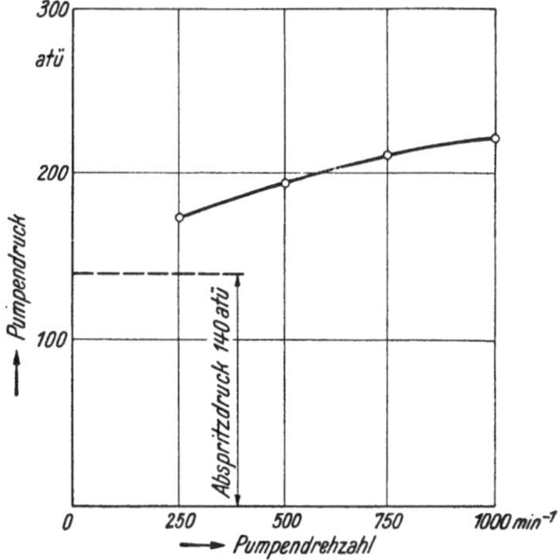

Abb. 145. Gemessene Pumpendrücke in Abhängigkeit von der Drehzahl. Bosch-Pumpe PE. 6,5 mm Kolbendurchmesser, Leitung 2 × 6 × 1000 mm lang, Düse 0,6 mm Durchmesser, 140 at Abspritzdruck.

Bei der Bemessung der übrigen ausgezeichneten Durchgangsöffnungen des Systems, an solchen sind das Druck- und Saugventil bzw. die Saugbohrung bei schiebergesteuerten Pumpen und die Einspritzleitung, soll auf möglichst kleine Durchgangswiderstände sowie auf geringe Massen der bewegten Teile geachtet werden. Dies führt bei den Ventilen zu Kompromißlösungen, die in letzter Entscheidung durch den Versuch festgelegt werden.

Im *Saugventil* pflegt man keine höheren Geschwindigkeiten als 1 m/s zuzulassen. Eine treffende Begründung hierfür läßt sich nicht angeben, wenn anderseits in den Saugbohrungen bei schiebergesteuerten Pumpen Geschwindigkeiten von 15 m/s (entsprechend dem Druckgefälle Atmosphäre—Vakuum) auftreten. Die Schließfeder des Saugventils wird möglichst schwach gewählt (etwa 0,1 at Schließdruck).

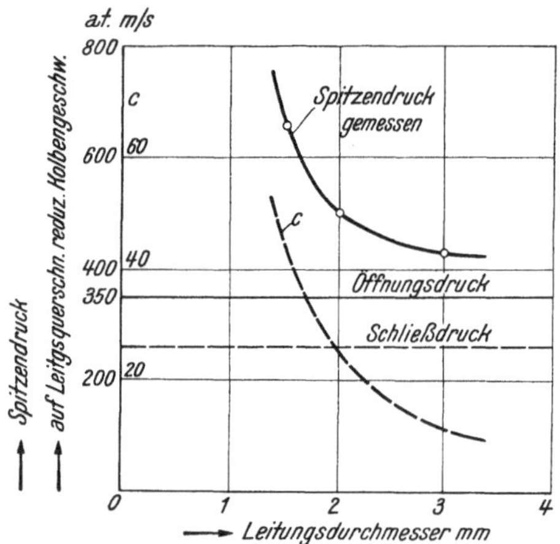

Abb. 146. Gemessener Spitzendruck in einer schiebergesteuerten Pumpe in Abhängigkeit vom Leitungsdurchmesser (12 mm Kolbendurchmesser, Leitung 1200 mm lang, Kolbengeschwindigkeit über die Einspritzzeit gleichbleibend 0,7 m/s).

Bei schiebergesteuerten Pumpen ist für die Bemessung der *Saugbohrungen* das Druckgefälle vom Saugraum nach dem Vakuum im Pumpenraum sowie die Öffnungszeit der Bohrungen maßgebend, während der eine vollständige Füllung des Pumpenraumes mit Sicherheit erreicht werden muß.

Für die Durchgangsweite des *Druckventils* bestünde kein Grund, diese größer als die Einspritzleitung zu wählen, wenn es nicht aus Gründen der Herstellung im allgemeinen zweckmäßig erschiene, zu kleine Ventilkegel zu vermeiden. Die Federkraft wählt man im Hinblick auf raschen Schluß, etwa einem Öffnungsdruck von 5 bis 10 at entsprechend.

Besondere Beachtung muß der *Einspritzleitung* zugewendet werden. Zu enge Leitungen geben Anlaß zu überraschend hohen Drucksteigerungen in der Pumpe. Dabei spielt der Strömungsdruck und der Reibungswiderstand nur eine geringfügige Rolle gegenüber den Druckstößen, hervorgerufen durch Erregung der Geschwindigkeitswelle. Dies zeigt Abb. 146 für eine schiebergesteuerte Pumpe. Bei der 1,5 mm lichten Leitung beträgt die auf den Leitungsquerschnitt reduzierte Brennstoffgeschwindigkeit etwa 45 m/s. Dies gibt einen Strömungsdruck von etwa 9 at. Infolge des dynamischen Stoßes hingegen steigt der Spitzendruck in der Pumpe über den Abspritzdruck um etwa 300 at an. Im vorliegenden Falle der schiebergesteuerten Pumpe sind die Druckstöße besonders heftig, weil beim Abschluß der Saugbohrung schon eine endliche Verdrängergeschwindigkeit des Kolbens besteht. Bei Pumpen mit einer vom Werte Null allmählich ansteigenden Fördergeschwindigkeit sind die Druckspitzen nicht so hoch. Ebenso wirkt auch ein größerer Pumpenraum druckmindernd, wie aus den theoretischen Erwägungen nach Ziffer C, III, klar wird. Im Hinblick auf Gangruhe und Beherrschung der Leerlaufmenge ergab sich aus schon früher angestellten Betrachtungen die Förderung nach kleinen Räumen, also auch nach engen Leitungen. Mit Rücksicht auf die damit verbundene Drucksteigerung sollen jedoch in der Einspritzleitung keine größeren Geschwindigkeiten als 20 m/s zugelassen werden. Im vorliegenden Beispiel liegt dabei der Spitzendruck in der Pumpe noch um 120 at höher als der Abspritzdruck, was jedoch normal und zulässig ist.

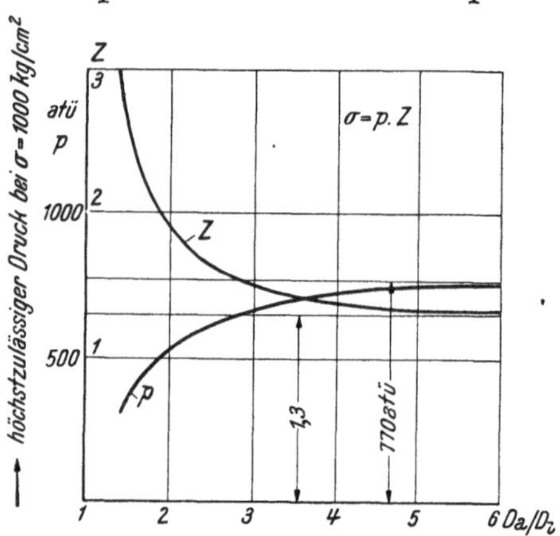

Abb. 147. Höchstzulässiger Innendruck in Einspritzleitungen bei maximaler Zugspannung σ = 1000 kg/cm² in Abhängigkeit vom Verhältnis des äußeren zum inneren Durchmesser $\dfrac{D_a}{D_i}$.

Einen Überblick über die Festigkeitsverhältnisse der Einspritzleitungen gewährt Abb. 147. Die Zugbeanspruchung in dickwandigen Rohren ist bekanntlich

$$\sigma = p \cdot \frac{0{,}4 + 1{,}3 \left(\dfrac{D\,a}{D\,i}\right)^2}{\left(\dfrac{D\,a}{D\,i}\right)^2 - 1} = p \cdot Z.$$

Der Faktor Z hat, über $\dfrac{Da}{Di}$ aufgetragen, eine im Abstand 1,3 horizontal verlaufende Asymptote. Die höchstzulässige Zugspannung im Rohr soll bei Ausführung in Stahl mit Rücksicht auf die beim Auflöten oder Aufschweißen der Bunde notwendige Wärmebehandlung nicht über 1000 kg/cm² liegen. Damit ergibt sich, wie dargestellt, ein höchstzulässiger Druck, der sich asymptotisch dem Grenzwert von 770 at nähert. Aus dem Schaubild wird auch eine in der Praxis häufig festgestellte Tatsache verständlich, daß es bei auftretenden Leitungsbrüchen nur eine unwesentliche Verbesserung bringt, den Außendurchmesser größer als den dreifachen Innendurchmesser auszuführen.

2. Allgemeine Baugrundsätze.

Man unterscheidet dem Aufbau nach Pumpen, welche als geschlossenes Bauelement außer den Pumpenelementen (Plunger, Ventile u. dgl.) auch deren Antrieb (Nockenwelle, Führungsrolle u. dgl.) in sich haben, und solche, deren Antrieb im Motor selbst untergebracht ist. Für erstere ist der Ausdruck „eigenangetrieben" im Gegensatz zu „fremdangetrieben" für letztere gebräuchlich. Die Frage, wo die beiden Bauarten zweckmäßig verwendet werden, löst sich nicht von der Pumpenseite, sondern von der Motorseite her. Da bei der fremdangetriebenen Pumpe zum unmittelbaren Antrieb die Nockenwelle bei Viertaktmaschinen und die Kurbelwelle bei Zweitaktmaschinen herangezogen werden kann, wird diese Lösung der Billigkeit halber gern bei Kleinmotoren mit geringen Zylinderzahlen vorgezogen. Das am Motor notwendige Einstellen der einzelnen Zylinder bietet noch keine Schwierigkeiten. Bei größerer Zylinderzahl jedoch (ab vier Zylinder) wäre dieses Einstellen schwieriger. Man verwendet dann fast ausnahmslos die eigenangetriebene Pumpe, bei der dies genauer am Pumpenprüfstand erfolgen kann und das Einstellen am Motor durch richtiges Anflanschen und durch Begrenzung der maximalen Füllung erledigt ist. Die Pumpe mit Fremdantrieb herrscht auch bei größeren Motoren vor, weil dabei die Antriebsteile zu schwer werden und besser einen Teil des Motors bilden. Bei diesen Maschinen ist das Einregeln der einzelnen Zylinder auf Grund von Indikatordiagrammen und Temperaturmessungen am Motor selbst exakter möglich als bei den schneller laufenden kleineren Motoren.

Bei fast allen in neuerer Zeit gebauten Pumpen finden wir den Grundsatz der *Austauschbarkeit* der dem Verschleiß unterlegenen Teile gewahrt. Das sind insbesondere Plunger und Plungerführung sowie die Ventile und die dazugehörigen Ventilsitze.

Die Abdichtung der ineinander bewegten Teile gegen den hohen Einspritzdruck (Plunger und Nadel des Einspritzventils) erfolgt ausnahmslos rein metallisch durch das enge Laufspiel selbst. Stopfbüchsen und andere Packungen sind unbrauchbar. Die Schmierung von Plunger und Ventilnadel erfolgt, soweit es sich um Gasöl als Kraftstoff handelt, durch das Lecköl selbst. Aus der Forderung, daß die Schmierung einerseits nicht zu knapp, das Lecköl jedoch wiederum nicht zu viel sein soll, ergibt sich für die Größe des Laufspiels ein unteres und oberes Maß, welches nur durch den Versuch festgelegt werden kann. Es hängt in starkem Maße von der Betriebstemperatur des Bauteiles, von der Gleitgeschwindigkeit, vom abzudichtenden Druck sowie von der Art, wie die Laufbüchse im Gehäuse gespannt ist, ab und beträgt der Größenordnung nach etwa 2 bis 4 Tausendstel Millimeter.

Die Herstellung derart kleiner Spiele mit dieser Genauigkeit erfolgt nach besonderen Läppverfahren unter ständiger Kontrolle durch genaue Meßverfahren, welche sich die Baufirmen selbst ausarbeiten und für sich behalten.

Die Abdichtung ruhender Teile geschieht, wenn beide gehärtet sind, in sauber plangeläppten Flächen, wobei ein Aufschleifen eines Teiles auf den anderen unnötig und aus Gründen der Austauschbarkeit nach neueren Gesichtspunkten auch nicht tragbar ist. Da bei Dichtungen dieser Art keine Deformationen auftreten, können diese beliebig oft gelöst werden, ohne daß dabei Korrekturen am Sitz nötig werden.

Ist einer von beiden Teilen weich (z. B. Gehäuse gegen Pumpenelement), so gibt es eine gute Abdichtung auch dann, wenn der weiche Teil nur geschlichtet ist. Die Drehriefen deformieren sich durch Anpressen des geschliffenen und harten Teiles zu einer Planfläche, wobei jedoch das dahinterliegende Material die genügende Elastizität zum Anpressen geben muß.

Die Verwendung von halbplastischem Dichtungsmaterial, wie Kupfer, sollte bei den hohen Drücken tunlichst vermieden werden. Wenn dies trotzdem geschehen muß, so soll getrachtet werden, durch möglichst allseitigen Einschluß des Kupfers weitere Deformation während des Betriebes (etwa durch Wärmedehnung) hintanzuhalten und überdies in die Spannteile möglichst große Elastizität zu legen.

Gleiche Sorgfalt wie der Dichtungsfrage ist dem spannungslosen Einbau der Pumpenteile zuzuwenden. Das gilt insbesondere für die Laufbüchsen des Plungers sowie der Einspritzventilnadel. Das geringste Verspannen führt bei den kleinen Laufspielen zum Klemmen des Plungers, welches entweder das Pumpenelement von vornherein unbrauchbar macht oder bei nachheriger Erwärmung im Betrieb zum Fressen führt. Grundbedingungen für spannungslosen Einbau sind genaueste Bearbeitung der Gehäuse und Spannflächen sowie im Hinblick auf elastische Verformung zweckmäßige Formgebung der Laufbüchse, worauf an Hand von Ausführungsbeispielen im folgenden Abschnitt noch näher hingewiesen wird.

Von außerordentlicher Bedeutung ist im Pumpenbau die Werkstofffrage. Neben hochbeanspruchten Teilen (Antriebsteile, Ventilsitze u. dgl.) sind andere wiederum in stärkstem Maß dem Verschleiß ausgesetzt (Plunger, Ventilnadel samt Führungen u. dgl.). Wenn überdies auch noch die Betriebswärme stark wechselt und hoch ist (z. B. Einspritzventilnadel bis 200° C) und dabei der Lauf zweier Teile ineinander bei wenigen Tausendstel Millimetern Spiel noch einwandfrei sein soll, so muß der Werkstoff auch von großer Wärmebeständigkeit sein. Beim Verschleiß ist die Beschaffenheit der Oberfläche sowie die Verunreinigung des zu fördernden Kraftstoffes ebenso ins Gewicht fallend wie die Beschaffenheit des Werkstoffes selbst. Die richtige Auswahl des Werkstoffes muß demnach das Ergebnis eingehender Prüfstand- und Werkstattversuche sowie der Materialforschung sein.

Ventile und Ventilsitz werden aus schlagfesten Sonderstählen hergestellt und gehärtet. Ebenso sind Pumpenkolben samt Laufbüchse in der Regel gehärtet. Die Laufbüchse wird besonders bei großen Pumpen mit Erfolg auch aus feinkörnigem Perlitguß hergestellt. Dasselbe gilt für die Nadelführung des Einspritzventils. Die Ventilnadel ist ausnahmslos gehärtet und aus in Wärme formbeständigem Stahl mit hoher Schlagfestigkeit verfertigt.

3. Ausgeführte Pumpen und Einspritzventile.

a) Pumpen.

Sowohl im Groß- als auch im Kleinmotorenbau am meisten verwendet sind Pumpen mit Überströmregelung, bei denen bekanntlich jeweils nur ein Teil des gleichbleibenden Hubes zur Einspritzung ausgenutzt wird, während der im restlichen Teil verdrängte Brennstoff in den Ansaugraum oder in einem anderen niedergespannten Raum zurückgeleitet wird. Die Steuerorgane hierfür können verschiedener Art sein:

Abb. 148 zeigt den Querschnitt durch eine Pumpe für Stationärmotoren mittlerer Größe der Humboldt-Deutzmotoren A. G. Der Antrieb des Pumpenplungers erfolgt von der Nockenwelle A über die Rollenführung C. An diese Rollenführung drehbar und verschiebbar angelenkt ist ein auf dem Exzenter E drehbar gelagerter Hebel D, der über die Stelze F, nachdem diese das Spiel h durchlaufen hat, das federbelastete Überströmventil G aufdrückt, worauf der in der weiteren Folge vom Plunger verdrängte Brennstoff in den Kanal a zurückgefördert wird. Die Mengenregelung der Pumpe erfolgt durch Verdrehung des Exzenters E, wodurch die Strecke h, während der eingespritzt wird, vergrößert oder verkleinert wird. Dadurch, daß das Überströmventil nach außen öffnet und federbelastet ist, wirkt es gleichzeitig als Sicherheitsventil. Die Pumpe ist dem äußeren Aufbau nach fremd angetrieben, d. h. die Nockenwelle ist außerhalb des Pumpengehäuses, in diesem Falle im Maschinengestell gelagert. Die Rollenführung sowie die Reglerwelle sind in einem getrennten Gußgehäuse angebracht, auf dem der Stahlblock mit den eigentlichen Pumpenelementen sitzt. Die Plungerlaufbüchse ist über einen niedrigen Bund im Stahlblock von unten eingespannt, wobei die oberste Fläche die Dichtung zu besorgen hat. Es soll Konstruktionsgrundsatz sein, diese Bundhöhe möglichst klein zu halten, weil dadurch die Möglichkeit eines Verspannens und Klemmens vermindert wird. Sämtliche Ventilsitze der Pumpe sind gesondert aus gehärtetem Stahl im Pumpenkörper eingesetzt. Sie bilden mit den Ventilkörpern selbst austauschbare Elemente. Der Ventilsitz des Saug- und Druckventils ist übereinanderliegend durch eine Verschraubung niedergespannt, was einen leichten Ausbau ermöglicht. Der Anschluß der Brennstoffleitung erfolgt über eine Konusdichtung, die für diesen Zweck heute allgemein normal ist.

Die Rollenführung wird vom Maschinengestell aus über den Anschluß c geschmiert. Der Pumpenplunger schmiert sich von selbst durch das Lecköl, welches dann unten vom Federteller durch eine Tropfrinne abgeleitet wird, um nicht längs der Rollenführung in das Maschinengestell zu gelangen und dort das Schmieröl zu verdünnen. Für Mehrzylindermaschinen werden derlei Pumpen in Reihenausführung gebaut, wobei die einzelnen Elemente möglichst nahe aneinandergelegt werden. Die einzelnen Elemente müssen dann auf gleiche Füllungen eingestellt werden, was durch Abgleichen der Strecke h mittels der Schraube H, die durch die Mutter J gesichert ist, erfolgen kann. Die Stelze K ist dazu verdrehbar.

Eine andere Ausführung der gleichen Firma zeigt die Abb. 149. Es ist eine Pumpe mit Eigenantrieb. Die Plungerbewegung wird von der Nockenwelle über einen Schwinghebel A abgeleitet. Derselbe Schwinghebel betätigt über

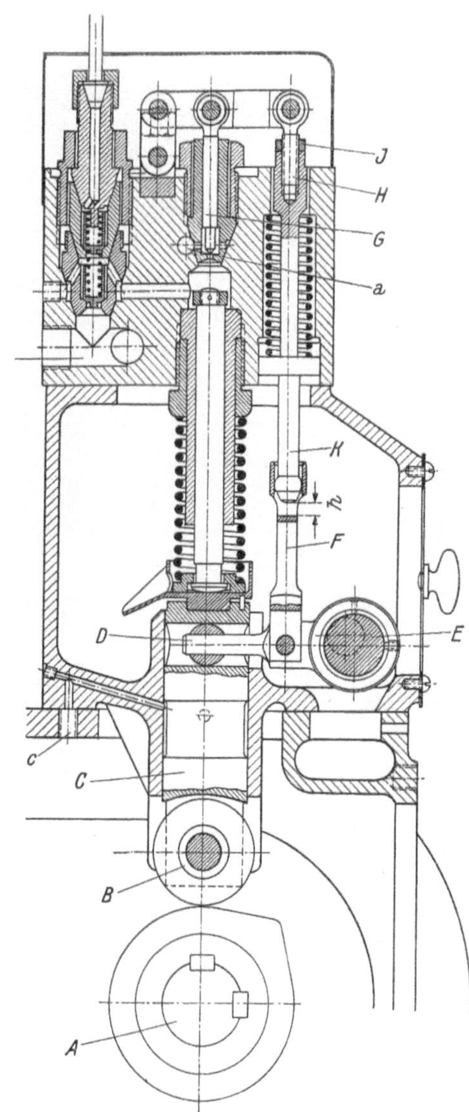

Abb. 148. Pumpe mit nach außen öffnendem Überströmventil (Deutz).

A Nockenwelle; B Rolle; C Rollenführung; D Übertragungshebel; E Exzenterwelle; F Stelze; G Überströmventil; H Einstellschraube; J Sicherungsmutter.

die Stelze B das Überströmventil C, welches diesmal nach innen hin öffnet. Die Regelung der Pumpe besorgt die in der gemeinsamen Lagerwelle längsverschiebbare Zahnstange D, welche über ein Ritzel den Exzenterbolzen E verdreht, der die Stelze B mehr oder weniger anhebt und damit das Spiel h verkleinert oder vergrößert. Die Mengenabgleichung der einzelnen Zylinder geschieht durch die Schraube F. Die Pumpenelemente selbst sind wieder in einem Stahlblock, ähnlich wie früher, gelagert, wobei statt der kegeligen Dichtflächen für die Ventilkörper der unempfindlichere Flachsitz verwendet ist. Das Saugventil ist hängend unmittelbar über dem Pumpenkolben

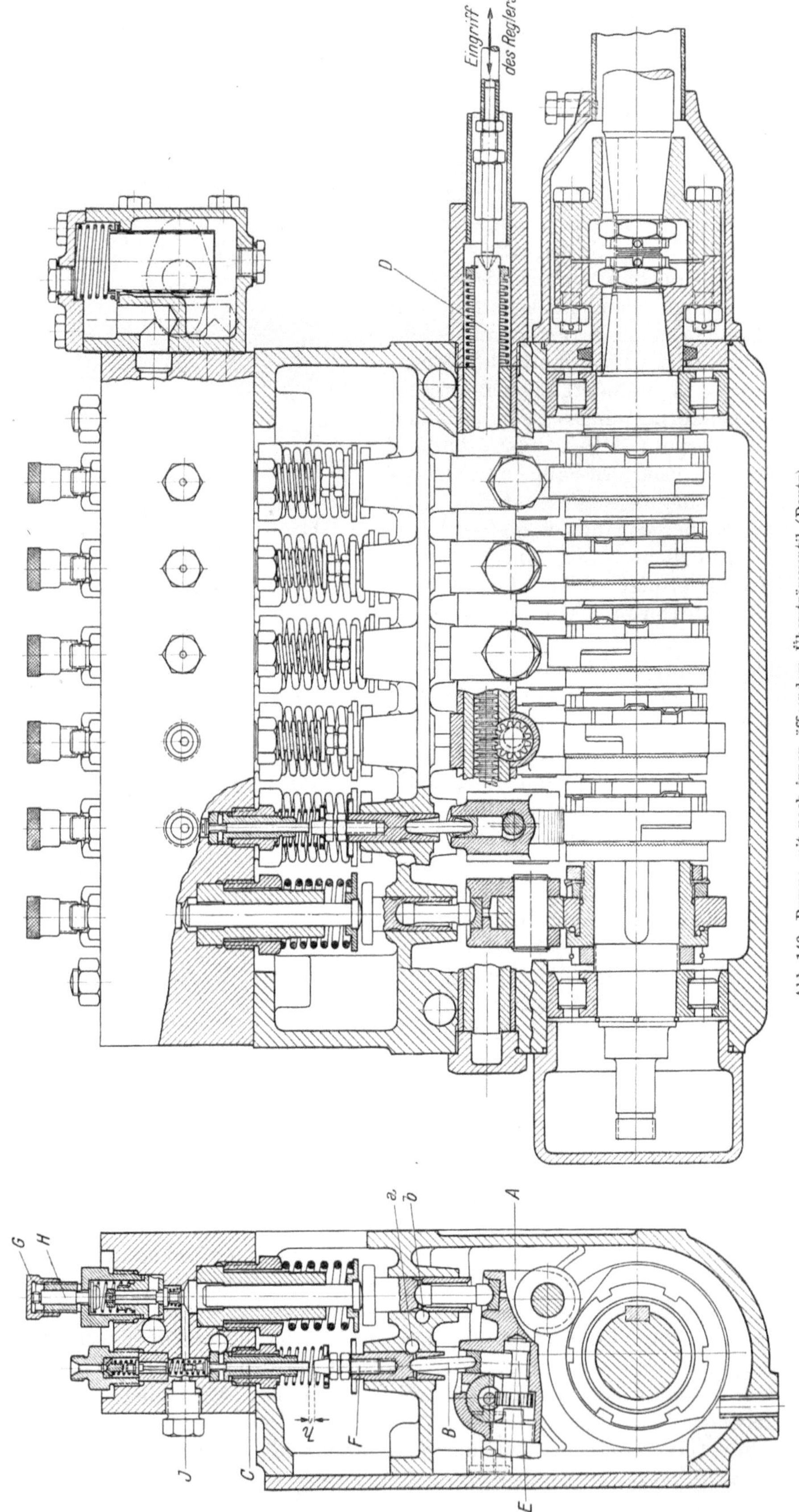

Abb. 149. Pumpe mit nach innen öffnendem Überströmventil (Deutz).

A Schwinghebel; *B* Stelze; *C* Überströmventil; *D* Zahnstange zum Regeln; *E* Exzenterbolzen; *F* Einstellschraube; *G* Entlüftungsschraube; *H* Stößel; *J* Sicherheitsventil.

angeordnet und kann durch die Schraube G und den eingeläppten Stössel H angehoben werden, wodurch ein leichtes Entlüften des Pumpenraumes möglich ist.

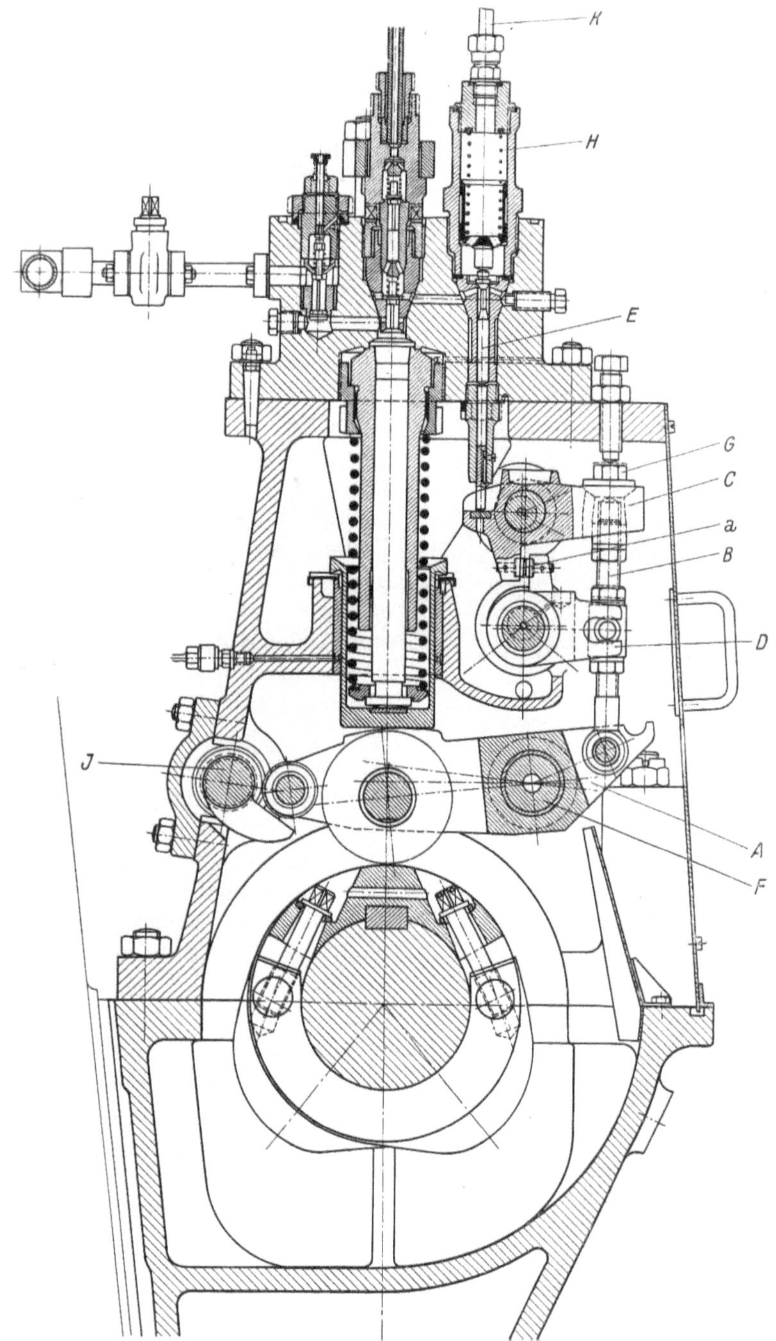

Abb. 150. Pumpe mit Überströmregelung für eine doppeltwirkende Maschine (MAN).

A Schwinghebel; B Übertragungsgestänge; C Steuerungshebel; D Steuerungshebel; E Überströmventil; F Hebellager; G Steuerbund; H Druckfeder; J Abhebhebel; K Überströmleitung.

Die Einspannung der Plungerbüchse erfolgt wie früher, nur ist über die Länge des Bundes die Führung etwas freigedreht, wodurch selbst bei sehr eng eingeläppten Plungern ein Klemmen vermieden ist.

Ein Sicherheitsventil J schützt die Pumpe vor zu hohen Drücken. Die Nockenwelle ist im Gehäuse zweimal mit Rollenlagern gelagert. Die Nocken selbst sind einzeln darauf, gesetzt und können gegeneinander mit einer Stirnverzahnung zwecks Einstellung des Förderbeginnes versetzt werden. Die Schmierung erfolgt wieder für das Triebwerk getrennt durch die Schmierbohrungen a und b, wobei durch eine Querwand im Gußgehäuse die Verunreinigung des Schmieröles durch das Lecköl verhindert ist.

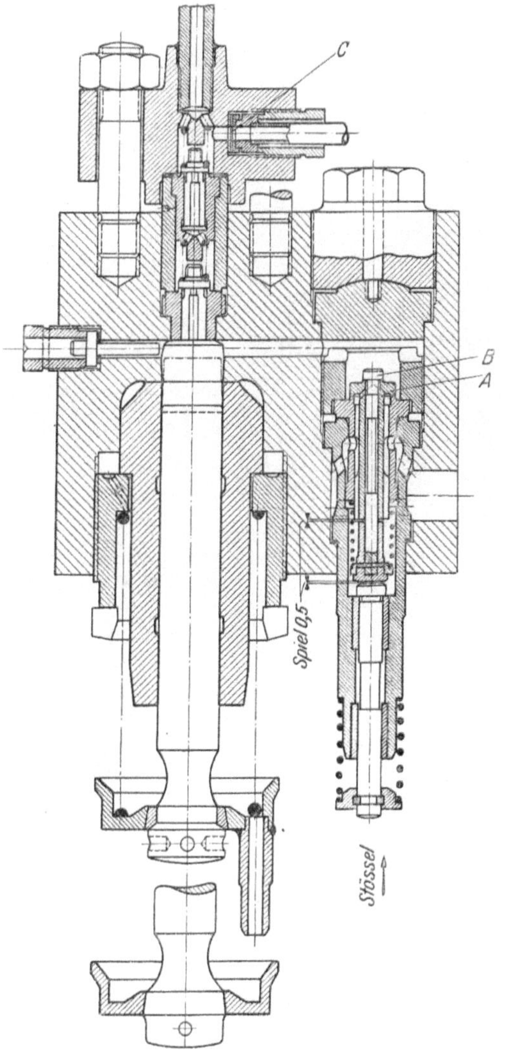

Die beiden beschriebenen Pumpen haben ein Fördergesetz, welches im Augenblick des Nockenauflaufes mit der Geschwindigkeit 0 beginnt und mit der größten Geschwindigkeit im Augenblicke des Überströmens endet. Etwas anders arbeitet die Pumpe nach Abb. 150 der Maschinenfabrik Augsburg-Nürnberg. Auch hierbei wird die Überströmung von einem Hebel A über das Gestänge B, C, D und das Überströmventil E abgeleitet. Der Hebel A ist auf der Welle F gelagert und bewegt beim Aufwärtsgang des Plungers das Gestänge B nach abwärts. Die beiden Hebel C und D sind auf exzentrischen Wellen gelagert, welche, wie aus der Zeichnung nicht ersichtlich, durch Zahnräder miteinander gekuppelt sind. Die gezeichnete Stellung entspricht der Nullfüllung. Wenn dabei die Plungerbewegung beginnt, wird im gleichen Augenblick über den Hebel C das Überströmventil E angehoben. Bei Füllungsstellung wird die exzentrische Lagerwelle des Hebels D gegen den Uhrzeiger gedreht. Dabei dreht sich die Welle des Hebels C im Uhrzeigersinn. Der Hebel C hebt sich von der Mutter G ab und öffnet dabei das Überströmventil. Wenn jetzt der Hub beginnt, drückt das Gestänge B zunächst den Hebel D nach abwärts; damit wandert auch der kraftschlüssige Berührungspunkt a nach links und das Überströmventil schließt nach einer gewissen Hubstrecke durch die Feder H. In diesem Augenblick beginnt die Förderung nach der Brennstoffleitung und dauert so lange, bis das Gestänge G wieder auf dem Hebel C aufliegt und das Überströmventil aufstößt. Die Förderung dieser Pumpe beginnt also schon mit einem endlichen Geschwindigkeitswert, der

Abb. 151. Oberteil einer Pumpe mit Überströmregelung (Überströmen durch das Saugventil). (AEG.)

A Saugventil-Überströmventil; B Vorhubventil; C Sprengplatte.

gegen Förderschluß noch ansteigt. Das Steuergestänge kann dabei kinematisch so durch gebildet werden, daß mit der Füllungsänderung auch eine Änderung des Spritzbeginnes Hand in Hand geht. Die Pumpe ist mit zwei Druckventilen ausgestattet, wobei die Überströmung zwischen beiden abgeleitet wird. Dadurch ist ein Rücksaugen aus der Überströmleitung K vermieden und ein gleichgerichteter Strom des Brennstoffes durch die Pumpe erreicht. Dies hat Vorteile für die Kühlung. Das Saugventil ist hängend angeordnet und kann ebenfalls von außen zur Entlüftung aufgestoßen werden. Die Pumpe ist an einer umsteuerbaren Maschine verwendet. Zum Abheben des Rollenhebels A dient dabei der Hebel J. Bezüglich der Schmierung und der Leckölableitung sind die allgemeinen Grundsätze der Trennung beider eingehalten.

Als Überströmventil kann auch das Saugventil selbst ausgebildet werden. Ein Beispiel hierfür ist Abb. 151, darstellend das Oberteil einer Pumpe der A. E. G. für eine doppelt-

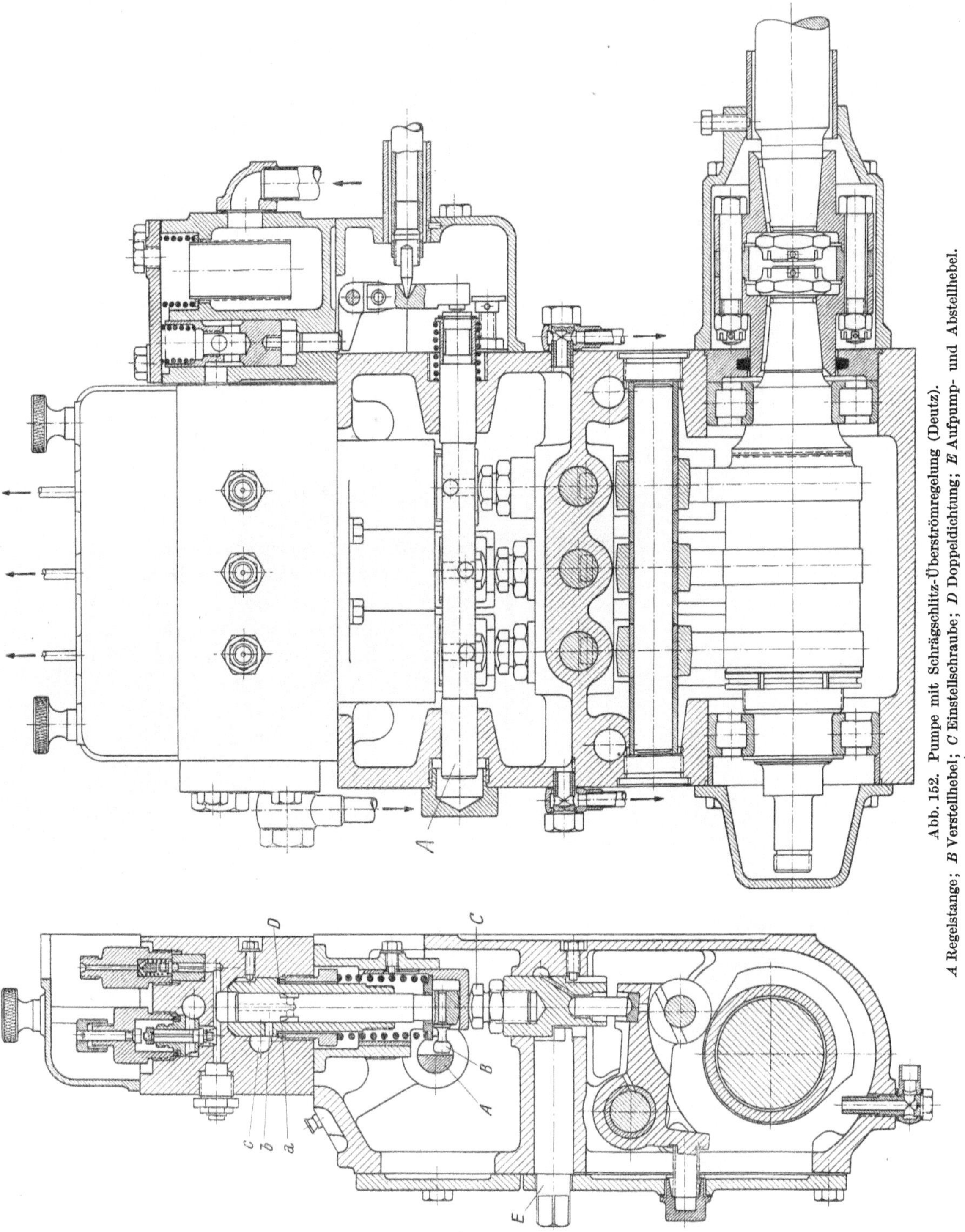

Abb. 152. Pumpe mit Schrägschlitz-Überströmregelung (Deutz).

A Regelstange; B Verstellhebel; C Einstellschraube; D Doppeldichtung; E Aufpump- und Abstellhebel.

wirkende Zweitaktmaschine. Weil das Aufstoßen des verhältnismäßig großen Saugventils A gegen die hohen Pumpendrücke zu hohe Kräfte erforderlich macht, ist zentrisch zu diesem ein kleineres Vorhubventilchen B vorgesehen, welches im Saugventilteller einen Hub von $^1/_2$ mm ausführen kann. Dieser genügt, um einen kleinen Querschnitt zur Entspannung des Pumpenraumes zu öffnen, worauf dann erst nach Anheben des Saugventils selbst ein großer Querschnitt zur Rückströmung freigegeben wird. Dieser muß im vorliegenden Fall größer sein, damit nicht infolge zu hoher Geschwindigkeiten Schaumbildung im Saugraum auftritt, welche beim folgenden Saughub zu Störungen und teilweisem Aussetzen der Pumpe Anlaß gäbe. Auch diese Pumpe ist mit zwei Druckventilen ausgestattet, deren Sitzkörper unmittelbar von dem Flansch der Brennstoffleitung niedergespannt sind. Statt eines Sicherheitsventils ist eine Sprengplatte C vorgesehen, welche bei zu hohen Pumpendrücken durchbricht und so die Pumpe vor weiterem Bruch bewahrt.

Anstatt durch ein gesteuertes Ventil kann die Überströmung auch durch einen Schrägschlitz im Plunger erfolgen und die Mengensteuerung durch Verdrehung desselben geschehen, wie dies z. B. in der Pumpe mit Eigenantrieb nach Abb. 152 verwirklicht ist. Der Antrieb geschieht über einen Schwinghebel, ähnlich wie in früheren Beispielen. Die Überströmung beginnt, wenn der Schrägschlitz a die Bohrung b in der Büchse überschleift. Dabei wird der Pumpenraum mit dem Überströmkanal c in Verbindung gesetzt. Die Verdrehung der Plunger erfolgt gemeinsam durch die Regelstange A, in welcher Schlitze vorgesehen sind, die den Verdrehhebel B aufnehmen. Letzterer kann in den Schlitzen auf- und abgleiten. Die Einstellung der einzelnen Pumpenelemente auf gleiche Füllung erfolgt durch die Schraube C. Die Überströmbohrung in der Plungerlaufbüchse macht einen Dichtungsring D erforderlich, der außer in axialer Richtung auch noch radial abdichten muß. Diese Dichtungsstelle bildet einen heiklen Punkt der Pumpe und erfordert genaueste Arbeit. Das gleiche Element ist auch am Saugventil verwendet. Die Abstellung einzelner Pumpenelemente während des Betriebes kann mit Hilfe des Exzenterbolzens E erfolgen.

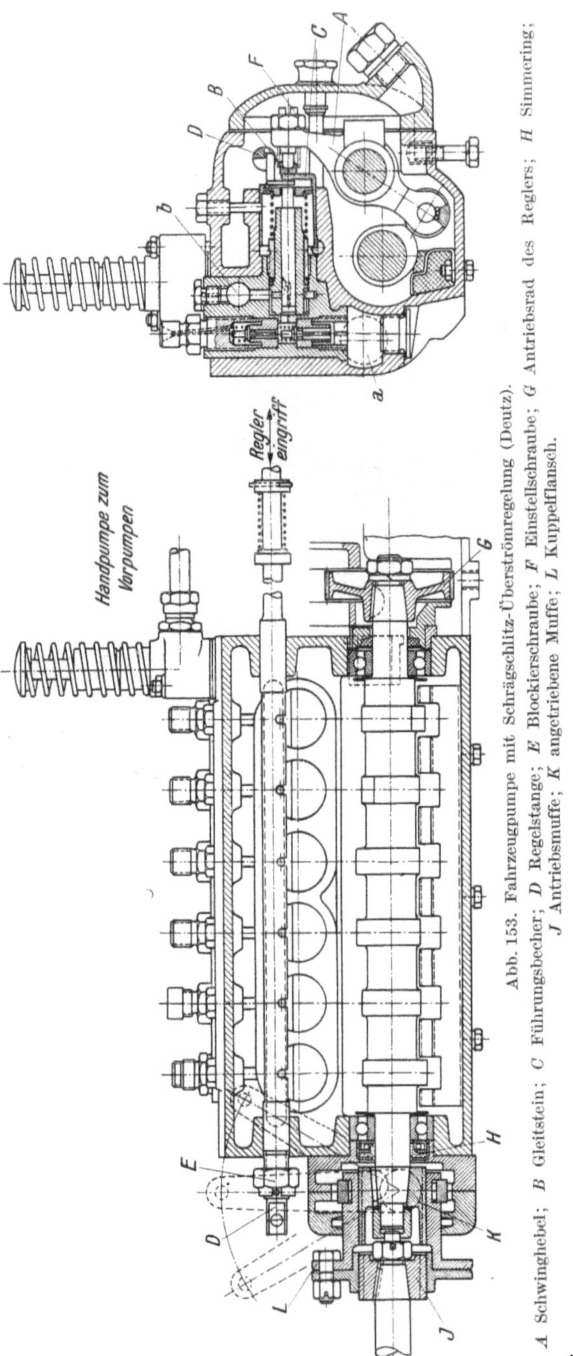

Abb. 153. Fahrzeugpumpe mit Schrägschlitz-Überströmregelung (Deutz). A Schwinghebel; B Gleitstein; C Führungsbecher; D Regelstange; E Blockierschraube; F Einstellschraube; G Antriebsrad des Reglers; H Simmering; J Antriebsmuffe; K angetriebene Muffe; L Kuppelflansch.

Diese Vorrichtung dient auch zum Aufpumpen von Hand aus. Das Fördergesetz auch dieser Pumpe beginnt mit der Geschwindigkeit Null.

Die Überströmregelung mit Hilfe eigener Ventile, wie sie bei größeren Pumpen in Gebrauch stehen, wurde früher auch verschiedentlich bei Pumpen kleinerer Ausführung für rasch laufende Motoren (Fahrzeugmaschinen) verwendet. Dabei waren jedoch die

Anforderungen an die Werkstätte ganz wesentlich erhöht und damit auch große Baukosten verbunden. Es hat sich deshalb heute bei dieser Art der Pumpen die Schlitzregelung fast ausschließlich durchgesetzt. In der Fahrzeugpumpe nach Abb. 153 (DEUTZ) ist die Bauweise der Abb. 152 für erhöhte Drehzahlen (bis 1500 Pumpenumdrehungen) weiterentwickelt. Der Antrieb des Plungers erfolgt über einen Schwinghebel A, der auf den Gleitstein B und den Führungsbecher C drückt. Die Mengenregelung sämtlicher Elemente zugleich erfolgt durch Verschiebung der Regelstange D, die wieder mit Schlitzen versehen ist, in welche die mit dem Plunger in einem Stück gearbeiteten Verdrehkurbeln eingreifen. Die größte Fördermenge wird durch die Schraube E eingestellt (blockiert), welche bei voller Füllung an der Gehäusewand anliegt. Das Abgleichen der Füllungen der einzelnen Elemente untereinander geschieht durch die Schraube F. Die Pumpen-

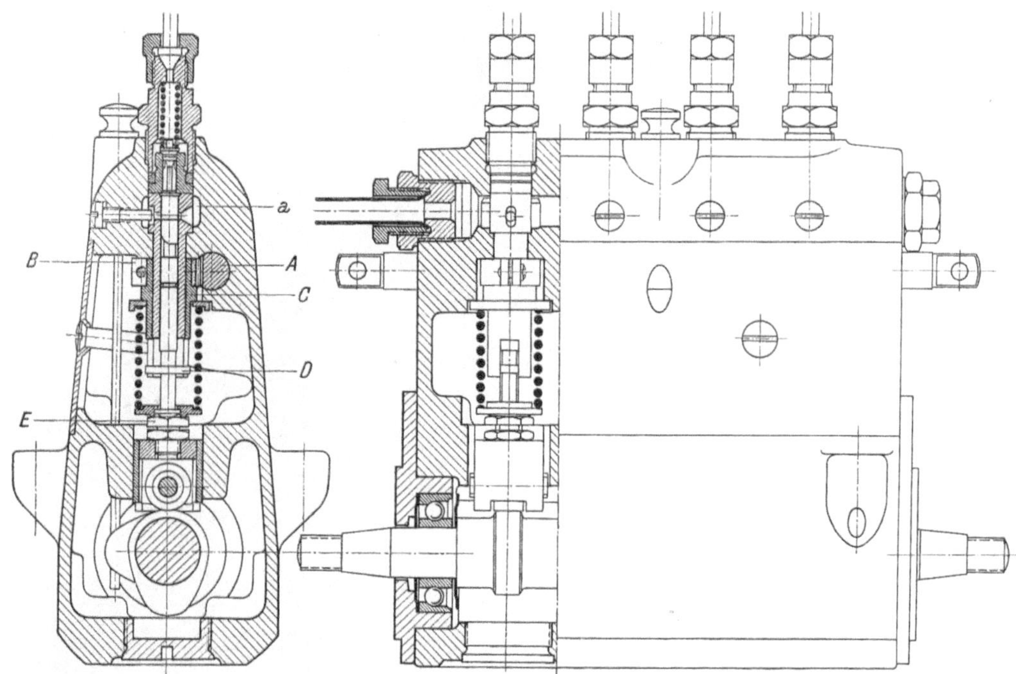

Abb. 154. Fahrzeugpumpe mit Schrägschlitz-Überströmregelung (Bosch).
A Regelstange; B Zahnritzelsegment; C Verdrehhülse; D Plunger mit Querhaupt; E Schraube zum Einstellen des Spritzbeginnes.

elemente (Führungsbüchse und Ventile) sind auch hier in einem eigenen Stahlblock gelagert, der unmittelbar im Pumpengehäuse aus Silumin eingegossen ist. Die Nockenwelle ist im Gehäuse zweimal in Kugellagern gelagert. Die Ölabdichtung erfolgt nach dem unmittelbar an der rechten Seite angeflanschten und durch das Zahnrad G angetriebenen Fliehkraftregler zu durch einen Filzring und links nach außen hin durch den bewährten Simmerring H, eine an die Welle mittels Federring angedrückte Lederstulpe. Die Pumpe wird über eine in der Drehrichtung während des Betriebes verstellbare Kupplung (Spritzversteller) angetrieben. Die Antriebsmuffe J ist gerade und die angetriebene K schraubenförmig genutet. Durch Verschieben des Kuppelflansches L tritt die erwünschte Verdrehung ein. Mit Hilfe solcher Spritzversteller ist es möglich, die im Wesen des Einspritzvorganges liegenden Differenzen der Einspritzverzögerung mit der Drehzahl auszugleichen.

Anstatt durch ein Saugventil kann auch durch eine Saugbohrung in der Zylinderlauffläche angesaugt werden, wobei der Kolben Steuerorgan ist. Ein bekanntes Beispiel ist die Einspritzpumpe der Firma Bosch, die in Abb. 154 in der Ausführung als Fahrzeugpumpe mit Eigenantrieb dargestellt ist. Die Saug- und Überströmbohrung sind in gleicher Höhe durchgebohrt. Um die Laufbüchse außen herum ist der gemeinsame Saug- und

Überströmraum *a* angeordnet. Während des Abwärtsganges saugt der Kolben im Pumpenraum ein Vakuum, welches, nachdem die beiden Bohrungen von der Kolbenoberkante geöffnet werden, von außen aufgefüllt wird. Die Überströmung erfolgt nur durch *eine* Bohrung. Die Kraftstoffmenge wird auch diesmal durch Verdrehen der Plunger geregelt. Die Einrichtung hierzu ist etwas anders als bisher beschrieben. Die als Zahnstange ausgebildete Reglerstange *A* greift in ein Ritzelsegment *B* ein, welches auf der drehbaren Hülse *C* aufgeklemmt ist. In einem Schlitz der Hülse gleitet ein Querhaupt *D* des Plungers und kuppelt diesen in Drehrichtung mit der Hülse. Die Mengen der einzelnen Plunger einer Mehrzylinderpumpe können durch Verdrehen des Ritzels *B* auf der Hülse *C* gleich eingestellt werden. Die Schraube *E* an

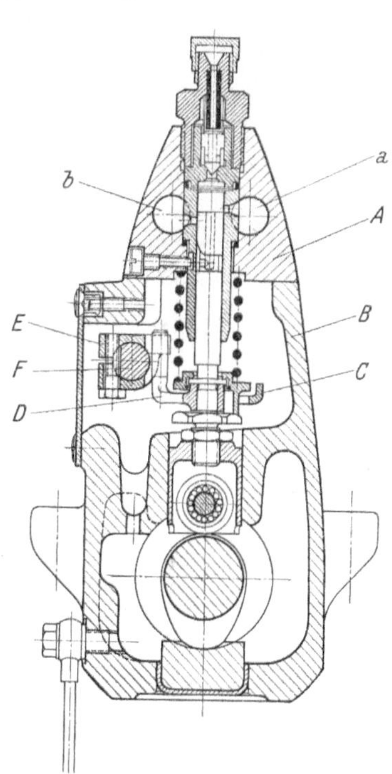

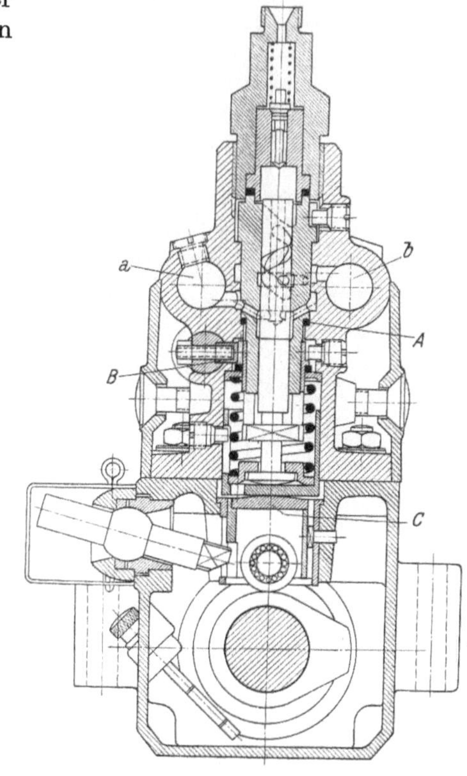

Abb. 155. Fahrzeugpumpe mit Schrägschlitz-Überströmregelung (Deutz).

A Pumpenblock; *B* Gehäuse; *C* Haltebügel; *D* Verstellkurbel; *E* Gleitsteine; *F* Regelstange.

Abb. 156. Fahrzeugpumpe mit Schrägschlitz-Überströmregelung. „Gleichstromprinzip" (SIMS-L'ORANGE).

A achsial dichtender Ring; *B* verzahntes Klemmstück auf der Regelstange; *C* Platte zum Einstellen des Spritzbeginnes.

der Rollenführung dient zum Einstellen des Förderbeginnes untereinander, ohne daß dabei auch die Füllung geändert wird, ein Vorteil, der nur bei Steuerung des Förderbeginnes durch Abschluß der Saugbohrung gegeben ist. Durch das Fehlen des Saugventils ist es möglich, den Druckventilkörper unmittelbar auf der Plungerlaufbüchse abzudichten, wodurch jede Hochdruckabdichtung gegen das Pumpengehäuse entfällt. Letzteres kann deshalb als Ganzes aus einer Leichtmetall-Speziallegierung gegossen werden. Als Dichtungsring über dem Druckventilkörper ist ein kupferarmierter Fiberring in Verwendung, der, wenn er sich an die Gehäusewand preßt, diese auch bei mehrmaligem Ausbauen nicht verletzt.

Eine sorgfältige Trennung von Lecköl und Schmieröl ist nicht mehr durchgeführt. Dies ist bei den geringen Leckölmengen der verhältnismäßig kleineren Plunger zulässig, wenn ein Ölwechsel innerhalb nicht zu langer Zeiten vorgeschrieben wird.

In der Fahrzeugpumpe neuer Bauart der Humboldt-Deutzmotoren A. G. (Abb. 155) sind Ansaug- und Überströmbohrung versetzt und münden in getrennt angeordnete

Kanäle *a* und *b*. Dadurch wird ein Durchfluten der Pumpe erreicht, wodurch diese bei höheren Drehzahlen gut gekühlt wird. Die Trennung des Pumpenblockes *A* aus Stahl vom Gehäuse aus Leichtmetall *B* ist beibehalten, wobei auf leichten Ausbau der Pumpenelemente Bedacht genommen ist. Damit beim Abheben des Blockes die Kolben nicht nach unten herausfallen, werden diese durch Sprengringe im Federteller und letztere durch den Haltebügel *C*, der am Block befestigt ist, abgefangen. Das Drehen der Plunger zur Mengenregelung geschieht einfach durch eine aufgeklemmte Kurbel *D*. Sie greift in die Steine *E* ein, welche zwecks Abgleichen der Mengen auf der Regelstange *F* verschiebbar sind.

Abb. 156 zeigt den Querschnitt der Sims-Einspritzpumpe, die nach dem „Gleichstromprinzip" von P. L'Orange arbeitet. Der Plunger saugt durch eine zentrale Bohrung und eine Querbohrung dazu aus der unteren Ringnut der Laufbüchse, die mit dem Saug-

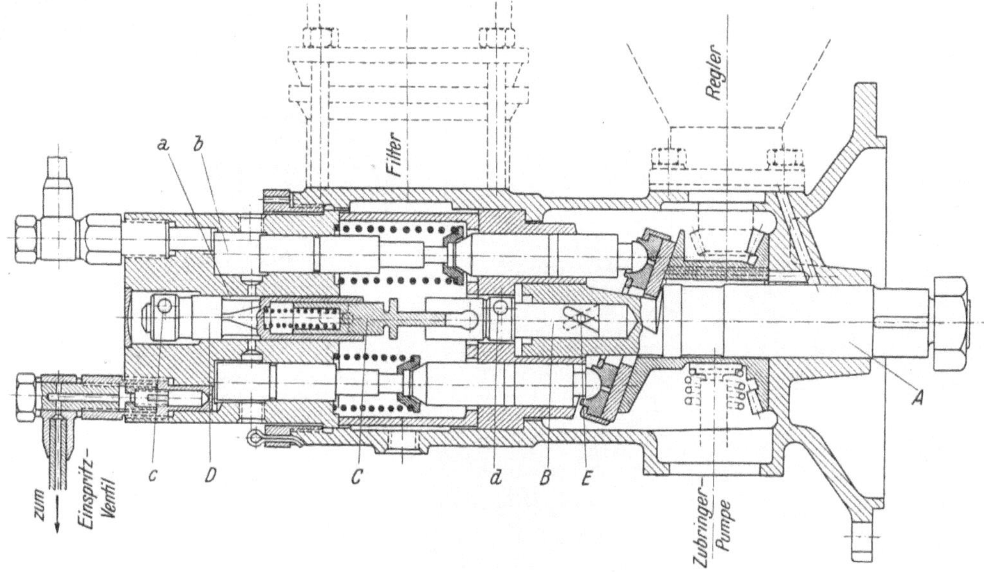

Abb. 157. Flanschpumpe mit Überströmregelung durch zentralen Drehschieber (Ex-Cell-O).
A Antriebswelle; *B C* Kuppelstücke; *D* Drehschieber; *E* Mitnehmerstift.

kanal *a* in Verbindung steht. Die Überströmung beginnt mit dem Überschleifen einer Schraubennut im Plunger mit einer ebenfalls schraubenförmigen Anfräsung in der Büchse und erfolgt über die Nut im Plunger und eine Ringnut in der Büchse nach dem Kanal *b* hin, der vom Saugraum getrennt ist. Dadurch, daß beim Überströmbeginn sich Kanten überschleifen, wird eine besonders rasche Unterbrechung der Einspritzung erzielt. Bezeichnend für die Bauweise dieser Pumpe ist u. a. die Trennung des Gehäuses. Im Oberteil sind außer den Pumpenelementen selbst auch die ganzen Teile zur Regelung untergebracht samt einer geführten Federbüchse, die gegen Herausfallen beim Abbau des Oberteiles durch eine Schraube gesichert ist. Es könnte also dieses Oberteil auch getrennt als fremdangetriebene Pumpe Verwendung finden. Im Unterteil ist die Nockenwelle gelagert samt Rollenführung. In letztere greift eine Vorrichtung zum Aufpumpen von Hand aus ein. Die Einspannung der Kolbenlaufbüchse unterscheidet sich grundsätzlich von der sonst üblichen Bauweise nach Abb. 154 und 155. Zwecks Vermeidung eines hohen Spannbundes, der eher zum Klemmen neigt, ist die Büchse nur über eine kurze Länge außerhalb der Saug- und Überströmbohrungen gespannt und statt der sonst üblichen Doppeldichtung in axialer und radialer Richtung ein axial dichtender Ring *A* vorgesehen, der Übertoleranz hat und beim Einbau leicht deformiert wird, ohne daß dadurch die Laufbüchse klemmt. Das Abgleichen der Füllung erfolgt durch Verschieben eines verzahnten Steines *B* auf der Regelstange. Der Förderbeginn kann durch Austauschen einer Platte C eingestellt werden, was gegenüber dem Einstellen mit einer Schraube zwar umständlicher ist, aber dafür an Bauhöhe der Pumpe spart.

Der Gedanke, das Überströmen und Ansaugen durch ein eigenes Organ auch bei schnellaufenden Pumpen zu steuern, hat seine Belebung neuerdings wieder in der Ex-Cell-O-Pumpe (Amerika) gefunden (Abb. 157). Die Pumpenelemente sind zueinander achsparallel trommelförmig angeordnet und gemeinsam über eine Taumelscheibe durch die Welle A angetrieben. Mit der Antriebswelle, über die Teile B und C gekuppelt, ist ein zentral liegender Drehschieber D, der Förderbeginn und -ende für alle Plunger der Reihe nach dadurch steuert, daß er den Pumpenraum b nach dem gemeinsamen Ansaug- und Überströmraum a abschließt oder öffnet. Die Schließdauer und damit die Einspritzdauer wird durch axiales Verschieben des Schiebers D durch einen in c angreifenden Hebel verändert und so die Füllung geregelt. Das Kuppelstück B wird von der Hauptwelle A durch einen in schräge Schlitze eingreifenden Stift E mitgenommen. Wird dieses Kuppelstück mit Hilfe des in d angreifenden Hebels verschoben, so wird dadurch der

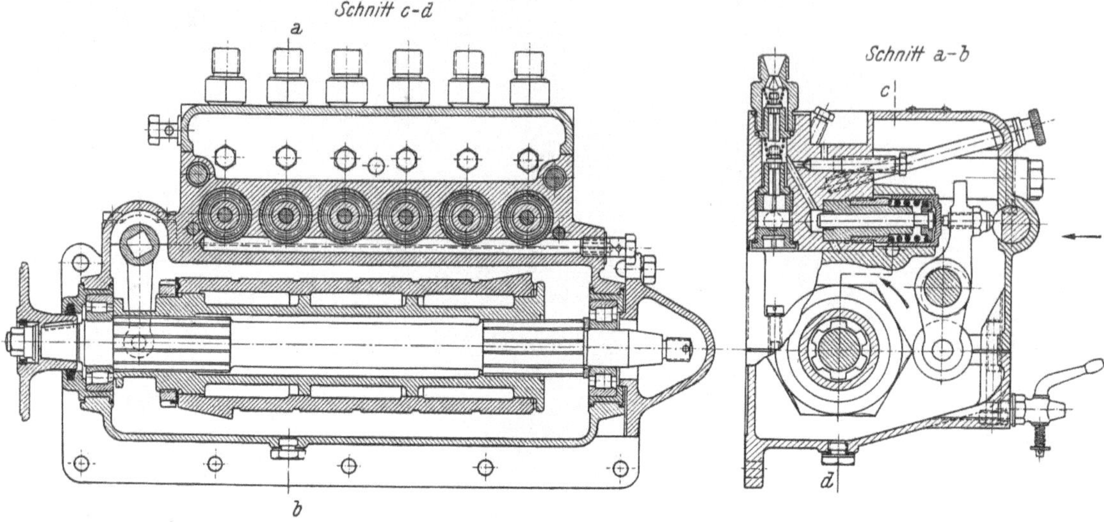

Abb. 158. Fahrzeugpumpe mit Schrägnockenregelung (Deutz).

Förderbeginn sämtlicher Plunger gleichmäßig verstellt. Sowohl die Füllungsänderung als auch die Änderung des Einspritzbeginnes lassen sich außerhalb der Pumpe mit dem angeflanschten Regler sinngemäß kuppeln. Der gleichförmig rotierende Drehschieber arbeitet trägheitsfrei und erfordert zu seiner Verschiebung nur geringe Verstellkräfte. Der Anbau der Pumpe an den Motor erfolgt durch Anflanschen.

In früheren Jahren wurden Einspritzpumpen kleiner und mittlerer Größe häufig mit Schrägnockenregelung ausgeführt. Die Nachteile, deretwegen diese Pumpenart von der Pumpe mit Überströmregelung verdrängt wird, liegen im Wesen des Fördergesetzes einerseits, welches nicht so rasch abreißt und bei den heutigen hohen Drehzahlen zum Verschleppen der Einspritzung neigt, und in den hohen Regulierkräften anderseits, die zum Verschieben der Nockenwelle nötig sind. Diese bedingen große Regler oder gar Servo-Einrichtungen, die den Preis der Anlage erhöhen. Ein Vorteil liegt in der Einfachheit der Pumpenelemente selbst und der dadurch bedingten hohen Betriebssicherheit.

Als Ausführungsbeispiele für eine Schrägnockenpumpe sei in Abb. 158 eine Mehrzylinder-Fahrzeugpumpe (DEUTZ) wiedergegeben. Sie zeigt einen ähnlichen Aufbau wie die Überströmpumpe nach Abb. 153, deren Vorläuferin sie ist. Pumpenkolben und Führungsbüchse sind denkbar einfache Körper und haben keinerlei Bohrungen oder Schlitze. Die Regelung erfolgt durch Verschieben des Nockenbündels auf der genuteten Antriebswelle. Der Übertragungshebel zwischen Nockenwelle und Pumpenstempel schwingt auf einer exzentrisch gelagerten Welle, womit die Pumpe von Hand aus auf

Nullfüllung gestellt werden kann. Die Pumpe wurde von der Humboldt-Deutzmotoren A. G. für einen der ersten auf den Markt gelangenden Fahrzeugmotoren entwickelt, dessen Drehzahl nicht über 1500 U/min lag (Viertakt).

Auch die Drosselregelung wurde in früheren Jahren häufiger verwendet, insbesondere bei Einzylindermotoren (DEUTZ), bei denen das Abgleichen mehrerer Pumpenelemente entfällt. Die Regelungsart wurde von der Firma Deckel zu einem hohen Stand entwickelt und bis in die jüngste Zeit auch an Mehrzylinderpumpen mit Erfolg angewendet. Abb. 159 zeigt einen Querschnitt durch die bekannte Fahrzeugpumpe. Die Pumpenelemente selbst sind in einem gemeinsamen Stahlblock untergebracht, der auf das Gehäuse aus Leichtmetall aufgeschraubt ist. Der Druckraum der Pumpe ist einerseits durch das zentral liegende Druckventil mit der Brennstoffleitung, anderseits über die Drosselstelle a nach dem Saugraum b in Verbindung. Die Mengenteilung durch die Drossel und zur Brennstoffleitung ist je nach der Öffnungsweite der Drossel. Diese wird durch Verdrehen der Regelnadel A über den Hebel B durch die Regelstange C verändert. Die Fördermengen der einzelnen Plunger werden grundsätzlich bei geschlossener Drossel abgeglichen, und zwar mit Hilfe der Schraube D. Diese stützt sich auf einen durch die Pumpe durchlaufenden Bolzen E ab, der an jeder Auflagestelle der Schraube D einen exzentrischen Zapfen angeschliffen hat. Mit der Schraube D kann das Rollenspiel in c verändert und damit der Förderhub verkleinert werden. Wenn die Pumpe damit auf gleiche Füllungen der Zylinder eingestellt ist, kann durch Verdrehen des Bolzens E über den exzentrischen Zapfen das Rollenspiel für sämtliche Plunger gleichmäßig vergrößert oder verkleinert werden, womit ein Blockieren der maximalen Fördermenge möglich ist. Der Nockenauflauf ist hohlgeschliffen, damit die Plungerbewegung möglichst scharf beginnt und Streuungen im Förderbeginn vermieden bleiben. Der Ablauf des Nockens setzt sofort nach Förderende (höchster Hub) ein, wodurch eine Entlastung der Leitung und ein rasches Unterbrechen der Einspritzung erreicht wird.

Außer den unmittelbar arbeitenden Pumpen, deren Hauptvertreter im vorausgegangenen besprochen wurden, stehen vereinzelt auch mittelbar arbeitende Pumpen in Verwendung. Gegenüber der ursprünglichen Ausführung dieser Einspritzsysteme, wobei die Pumpe in einem Speicherraum arbeitet, von dem aus die Einspritzung über ein mechanisch gesteuertes Ventil erfolgt, stellt die in den letzten Jahren entwickelte Scintilla-Pumpe (System Rattelier) eine wesentliche Vereinfachung dar. Das Schema der Pumpe, die auch für Fahrzeugmotoren gebaut wird, zeigt Abb. 160. Über dem Pumpenkolben A ist nach oben federnd abgestützt ein Speicherkolben B vorgesehen, der, sobald ersterer zu fördern beginnt, angehoben wird. Der Pumpenraum ist also gleichzeitig Speicherraum. Die Steuerung des Förderbeginnes nach der Einspritzleitung C geschieht durch eine Ringnut a knapp vor der höchsten Lage des Hauptplungers A. Bis auf die geringe Kolbenverdrängung bis zur oberen Totlage fördert nur der Speicherkolben unter der Federkraft. Während der Hauptplunger abwärtsgeht, liegt der Speicherkolben mit seinem oberen Bund auf seiner Führung auf und das Ansaugen geht in der üblichen Art durch Vakuumsaugen und Aufsteuern der Saugbohrung vor sich. Die vordere Steuerkante ist dabei

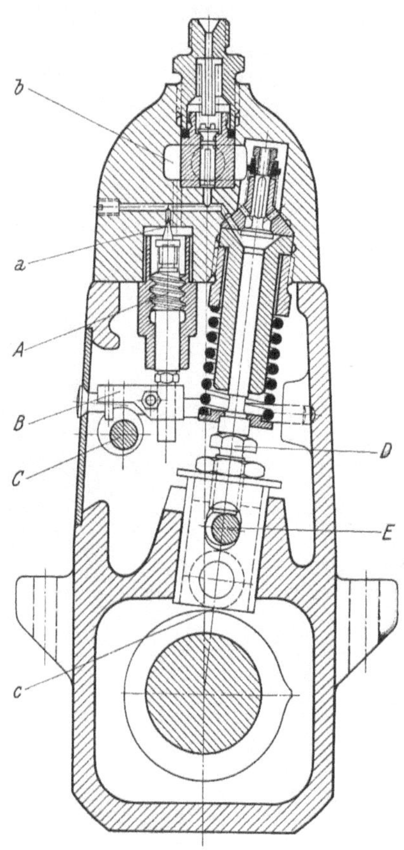

Abb. 159. Fahrzeugpumpe mit Drosselregelung (Deckel).

A Regelnadel; B Hebel; C Regelstange; D Einstellschraube; E Blockierbolzen.

schräg, so daß durch Verdrehen des Hauptkolbens die Fördermenge geregelt werden kann. Zum Abgleichen des Spritzbeginnes in der Mehrzylinderpumpe werden unter den Hauptplunger die Beilagen D gelegt. Die Fördermengen werden durch Beilagen E unter den Speicherplunger abgeglichen. Die Wirkung dieser Maßnahme wird verständlich, wenn noch erwähnt wird, daß der Förderschluß der Pumpe stets durch das Aufschlagen des Speicherkolbens mit seiner unteren Stirnfläche auf den Hauptkolben gegeben ist. Eine in der Scintilla-Pumpe neuartige Einrichtung ist die sogenannte Flüssigkeitsfeder über dem Speicherkolben. Vom Ansaugraum b ist durch die Federglocke der Raum c abgetrennt. Die Drosselbohrung d stellt die einzige Verbindung zwischen

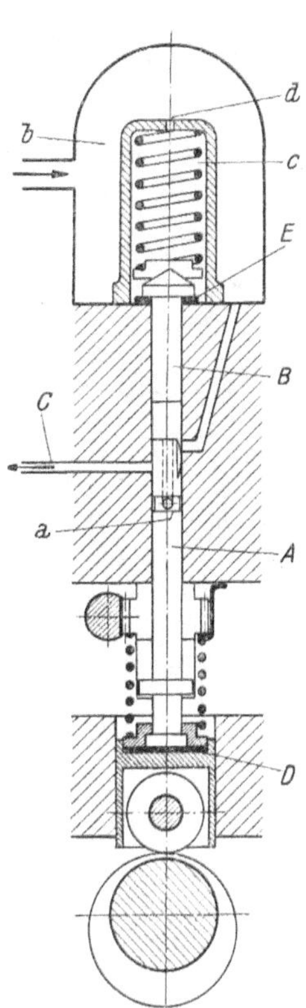

Abb. 160. Schema der Scintilla-Pumpe (System Rattelier). A Pumpenkolben; B Speicherkolben; C Einspritzleitung; D Beilagen zum Einstellen des Spritzbeginnes; E Beilagen zum Abgleichen der Fördermengen.

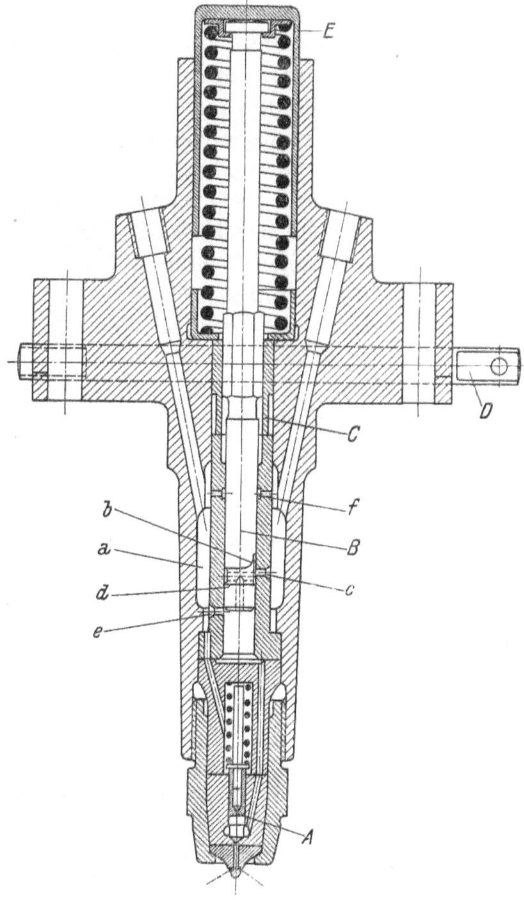

Abb. 161. Pumpe mit Überströmregelung in einem mit dem Einspritzventil (Winton USA.). A Pumpendruckventil, Ventilnadel des Einspritzventils; B Pumpenkolben; C Zahnritzelsegment; D Regelstange; E Federglocke.

beiden dar. Wenn der Speicherkolben angehoben wird, entsteht durch die Drosselwirkung ein Druck im Federraum, der zu Beginn der Einspritzung infolge der Elastizität des Kraftstoffes zusätzlich als Federkraft wirkt. Die Federwirkung nimmt mit der Drehzahl, dem Drosselgesetz entsprechend, stark zu. Damit wird die Einspritzdauer bei hoher Drehzahl verkürzt und der Nachteil all dieser Speicherpumpen, nämlich die bei jeder Drehzahl gleiche Spritzzeit und damit der bei niedrigen Drehzahlen kürzere Einspritzwinkel, zum Teil ausgeglichen.

Es ist selbstverständlich, daß ein so breites Entwicklungsgebiet, wie der Einspritzpumpenbau, außer den besprochenen normalen Bauformen auch eine Reihe von Ideen hervorbringt, die ihrer beschränkten Anwendungsmöglichkeit oder der seltenen Verwendung wegen als Sonderausführungen zu bezeichnen sind und die geschlossen anzuführen in diesem Rahmen nicht möglich ist. Erwähnt sei die Einstempel-Pumpe von

HESSELMAN, wobei die Einspritzung auch bei Mehrzylindermaschinen jeweils durch einen einzigen Pumpenkolben über sinngemäß gesteuerte Verteilventile nach den einzelnen Zylindern hin betätigt wird. Ein weiterer Gedanke, der immer wieder vorgeschlagen wird, ist die Ausnutzung des Zylinderdruckes zum Antrieb des Pumpenkolbens. Er wurde von ARCHAOULOFF verwirklicht und hat sich bei der Umstellung von Lufteinblasemaschinen, wo ein genügend kräftiger Pumpenantrieb fehlt, auf Strahleinspritzung bestens bewährt (KRUPP).

Der Gedanke, Pumpe und Einspritzventil in einem Element am Zylinderkopf anzuordnen, wurde in Amerika weiterentwickelt. Abb. 161 zeigt den Schnitt durch eine ausgeführte Pumpe. Das Pumpendruckventil A ist zugleich Ventilnadel des Einspritzventils. Der Raum hinter der Ventilnadel steht mit dem Ansaugraum a in Verbindung. Die Förderung des Pumpenkolbens B beginnt mit dem Abschluß der Bohrung c durch die schräge Steuerkante b und endet mit dem Wiederöffnen der Bohrung e durch die Kante d. Dadurch, daß der Schrägschlitz diesmal den Förderbeginn steuert, ändert sich mit der Füllung auch der Spritzbeginn. Mit kleiner werdender Füllung kommt auch die Einspritzung später, was gewisse Vorteile in der Laufruhe bei abnehmender Belastung bringt. Der Plunger wird über einen Sechskant und das Zahnritzelsegment C von der Regelstange D verdreht. Der Antrieb der Pumpe erfolgt

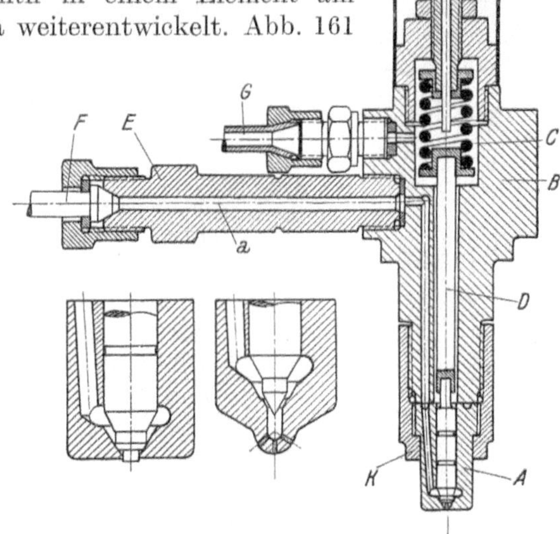

Abb. 162. Einspritzventil (Bosch).
A Düse; B Düsenhalter; C Ventilfeder; D Druckstelze;
E Verschraubung; F Einspritzleitung; G Leckölleitung;
H Einstellschraube; J Fühlstift; K Überwurfmutter.

über die Federglocke E durch einen Schwinghebel. Gegen zu große Lecköllmengen nach außen ist in der Führungsbüchse eine Entlastungsnut f vorgesehen, die mit dem Saugraum a in Verbindung steht und das aus dem Hochdruckraum längs des Laufspaltes durchdringende Lecköl zurückleitet.

b) Einspritzventile.

Die Ausführungen können auf das hydraulisch gesteuerte Ventil beschränkt werden, weil dieses heute fast ausschließlich verwendet wird. Der grundsätzliche Aufbau dieser Düsen ist gleich: Eine federbelastete Ventilnadel dichtet die Einspritzleitung möglichst nahe an der Düsenbohrung gegen den Brennraum hin ab. Gegen die Federkraft wirkt der Brennstoffdruck im Sinne des Öffnens.

Abb. 162 zeigt die Düsenbauart der Firma Bosch; hierbei bildet die Nadelführung und der Ventilsitz mit der Ventilnadel ein einheitliches Element A, welches dichtend an den Düsenhalter B angeschraubt ist. In diesem Düsenhalter stützt sich die Feder C ab, die anderseits über eine Stelze D den Schließdruck auf das Ventil ausübt. Über die Verschraubung E schließt die Einspritzleitung F an. In der Bohrung a kann ein Stabfilter untergebracht werden, welches für den Kraftstoff nur enge Durchflußspalte offenläßt und so eine letzte Filterung vor der Düse vornimmt. Eine weitere Leitung G schließt im Federraum an und besorgt die Ableitung des Lecköles, welches durch die Nadelführung durchdringt.

Der Abspritzdruck des Ventils wird durch die Vorspannung der Feder C eingestellt, im vorliegenden Falle mittels einer Schraube H. Durch eine Längsbohrung dieser Schraube kann mit einem Fühlstift J während des Betriebes das Arbeiten der Düse von Hand aus

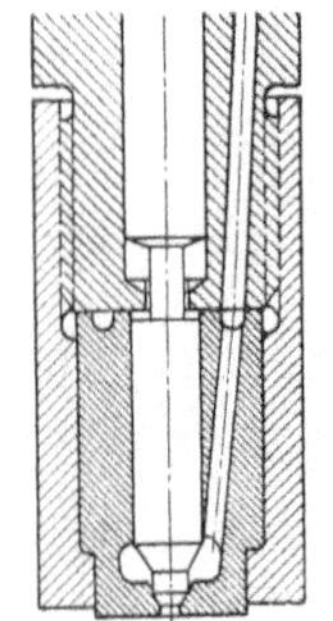

Abb. 163.
Einspritzdüse mit hochgezogenem Einspannbund zu günstiger Wärmeableitung.

abgefühlt werden. Der empfindlichste Teil so eines Einspritzventils ist die Ventilnadel und deren Führung. Sie muß jederzeit leicht spielen, wozu in erster Linie jedes Verspannen der Düse von vornherein zu vermeiden ist. Die Dichtflächen an Düse und

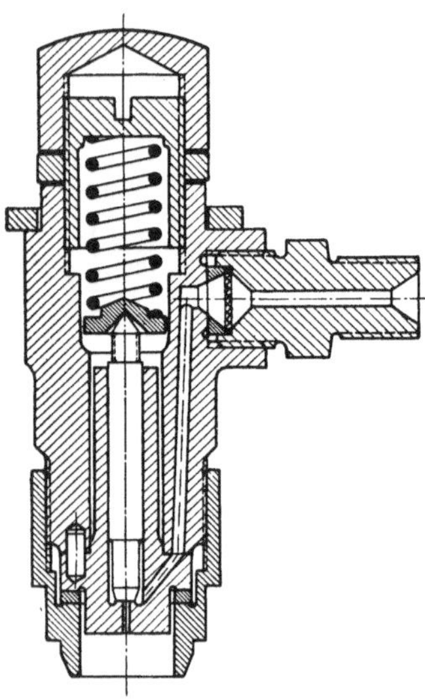

Halter müssen sauberst geschliffen und geläppt sein und zur Ventilachse senkrecht stehen. Ebenfalls muß die Überwurfmutter K genau senkrecht drücken. Seitliche Komponenten des Federdruckes geben oft Anlaß zum Festklemmen und sind zu vermeiden. Die Feder muß dazu planparallel in ihren Auflageflächen sein und darf sich auch beim Zusammendrücken nicht einseitig einsenken. Zusätzlich zu diesen mechanischen Ursachen kann ein Verklemmen auch durch übermäßige Erwärmung eintreten. Aus diesem Grund soll der Düsenkörper mit der Nadelführung grundsätzlich so wenig als möglich den Feuergasen ausgesetzt werden. Für besonders warm beanspruchte Düsen hat es sich als günstig erwiesen, den Einspannbund der Düse höher zu ziehen (Abb. 163), um so die Wärme schon möglichst vor der Nadelführung durch die Überwurfmutter abzuleiten. Durch genügendes Nadelspiel muß natürlich gesorgt werden, daß der hohe Bund nicht wieder ein Klemmen durch mechanische Deformation mit sich bringt. Der Nadelsitz ist in der Bosch-Düse kegelig ausgebildet. Besondere Vorteile gegenüber dem Flachsitz ergeben sich daraus nicht.

Abb. 164. Einspritzventil für schnelllaufende Motoren (Deutz).

Eine hinsichtlich Wärmebeanspruchung günstige Ventilbauart zeigt das von der Humboldt-Deutzmotoren A. G. entwickelte Einspritzventil für schnellaufende Kleinmotoren nach Abb. 164. Auch hier ist die Nadelführung mit dem Ventilsitz und der Düsenbohrung in einem Stück gehalten. Der Düsenkörper ist jedoch möglichst weit unten mit einem niedrigen Bund gegen das Gehäuse gespannt, so daß die Wärme noch vor der Nadelführung nach dem Gehäuse über die Überwurfmutter abfließen kann. Gleichzeitig ist auch die Gefahr eines me-

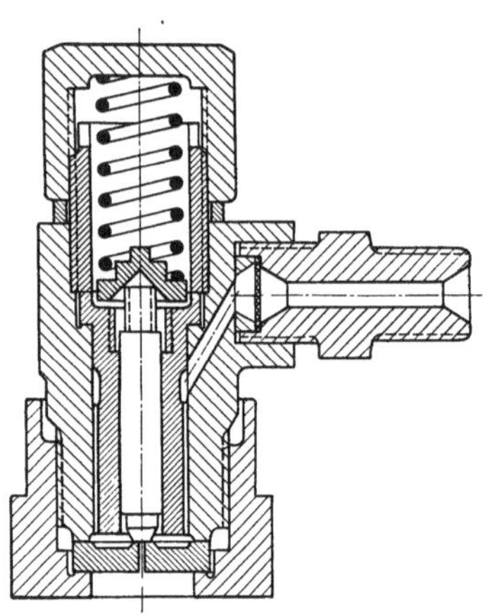

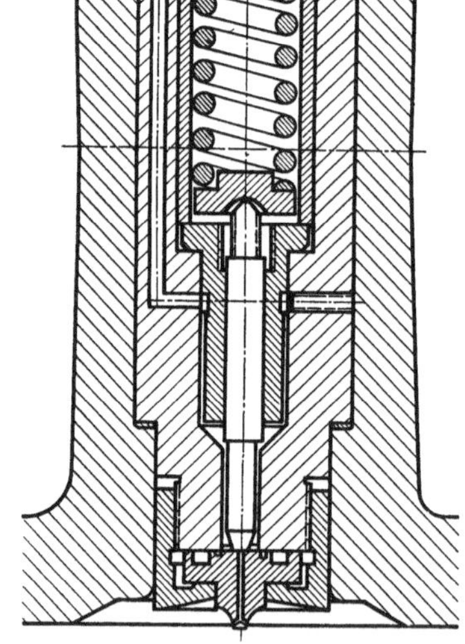

Abb. 165. Einspritzventil für hochbeanspruchte Fahrzeugmotoren (Deutz).

Abb. 166. Einspritzventil einer größeren Stationärmaschine (Deutz).

chanischen Klemmens verringert. Die Nadelführung ragt mit Spiel in den Düsenhalter hinein. Dieses Spiel füllt sich mit Lecköl auf, wodurch eine zusätzliche Kühlung erreicht ist. Eine Druckstelze zwischen Düsennadel und Federteller fehlt hier und beide wirken unmittelbar aufeinander. Als Hochdruckfilter ist in der Anschlußverschraubung ein mehrfach übereinandergelegtes feinmaschiges Siebfilter verwendet.

Der Wärmeschutz der Ventilnadel ist noch erhöht im Einspritzventil nach Abb. 165 (Humboldt-Deutzmotoren A. G.). Der Ventilsitz und die Nadelführung sind voneinander getrennt. Die Führungsbüchse ist oben in einem niedrigen Bund festgespannt, der ein mechanisches Verklemmen unmöglich macht. Die Zentrierung im Gehäuse erfolgt an der Einspannstelle. Von einer Ringnut an, in die von der Anschlußverschraubung her die Brennstoffleitung einmündet, hat die Büchse gegen das Gehäuse einige Zehntel eines Millimeters Spiel. Der Kraftstoff kühlt also, wenn er diesen Spalt durchfließt, von außen die Nadelführung. Die an die Düsenplatte anfallende Wärme wird durch das Ventilgehäuse und über die Überwurfmutter abgeführt. Diese Ventilbauweise hat sich in

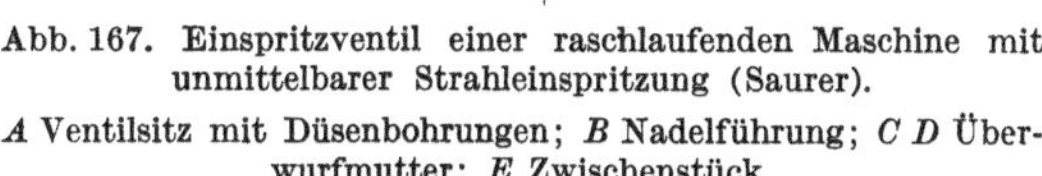

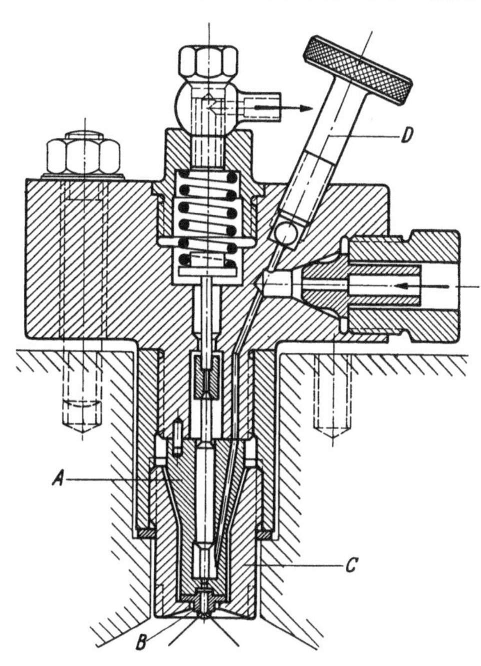

<table>
<tr><td>

Abb. 167. Einspritzventil einer raschlaufenden Maschine mit unmittelbarer Strahleinspritzung (Saurer).

A Ventilsitz mit Düsenbohrungen; *B* Nadelführung; *C D* Überwurfmutter; *E* Zwischenstück.

</td><td>

Abb. 168. Einspritzventil der Gebr. L'ORANGE.

A Nadelführung; *B* Düsenkappe; *C* Überwurfmutter; *D* Entlüftungsventil.

</td></tr>
</table>

raschlaufenden und hochbeanspruchten Fahrzeugmotoren bestens bewährt, ein Festklemmen der Ventilnadel durch Verziehen ist eine Seltenheit.

Dieselben Grundsätze wie in Abb. 165 zeigt Abb. 166 an einem Einspritzventil einer größeren Maschine verwirklicht.

Eine besonders kräftige Eigenkühlung weist das Ventil nach Abb. 167 auf, welches im Saurer-Fahrzeugmotor verwendet ist und bis zu 1500 Einspritzungen in der Minute arbeitet. Auch hier ist der Ventilsitz mit den Düsenbohrungen *A* von der Nadelführung *B* getrennt. Beide sind mit Überwurfmuttern *C* und *D* an ein Zwischenstück *E* zentrisch angeschraubt. Die Führungsfläche der Nadelführung im Zwischenstück ist als Stabfilter (nach HESSELMAN) derart ausgebildet, daß am Umfange verteilt abwechselnd von oben und von unten axiale Rillen eingefräst sind, die aber an einem Stirnende nicht durchlaufen. Dadurch wird der Brennstoff gezwungen, durch das Paßspiel von einer Rille zur anderen durchzuströmen, wobei die Unreinigkeiten zurückgehalten werden. Gleichzeitig wird dadurch die Nadelführung bestens gekühlt. Der Ventilsitz ist tief gezogen und die Ventilnadel über eine längere Strecke ungeführt. Auch dadurch ergibt sich eine vergrößerte Kühlwirkung. Bemerkenswert ist der Anschluß der Einspritzleitung durch Anpressen einer Kugeldichtung, womit gleichzeitig auch das Ventil selbst niedergespannt wird.

In Abb. 168 (Einspritzventil der Gebr. L'ORANGE) ist wiederum die Nadelführung und der Ventilsitz in einem Stück *A* gehalten. Die Düsenbohrungen sind jedoch in einer getrennten Düsenkappe *B* gebohrt, die mit einer Überwurfmutter *C* zusammen mit der Nadelführung gegen das Düsengehäuse gepreßt wird.

Bei übermäßiger Erwärmung kommt es vor, daß der nach der Einspritzung in den Düsenbohrungen verbleibende Kraftstoff verdampft und die Rückstände den Querschnitt allmählich zulegen. Ein geordneter Betrieb ist dann nicht mehr möglich. Für solche Fälle wurden gekühlte Einspritzventile entwickelt, bei denen durch Anordnung eines Kühlwasserraumes in der Nähe der Düse die Wärmeabfuhr erhöht wird. Abb. 169 zeigt ein solches Ventil. Die Düsenplatte ist ringförmig eingedreht und in diesen Ringraum mündet von einer Seite das Kühlwasser, um an der anderen Seite wieder abzufließen. Die Dichtfläche gegen das Gehäuse dichtet in der inneren Ringfläche gegen den hohen Einspritzdruck und außen gegen den niedrigen Kühlwasserdruck. Damit dies einwandfrei möglich ist, muß im ungespannten Zustand die innere Fläche etwas vorstehen, so daß beim Niederziehen dort der höhere Anpreßdruck entsteht. In der Ausführung nach Abb. 170 ist der Kühlraum auch um die Nadelführung angelegt und durch die Überwurfmutter, welche Nadelführung und Düsenkappe festhält, gebildet.

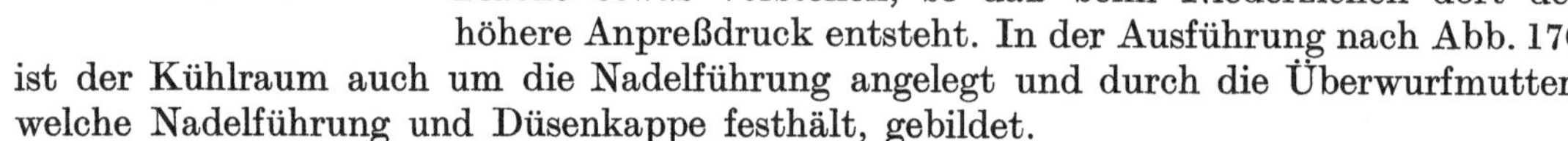

Abb. 169. Gekühltes Einspritzventil (Deutz).

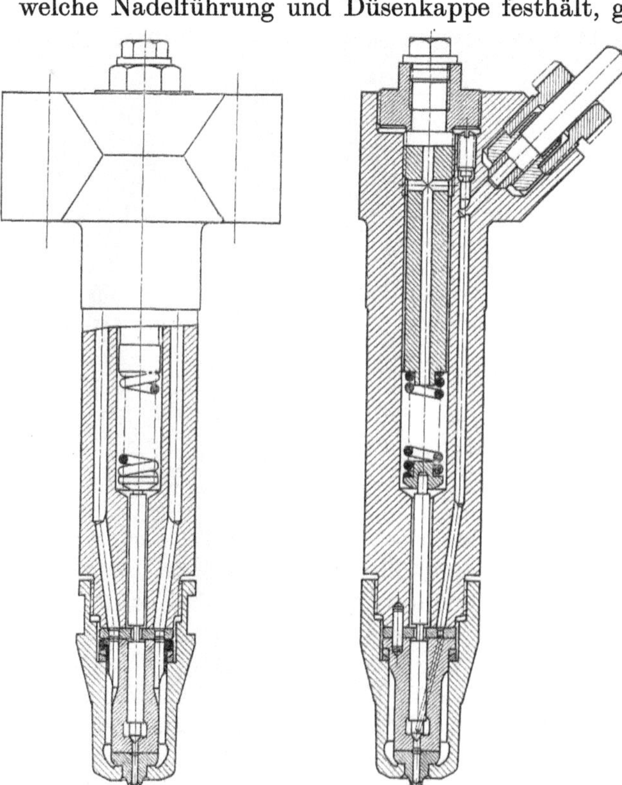

Abb. 170. Gekühltes Einspritzventil (MAN).

Von jeder Möglichkeit zum Klemmen frei ist das Membranventil nach K. J. E. HESSELMAN, wie eine Ausführung desselben der Grazer Waggon- und Maschinenfabrik A. G. in Abb. 171 darstellt. Die Ventilnadel und deren Führung fehlt dabei und ebenso die übliche Schraubenfeder zur Ventilbelastung. Die Führung des Ventilkegels *A* besorgt eine Membransäule *B*, die in sich federnd ist. Sie wird aus einzelnen federnden Ringen mit Schrumpfringen aufgebaut. Von außen wirkt auf sie der hohe Brennstoffdruck. Das Innere steht mit der Atmosphäre in Verbindung, so daß eine eindeutige Kraftwirkung auf Verkürzung der Säule bei Erhöhung des Druckes gegeben ist. Die Vorspannung und damit der Abspritzdruck des Ventils wird durch die Schraube *C* eingestellt. Die Ausführung eines gekühlten Membranventils zeigt Abb. 172 (A. E. G.).

Bei allen bisher besprochenen Ventilausführungen öffnet die Ventilnadel nach außen hin. Die Ventilfeder liegt außerhalb des Druckraumes. Beim Anheben vergrößert sich, wie schon unter Ziffer C, IV, genauer beschrieben, sprungartig die Angriffsfläche des Kraftstoffes, wodurch ein plötzliches Öffnen des Ventils erreicht wird. Im Laufe der

Entwicklung wurden wiederholt auch Einspritzventile vorgeschlagen, die nach dem
Verbrennungsraum öffnen sollen. Ein Ventil solcher Art wurde in letzter Zeit von
SAURER in der Doppelwirbelmaschine mit Erfolg verwendet (Abb. 173). Der Kraftstoff
wird durch einen Kugelanschluß zentral zugeführt
und strömt über das Stabfilter A nach dem Federraum a, der diesmal also Hochdruckraum ist. Von
diesem Federraum gelangt er zum Ventilsitz B und
tritt dort als kegeliger Schleier aus. Die Führungen
der Ventilspindel im Körper C haben schraubenförmig
angeordnete Nuten, die dem Kraftstoff einen Drall

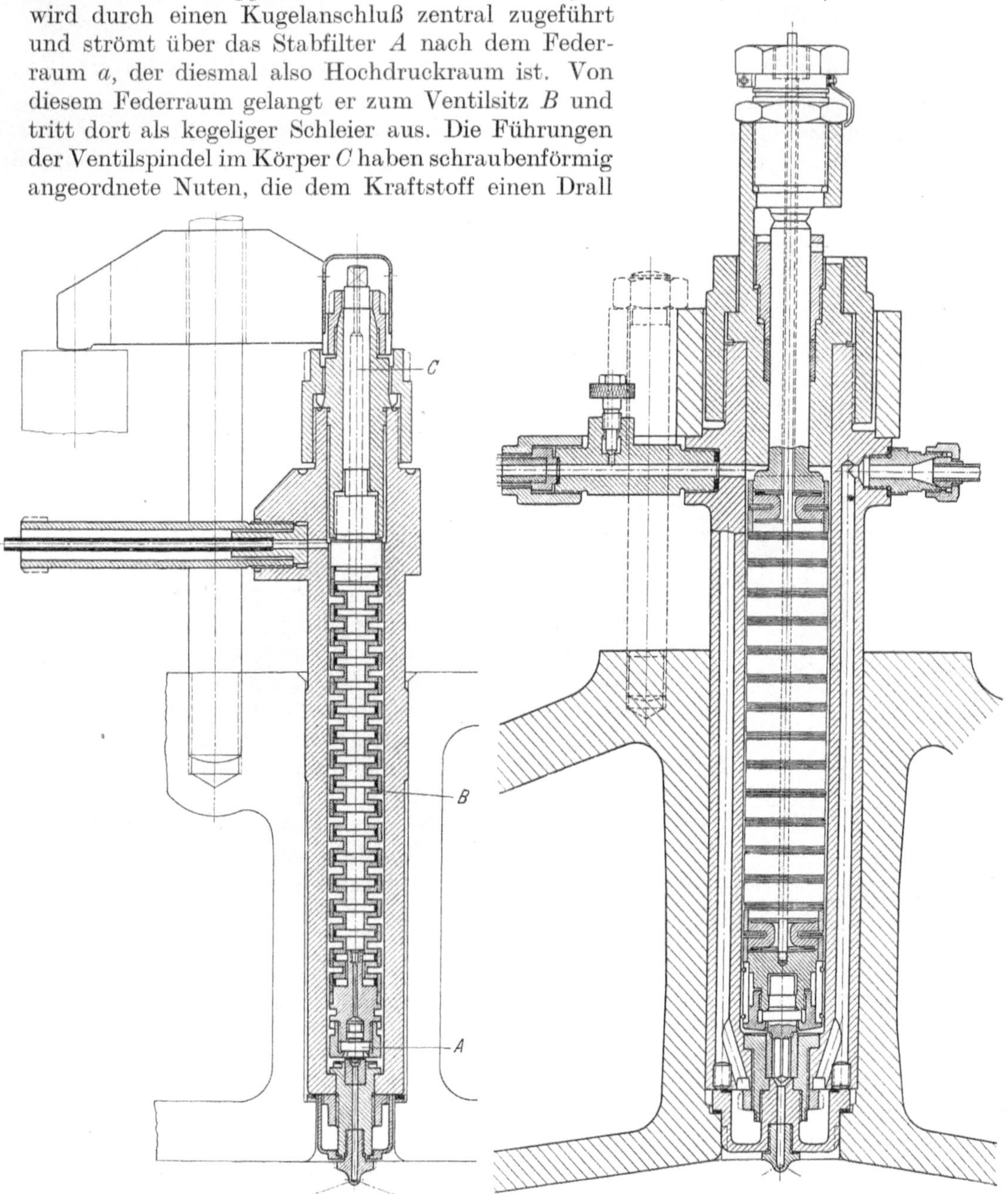

Abb. 171. Membranventil nach HESSELMAN (Grazer Waggon-
und Maschinenfabriks A. G.).
A Ventilkegel; B Membransäule; C Einstellschraube.

Abb. 172. Gekühltes Membranventil (AEG.).

verleihen, der die Zerstäubung verbessert. Ein „Aufspringen" des Ventilkegels tritt bei
solchen Ventilen beim Öffnen nicht ein, weil die Differenz aus Schließ- und Öffnungsdruck im allgemeinen nur ganz gering ist. Durch das allmähliche Öffnen ist es aber
leichter, einen ruhigen Lauf des Motors zu erzielen. Damit der Ventilsitz dieser Einspritzventile nicht verkokt, muß durch eine gute Entlastung der Einspritzleitung

gesorgt werden, daß nicht, während der Zylinderdruck im Expansionshub absinkt, Kraftstoff aus dem Ventil nachquillt, was bei annähernd gleichem Schließ- und Öffnungsdruck sonst möglich wäre.

c) Anlage von Pumpe und Einspritzventil, Zubehörteile (Überblick).

Pumpe und Einspritzventil stehen miteinander durch die Einspritzleitung in Verbindung. Der Anschluß der Leitung geschieht meist durch konischen Bund und Überwurfmutter, wie sie an den angeführten Beispielen wiederholt dargestellt sind. Seltener verwendet man die Flachdichtung (vgl. Abb. 171). Von den beiden Dichtungselementen soll mindestens ein Teil weich sein (meist der Bund auf der Brennstoffleitung), damit durch Deformation ein vollständiges Aneinanderliegen beider in einer geschlossenen Ringfläche erreicht wird und hierzu nicht erst ein mühsames Aufschleifen erforderlich wird. Zwischen Pumpe und Einspritzventil ist häufig ein Hochdruckfilter (Stab- oder Siebfilter) eingebaut. Bei Bohrungen kleiner als 0,3 mm soll das allgemein geschehen.

Bei der Zuführung des Kraftstoffes aus dem Behälter zur Pumpe ist darauf zu achten, daß der Saugraum unter einem gewissen Druck steht. Wie hoch dieser Druck sein soll, richtet sich nach der Sauggeschwindigkeit der Pumpe (Drehzahl) und nach der Pumpenbauart selbst. In Pumpen mit Überströmregelung z. B. treten starke örtliche Geschwindigkeiten im Augenblick des Überströmbeginnes auf, die auch erfahrungsgemäß infolge örtlicher Druckabminderung zu Ausscheidung von Gasbläschen neigen, die im nächstfolgenden Ansaughub mitgesaugt werden und den Füllungsgrad der Pumpe vermindern.

In Abb. 174 (a bis f) sind einige erprobte Rohrpläne von Einspritzanlagen schematisch dargestellt. Die einfachste Schaltung gibt Bild a wieder. Der Brennstoffbehälter ist über der Pumpe angeordnet und der Kraftstoff fließt dieser durch die eigene Schwere zu. In die Zuflußleitung ist ein Filter *FF* geschaltet. Der Überströmraum der Pumpe ist entweder mit dem Saugraum

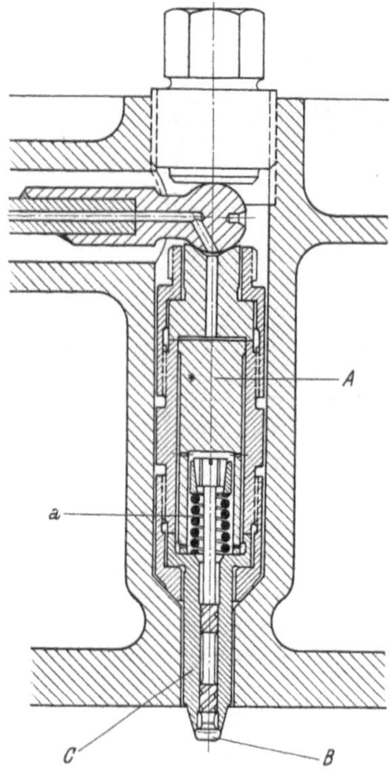

Abb. 173. Nach dem Brennraum öffnendes Ventil (Saurer).

A Stabfilter; *B* Ventilkegel; *C* Ventilsitz und Spindelführung.

vereinigt oder dicht an der Pumpe mit diesem verbunden. Wenn die Pumpe bei höheren Drehzahlen zu heiß wird, ist es von Vorteil, die getrennte Überströmleitung zum Brennstoffbehälter zurückzuführen (Bild b), wobei während des erhöhten Kraftstoffumlaufes eine erwünschte Kühlung eintritt. Das zum Teile mehrmalige Durchfließen des Filters reinigt überdies den Brennstoff besser und vermindert den Verschleiß der Pumpenelemente. Wenn der Brennstoffbehälter tiefer als die Pumpe liegt (Fahrzeug) oder die notwendige Druckhöhe nicht gegeben ist, muß der Kraftstoff durch eine eigene Schwerölpumpe (oder Vorpumpe) zugeführt werden. Hierbei kann eine der vier Schaltungen (c bis f) benutzt werden. In allen Fällen saugt die Vorpumpe durch ein meist grobmaschiges Vorfilter aus dem Behälter und drückt zum Hauptfilter. Die Vorpumpe ist stets so bemessen, daß sie mehr fördert als die Einspritzpumpe ansaugt (meist das Zwei- bis Dreifache). In Bild c wird der zuviel geförderte Kraftstoff über das Überströmventil *ÜV* vom Filter in den Brennstoffbehälter zurückgefördert, während die Pumpe nur so viel ansaugt, wie sie einspritzt. Das Überströmventil pflegt man auf etwa 1 atü einzustellen. Wenn die Pumpe eine getrennte Überströmleitung hat, ist es zweckmäßig, diese vor das Filter zurückzuführen aus denselben Gründen wie in Bild b. Dabei muß aber die Strömung in der Überströmleitung eindeutig von der

Pumpe weggehen, weil es sonst möglich ist, daß ungefilterter Brennstoff zur Pumpe gelangt. Eine noch bessere Kühlung gibt die Ausführung e, wobei der überströmende Kraftstoff in den Behälter zurückgeleitet wird. Diese Schaltung kann auch bei Pumpen mit gemeinsamem Saug- und Überströmraum verwendet werden, wobei der Anschluß der Zu- und Ableitung an der Pumpe so zu legen ist, daß der Saugraum durchströmt wird. Die Leitung vom Filter zurück zum Brennstoffbehälter kann dann wegfallen.

Bei Verlegung der Saugleitung müssen Luftsäcke vermieden werden. Das Überströmventil ist tunlichst an oberster Stelle anzubringen, um entstandenen Gasblasen die Möglichkeit zum Entweichen zu geben.

Als Vorpumpen stehen Zahnrad- und Kolbenpumpen in Verwendung. Es wurden auch solche Kolbenpumpen entwickelt, bei denen die geförderte Menge jeweils gleich der auf der Druckseite verbrauchten ist. Den Arbeitshub besorgt dabei eine Feder (BOSCH) oder es ist im Pumpenraum ein federbelasteter Speicherkolben eingebaut, der jeweils den zuviel verdrängten Kraftstoff im Förderhub aufnimmt und beim Ansaugen wieder abgibt (Deckel). Mit einer solchen Pumpe ist auch eine Schaltung nach Bild f ohne Überströmleitung möglich. Der Vordruck wird dann jeweils durch die Spannung der Förderfeder oder der Speicherfeder bestimmt. Die selbsttätige Entlüftung fehlt jedoch bei dieser Anlage, weshalb auch bei Verwendung solcher Vorpumpen besser ein Überströmventil angebracht wird. Die Vorpumpe ist meist auch mit Handantrieb versehen, um die Anlage im Stillstand besser entlüften zu können.

Der Filterung des Kraftstoffes muß besondere Beachtung zugewandt werden, denn ein Verschleiß der Pumpenelemente ist fast ausschließlich auf Verunreinigungen im Kraftstoff zurückzuführen. Kavitationserscheinungen spielen dabei kaum

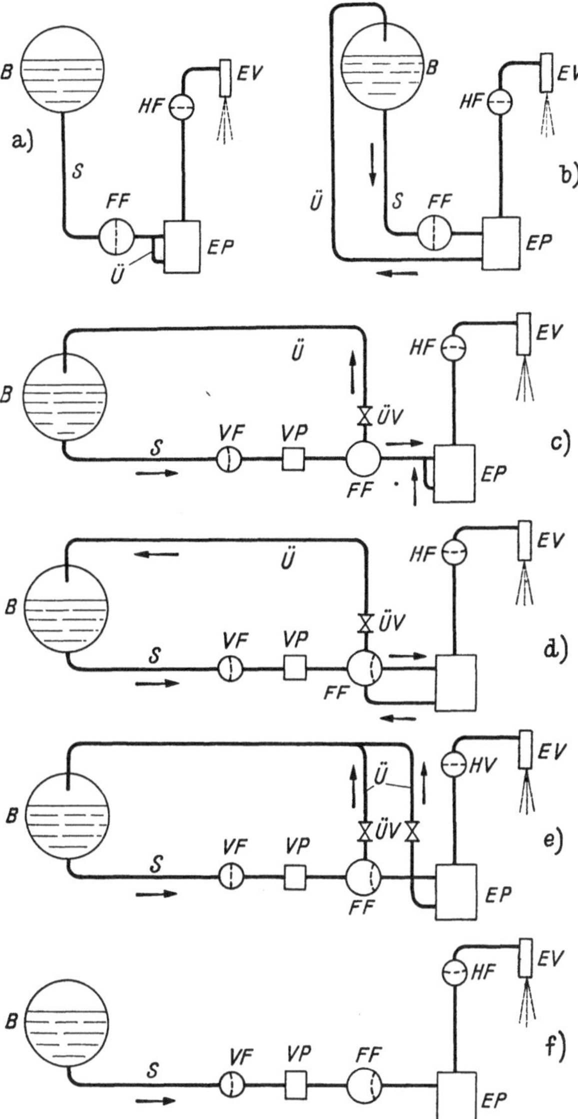

Abb. 174 a bis f. Rohrplan von Brennstoffpumpen (schematisch).
EP Einspritzpumpe; *EV* Einspritzventil; *HF* Hochdruckfilter; *VF* Vorfilter; *FF* Feinfilter; *VP* Vorpumpe; *ÜV* Überströmventil; *B* Tagesbehälter; *S* Saugleitung; *Ü* Überströmleitung.

eine Rolle. Die Neigung zum Verschleiß ist bei den Pumpenarten verschieden. Sie ist am stärksten in der saugventillosen Pumpe an der Stirnseite des Plungers bei Abschluß der Saugbohrung und am geringsten in der Schrägnockenpumpe, bei der solch kurze Dichtlängen, wie sie bei Überschleifen von Steuerbohrung vorkommen, nicht vorhanden sind. Dementsprechend erfordert die erste Pumpenart eine feinere Filterung als letztere. Der Hauptsache nach werden Gazefilter, Tuchfilter und Filzplattenfilter verwendet. Erstere werden bei unempfindlichen Pumpen gebraucht, wobei die Maschenzahl etwa 20 000/cm² betragen soll. Im Tuchfilter ist statt Gaze ein dichtgewebtes Tuch verwendet. Die feinste Filterung erfolgt durch Filzplatten, wenn der Filterweg mehrere Zentimeter beträgt.

Die Größe der Filterfläche richtet sich nach der Durchflußmenge und muß so gewählt sein, daß keine zu hohen Drosselwiderstände auftreten und das Filter auch nicht zu rasch durch die Verunreinigungen verlegt wird. Sie ist also durch Erfahrung festgelegt. Die auf die ganze Filterfläche (nicht freie Spaltfläche) bezogene Kraftstoffgeschwindigkeit errechnet sich an praktisch bewährten Ausführungen etwa in der Größenordnung von 1 bis 2 mm/s.

d) Anhang: Pumpe und Regler.

Abschließend sei im folgenden ein Überblick über die Zusammenarbeit von Regler und Pumpe gegeben, ohne auf die Mechanik der Regulierung selbst einzugehen, die an einer anderen Stelle dieser Buchausgabe bearbeitet wird.

Bei Großmotoren wird der Regler meist unmittelbar am Maschinengestell aufgebaut und die Muffenbewegung über ein Gestänge zur Reglerstange der Pumpe übertragen. Bei Fahrzeugpumpen ist der Regler im allgemeinen an der Pumpe selbst angebaut und wird, wenn es sich um einen Fliehkraftregler handelt, von der Pumpenwelle angetrieben.

Wir unterscheiden einen Betrieb mit gleichbleibender Drehzahl (Antrieb einer Lichtmaschine) und mit veränderlicher Drehzahl. Bei ersterem fällt dem Regler die Aufgabe zu, unabhängig von der Belastung die Drehzahl innerhalb eines Ungleichförmigkeitsgrades konstant zu halten. Ein Beispiel für den Betrieb mit veränderlicher Drehzahl ist der Schiffsantrieb. Die Drehzahleinstellung kann dabei entweder durch Änderung der Muffenbelastung des Reglers erfolgen, wobei auch unter einem die Steilheit der Reglerfeder durch Verwendung mehrerer nacheinander eingreifender Federn geändert wird, oder durch Füllungsverstellung von Hand aus. Letzteres gibt beim Schiffsantrieb einen stabilen Betrieb, weil das Propellermoment mit der Drehzahl stark zunimmt, während bei gleichbleibender Füllung das Motormoment nahezu von der Drehzahl unabhängig ist. Nur für den Fall des Austauchens der Schraube bei Seegang oder eines Wellenbruches ist ein Sicherheitsregler vorzusehen, der die höchste Drehzahl begrenzt und ein Durchgehen verhindert. Man bezeichnet diese Regelungsart als Füllungsregelung, weil unmittelbar die Füllung verstellt wird, und die Änderung der Muffenbelastung, welche nahezu unabhängig von der Bremslast einer bestimmten Geschwindigkeit entspricht, als Geschwindigkeitsregelung.

Die Geschwindigkeitsregelung ist in allen jenen Fällen auch anwendbar, wo das Bremsmoment der angetriebenen Lastmaschine mit der Drehzahl stärker abnimmt als das Motormoment bei gleichbleibender Füllung und wo die Füllungsregelung demnach keinen stabilen Betrieb ermöglicht.

Beide Regelungsarten werden auch im Fahrzeug verwendet, denn auch da ermöglicht der mit der Geschwindigkeit quadratisch zunehmende Fahrwiderstand, wenn die Füllung direkt eingestellt wird, einen stabilen Betrieb, ohne daß ein fortwährendes Einregeln der Drehzahl notwendig ist. Zur Begrenzung der höchsten Drehzahl ist bei Füllungsregelung ein meist direkt an der Kraftstoffpumpe angebauter Fliehkraftregler vorgesehen, der auch noch eine besondere Leerlaufregelung zu besorgen hat; denn im Gegensatz zur Vergasermaschine mit der selbstregelnden Vergaserdrossel ist beim Dieselmotor ein stabiler Leerlauf durch Füllungseinstellung nicht zu erreichen. Die Füllungsregelung macht beim Fahrzeug bei jeder Steigungsänderung, wenn die Geschwindigkeit annähernd gleichbleiben soll, ein Nachregeln durch den Wagenlenker notwendig. Dies wird bei der Geschwindigkeitsregelung durch den Regler automatisch besorgt. Eine bewährte Ausführung eines als Geschwindigkeitsregler wirkenden Fliehkraftreglers ist an den Fahrzeugpumpen der Humboldt-Deutzmotoren A. G. verwendet. Durch den Beschleunigerhebel wird dabei die auf die Reglermuffe wirkende Feder mehr oder weniger gespannt. Als Geschwindigkeitsregler ist auch der bekannte pneumatische Regler von

Bosch und der in jüngster Zeit von der Humboldt-Deutzmotoren A. G. entwickelte Überström-Ölregler zu bezeichnen. Bei ersterem wird durch eine im Saugrohr eingebaute und vom Wagenführer verstellbare Drosselklappe ein Unterdruck erzeugt, der unter eine federbelastete Membran an der Pumpe geleitet ist, an welche die Reglerstange angelenkt ist. Wenn bei einer festen Stellung der Drosselklappe die Drehzahl der Maschine etwas sinkt, vermindert sich auch der Unterdruck im Saugrohr und die Feder drückt die Membran und die Reglerstange im Sinne einer zunehmenden Füllung in eine neue Gleichgewichtslage. Im Deutz-Überströmregler werden die durch das Überströmen des Kraftstoffes aus dem Pumpenraum im Überströmraum entstehenden Druckstöße auf einen Kolben geleitet, der unmittelbar auf die Reglerstange und gegen eine Feder wirkt. Die Kraftwirkung dieser Stöße nimmt mit der Drehzahl zu und es kann ähnlich wie beim Fliehkraftregler durch Änderung der Federspannung (entspricht der Muffenbelastung) die Geschwindigkeit eingestellt werden. Wenn die Drehzahl mit zunehmender Belastung zurückgeht, nimmt auch die Ölkraft auf den Kolben ab und die Feder verschiebt so weit den Reglerkolben und damit die Fördermenge der Pumpe, bis wieder Gleichgewicht herrscht.

Schrifttum.

1. RICARDO, H. R.: The High-Speed Internal-Combustion Engine. Blackie & Sons. (1932).
2. BOERLAGE, G. D. u. J. J. BROEZE: Zündung und Verbrennung im Dieselmotor. Forschungsarbeiten, herausgegeben vom VDI, H. 366 (1934).
3. WENTZEL, W.: Zum Zündverzug im Dieselmotor. Sonderheft Dieselmaschinen VI. Berlin: VDI-Verlag (1936).
4. ALT, O.: Flüssige Brennstoffe und ihre Verbrennung in der Dieselmaschine. Sonderheft Dieselmaschinen I. Berlin: VDI-Verlag (1924).
5. NEUMANN, K.: Untersuchung über die Selbstzündung flüssiger Brennstoffe. Sonderheft Dieselmaschinen III. Berlin: VDI-Verlag (1927).
6. SASS, F.: Kompressorlose Dieselmaschinen. Berlin: Julius Springer (1929).
7. ROTHROCK A. M. u. C. D. WALDRON: N. A. C. A. Bull. S. 629 (1932).
8. RIEPPEL, P.: Versuche über die Verwendung von Teerölen zum Betrieb des Dieselmotors. VDI-Forsch.-Heft 55 (1908).
9. WOLLERS u. EHMKE: Kruppsche Mh. Bd. 2 (1931).
10. SCHÄFER: Werft Reed. Hafen 12 (1931).
11. SCHMIDT, F. A. F.: Vergleichende Untersuchungen an Verbrennungsmotoren. Z. VDI Bd. 80 (1936).
12. BREVES, L.: Die Fortpflanzung der Verbrennung im Dieselmotor. Sonderheft Dieselmaschinen VI. Berlin: VDI-Verlag (1936).
13. ROTHROCK, A. M. u. C. D. WALDRON: N. A. C. A. Bull. Nr. 545 (1935).
14. WENTZEL, W.: Der Zünd- und Verbrennungsvorgang im kompressorlosen Dieselmotor. VDI-Forsch.-Heft 366 (1934).
15. JUSTI, E. u. H. LÜDER: Spezifische Wärme, Entropie und Dissoziation technischer Gase und Dämpfe. Forschg. Ing.-Wes. Bd. 6 (1935).
16. JANEWAY, R. N.: S. A. E. J. Bd. 24 (1929).
17. PISCHINGER, A.: Druckschwingungen rasch beanspruchter Stäbe. Ing.-Arch. Bd. VI (1935).
18. TRIEBNIGG, H.: Der Einblase- und Einspritzvorgang bei Dieselmaschinen. Wien: Julius Springer (1925).
19. WÖLTJEN, C.: Dissertation Techn. Hochsch. Darmstadt (1925).
20. HOLFELDER, O.: Zur Zerstäubung in Dieselmotoren. Forschg. Ing.-Wes. S. 229 (1932).
21. MEHLIG, H.: Zur Physik der Brennstoffstrahlen in Dieselmaschinen. Automob.-techn. Z. Bd. 37 (1934).
22. RIEHM: Untersuchungen über den Einspritzvorgang bei Dieselmaschinen. Z. VDI Bd. 68, S. 641 (1924).
23. MILLER, H. E. u. E. G. BEARDSLEY: N. A. C. A. Bull. Nr. 268 (1927).
24. HOLFELDER, O.: Der Einspritzvorgang bei Dieselmaschinen. Sonderheft Dieselmaschinen VI. Berlin: VDI-Verlag (1936).
25. THIEMANN: Automob.-techn. Z. H. 16 (1936).
26. LEE, DANA W.: N. A. C. A. Bull. Nr. 565 (1936).
27. LUTZ, O.: Über die Strömung bei Verdichtung und Entspannung im Zylinder von Brennkraftmaschinen. Ing.-Arch. (1935).
28. SCHLAEFKE, K.: Vorgänge beim Verdichtungshub von Vorkammerdieselmaschinen. Sonderheft Dieselmaschinen V. Berlin: VDI-Verlag (1932).

29. Neumann, K.: Untersuchungen an der Dieselmaschine. Forschungsarbeiten, herausgegeben vom VDI, H. 309.
30. Geiger, J.: Die Ermittlung des Brennstoffdruckes bei Dieselmaschinen und seine Verteilung. Mitt. Forsch.-Anst. Gutehoffnungshütte Bd. 4 (1936).
31. Alliévi, L.: Allgemeine Theorie über die veränderliche Bewegung des Wassers in Leitungen. Berlin: Julius Springer (1909).
32. Eichelberg, G.: Z. VDI Bd. 70, S. 1085 (1926).
33. Triebnigg, H.: Untersuchungen an Pumpen und Brennstoffventilen für Dieselmotoren. Sonderheft Dieselmaschinen V. Berlin: VDI-Verlag (1932).
34. Berg u. Rode: Zur Mechanik der Druckeinspritzung. Sonderheft Dieselmaschinen V. Berlin: VDI-Verlag (1932).
35. Heinrich, H.: Die Einspritzverzögerung bei kompressorlosen Dieselmaschinen. Sonderheft Dieselmaschinen V. Berlin: VDI-Verlag (1932).
36. L'Orange, P.: Das Zusammenwirken von Pumpen und Düsen bei kompressorlosen Dieselmaschinen. Z. VDI Bd. 75, S. 326 (1931).
37. Lutz, O.: Die Vorgänge in federbelasteten Einspritzdüsen von kompressorlosen Ölmaschinen. Ing.-Arch. Bd. IV (1933).
38. Pischinger, A.: Beitrag zur Mechanik der Druckeinspritzung. Automob.-techn. Z. Beiheft Nr. 1 (1935).
39. Blaum, E.: Vorgänge in Einspritzsystemen schnellaufender Dieselmaschinen. Forschg. Ing.-Wes. Bd. 7 (1936).